精品课程配套教材

21世纪应用型人才培养“十三五”规划教材

“双创”型人才培养优秀教材

机械3D打印技术基础

JIXIE 3D DAYIN JISHU JICHU

主　审　吴志清

主　编　袁　鸿　陈　捷　刘　旭

副主编　魏协奔　周文兵　岳关举

　　　　解志超　翟维维　雷丰丹

西北工业大学出版社

【内容简介】本书面向机械工程及相关专业学生的教学，学生通过学习可以了解各类 3D 打印工艺基本原理，熟练掌握 FDM3D 打印机相关软件，包括三维建模软件、切片软件、打印机控制软件等，可独立完成典型机械产品零部件 3D 打印模型的建模、修正和打印。

本书旨在综合学生已掌握的机械工程基础知识，推动包含科学、技术、工程、数学等综合素养的 STEM 教育，并提升机械工程专业学生的数字化素养。

图书在版编目（CIP）数据

机械 3D 打印技术基础 / 袁鸿，陈捷，刘旭主编. —西安：西北工业大学出版社，2017. 6（2021. 1 重印）

21 世纪应用型人才培养“十三五”规划教材

ISBN 978-7-5612-5346-5

Ⅰ. ①机… Ⅱ. ①袁…②陈…③刘… Ⅲ. ①立体印刷—印刷术-高等学校-教材 Ⅳ. ①TS853

中国版本图书馆 CIP 数据核字（2017）第 148624 号

策划编辑： 付高明
责任编辑： 杨丽云

出版发行： 西北工业大学出版社
通信地址： 西安市友谊西路 127 号　　　　**邮编：** 710072
电　　话：（029）88493844　　88491757
网　　址： www. nwpup. com
印 刷 者： 北京俊林印刷有限公司
开　　本： 787mm×1 092mm　1/16
印　　张： 14. 5
字　　数： 308 千字
印　　次： 2021 年 1 月第 2 次印刷
定　　价： 36. 00 元

前　言

机械3D打印技术是多层累积的增材制造技术，它与传统的机械加工制造方法有着本质的区别。机械3D打印技术可直接制造出具有使用功能的金属或非金属零部件，其在成型精度、可靠性等方面的进步，为更充分实现机械零部件的功能设计提供了可能。机械3D打印直接制造技术带来对CAD模型的设计新的要求，使得制造改变设计成为可能。

本书面向机械工程及相关专业本科生的教学，学生通过学习可以了解各类机械3D打印工艺基本原理，熟练掌握FDMY3D打印机相关软件，包括三维建模软件、切片软件、打印机控制软件等，可独立完成典型机械产品零部件3D打印模型的建模、修正和打印。本书旨在综合学生已掌握的机械工程基础知识，推动包含科学、技术、工程、数学等综合素养的STEM教育，并提升机械工程专业学生的数字化素养。

本书由袁鸿、陈捷、刘旭担任主编，吴志清担任主审，魏协奔、周文兵、岳关举、解志超、翟维维、雷丰丹担任副主编。第1章和第2章由袁鸿、陈捷编写；第3章由刘旭编写；第4章由魏协奔、周文兵、岳关举、解志超、翟维维、雷丰丹编写；全书由袁鸿统稿。

感谢吴伟伟、王康、陈勇和许飞等人参加和协助提供了大量的实验数据、图片等，在此一并表示感谢！编写本书曾参阅了相关文献资料，在此，谨向其作者深表谢意。

由于水平有限，书中难免存在不足之处，诚请广大读者指正。

编　者

目　录

第1章　绪　　论

3D 打印是快速成型技术的俗称，即通过 3D 打印机直接打印三维立体零件。3D 打印机根据三维 CAD 模型将塑料、金属粉末或固体无机物粉末等可黏合材料通过不同类型的喷头，逐层堆积在工作台上并最终形成目标零件。与传统减材制造工艺不同，3D 打印是一种通过不断添加材料直至工件完成的自由成型技术，在克服传统制造业难加工或无法加工的短板的同时，更大幅减少了整个加工过程中原料的浪费。3D 打印技术诞生于 20 世纪 90 年代中期，由于早期技术和成本的限制并没有得到广泛的运用。经过 20 多年的发展，得益于工艺、材料和设备等方面的进步，现在的 3D 打印技术不仅价格更低，精度和可靠性也更高。

1.1　几种典型的 3D 打印技术

1. 选择性激光熔融（Selective Laser Melting，SLM）

20 世纪 90 年代，德国 fraunhofer 激光技术研究所提出了选择性激光熔融概念。SLM 的基本原理如图 1-1 所示，计算机将设计好的三维图形切片分层，激光束则根据每一层的形状数据，选择性地熔化金属粉末。每完成一层粉末的“打印”，平台下降一个图层厚度，铺粉辊重新平铺上一层相同厚度的粉末。激光束继续在新的粉末层扫描下一层截面轮廓，不断地重复叠加直到完成零部件的成型。

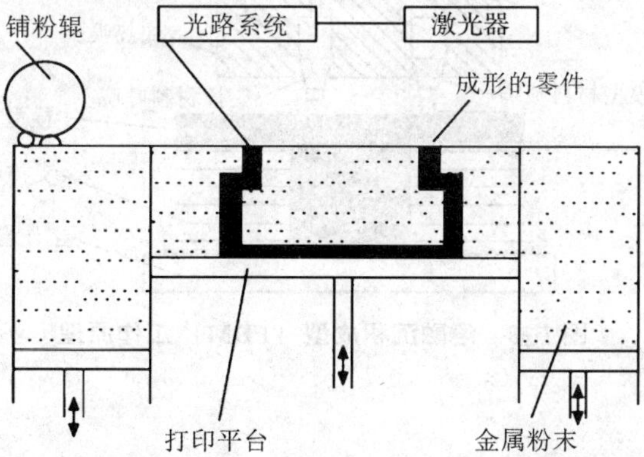

图 1-1　选择性激光熔融（SLM）工作原理

2. 光固化（Stereo Lithography Apparatus，SLA）

SLA 工艺方法也称液态光敏树脂选择性固化，是最早商品化和市场占有量最大的 3D 打印技术。其原理如图 1-2 所示，液态光敏树脂在接触到紫外激光时会自发固化，而光固化技术利用了这一特点。紫外激光束按照数字模型以轮廓扫描的方式照射液槽里的液态光敏树脂，在完成一层扫描后，工作台下降固定高度使得固化部分被树脂液面淹没，再根据下一个截面数据重复上述步骤，最终完成零部件的制造。随后对零部件进行相应的后处理。光固化成型件一般尺寸较小，以树脂件和塑料件为主，多用于制作产品原型。

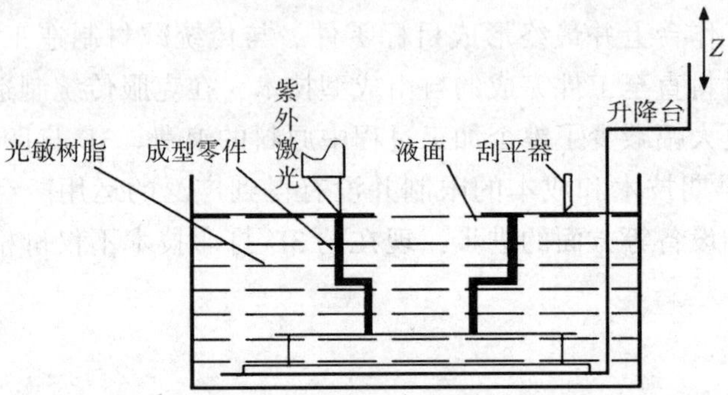

图 1-2　光固化（SLA）工作原理

3. 熔融沉积（Fused Deposition Modeling，FDM）

FDM 技术的工作原理如图 1-3 所示，将热熔性丝状材料通过进给装置送进热熔喷头，喷头在工作台上按照零部件截面轮廓喷出半固态材料，而轮廓上的材料则快速固化，完成一层之后工作台面下降一个高度，重复以上步骤直至完成打印。该技术具有原料广泛、支撑易去除的特点。

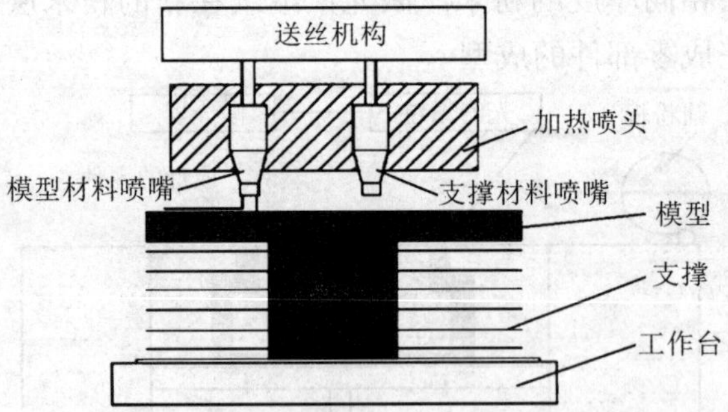

图 1-3　熔融沉积成型（FDM）工作原理

1.2　国内外3D打印技术应用现状

近年来，3D打印技术发展迅猛，一度被视为“第三次工业革命”的象征性技术，其应用相当广泛，工业设计、航空航天、医疗和建筑等领域均已出现3D打印的身影。

1. 航天航空

欧美等发达国家十分重视3D打印技术，已将其定为发展航空航天领域的关键技术之一。3D打印技术现阶段主要应用在两个领域：复杂零部件的直接快速制造和受损零部件快速修复。2013年，欧洲空间局（ESA）提出AMAZE计划，旨在发展以实现高技术金属产品的高效生产与零浪费为目标的增材制造，该计划的提出将首次实现大规模生产3D打印金属件以用于喷气式飞机、航天器以及核聚变等项目的零件制造。中国航天科技集团公司与上海航天技术研究院共同研制出了一款多激光3D打印机，目前已经成功打印出卫星星载设备的光学镜片支架、飞机研发过程中所用到的叶轮等构件。中国航天科技集团508所与北京航空航天大学用3D打印技术完成了遥感卫星24号钛合金次镜支架结构的优化和一体成型，并且我国是目前世界上唯一突破飞机钛合金大型主承力结构件（见图1-4）激光快速成形技术，并实现装机应用的国家。

图1-4　国产飞机大型3D打印结构件

2. 工业制造

3D打印因为其直接成型的特点在模具制造方面更显现出巨大优势。

1）直接制模

2013 年，Diversified Plastics Inc 公司将 3D 打印技术应用于模具生产和产品原型的制造，大幅提高了生产效率，也更加适合加工各种形状特殊、构造复杂的模具和零件。

2）快速精密铸造模具

快速精铸即快速制造精密的模具。在以光固化打印技术制成的原型表面上挂浆，然后通过高温将泥浆内部的原型材料汽化，最后得到硬质陶瓷铸模，用于金属零件的浇注成型，此项技术被称为“quick casting”。美国德州仪器公司采用“quick casting”技术浇注出电子托盘、机架、印刷配线板等复杂零件；福特公司借助此项技术在制造汽车零件模具方面也取得了满意效果，如图 1-5 所示。

图 1-5　3D 打印的零件模具与成品零件

3. 医学

3D 打印技术除了在制造业、航空航天等领域得到成功应用，近年来，在医学领域也取得了惊人的成绩。

1）医学模型快速建造

3D 打印技术可以制作很多医用工具、模具。2014 年，湖南湘雅医院成功通过 3D 打印，完成了一项腿部矫正手术。医生用 3D 打印病人腿部畸形的骨骼，如图 1-6 所示，通过一个月的试验和准备完成了病人腿部的矫正。当前的 3D 打印技术在打印速率和材料种类方面已经能够很好适应医用模型的需求，前景较好。

2）组织器官代替品制作

根据 3D 打印的原理，生物打印的原材料是不同组织的细胞，即生物墨水，然后通过特殊的黏合剂将这些细胞组合成一个完整的组织。但是这些“组织”并不能像真正的组织那样工作，只是一个由生物墨水构成的模型。现在，国外已有一些科学团队尝试打印人体肝脏。美国 Organovo 公司宣布用 3D 打印技术打印了活体肝脏，但只能存活 40 天；国内，华中科技大学徐铭恩教授成功 3D 打印出了首个活体肾脏组织，并且能使其存活 4 个月。目前，生物 3D 打印技术才刚刚起步，除了成型还有很多高复杂性的问题要解决，距离技术成熟还有很长的路要走。

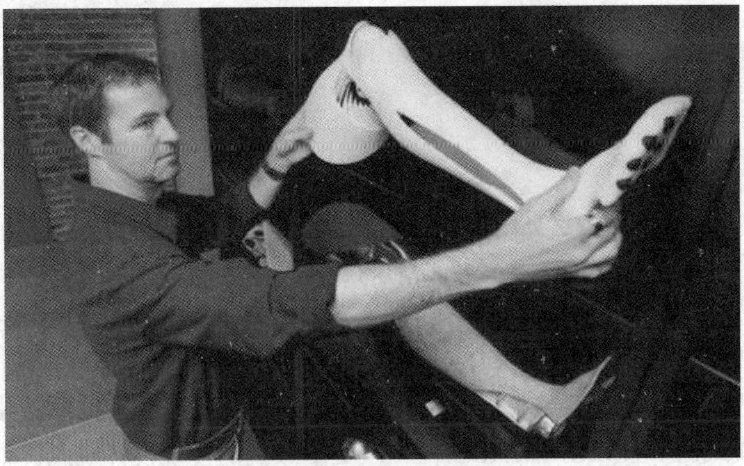

图 1–6　3D 打印腿骨模型

第 2 章　机械零件建模基础

2.1　Pro/ENGINEER 5.0 软件使用基础

美国参数技术公司（Parametric Technology Corporation，PTC 公司）于 1998 年率先在机械电子行业的计算机辅助系统中提出参数化概念，成功地开发了以参数化为基础，以三维造型为设计模式的 Pro/ENGINEER 软件，改变了人们的传统设计观念，带动了整个行业的发展。参数化的设计模式，不仅能清楚地表达设计对象的几何尺寸，还可以将材料、密度等物理参数融入设计对象中，也可以设置设计对象的体积和表面积等有关设计参数，是计算机辅助设计系统的一次革命。

本节主要介绍 Pro/ENGINEER 5.0 建模软件的特点、工作界面、文件管理和窗口管理，并简要说明 Pro/ENGINEER 系统相关的环境设置。

1. Pro/ENGINEER 的启动及界面

Pro/Engineer 系统的启动方式有多种，这里介绍几种常用的启动方式。选择【开始】【程序】PTC Pro ENGINEER 命令，如图 2-1 所示。亦可用鼠标双击桌面上的 Pro/Engineer 系统快捷图标，如图 2-2 所示。

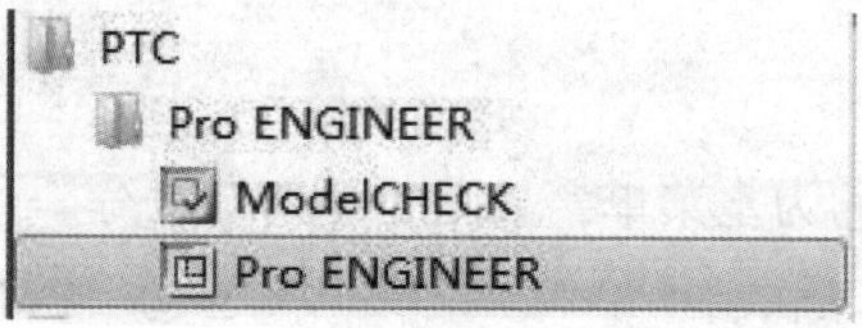

图 2-1　程序菜单项

图 2-2　桌面图标项

2. Pro/ENGINEER 系统用户界面

Pro/ENGINEER 系统提供了一个完善的工作界面，如图 2-3 所示。该工作界面集文字与图形于一体，可通过菜单栏和工具栏的命令和按钮来完成设计。

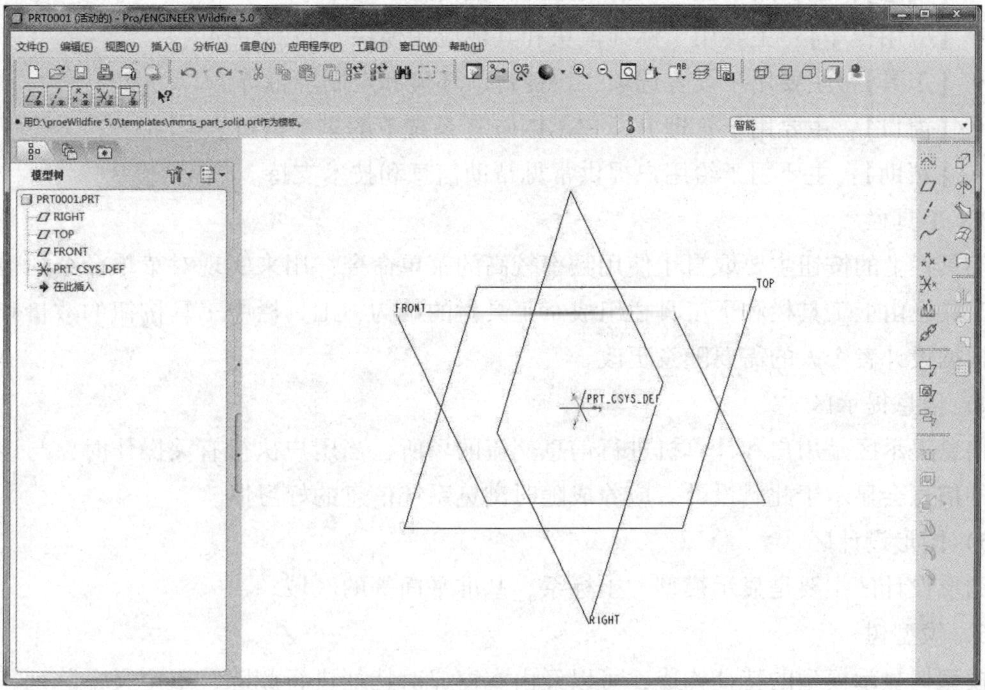

图 2-3 软件界面

工作界面主要由标题栏、菜单栏、工具栏、信息提示栏、图形设计区、模型树等组成。现在分别介绍几个主要区域。

1）标题栏

标题栏位于主窗口的最上方，包括窗口的【最大化】【最小化】和【关闭】按钮，并且显示了软件的版本、当前使用的模块及文件的名称等。

2）菜单栏

图 2-4 主菜单项

在 Pro/ENGINEER 的菜单栏中显示的为主菜单，如图 2-4 所示，分别介绍如下：

- 【文件】：主要用于文件的管理，包括新建、打开、保存、保存为副本、拭除、打印以及输出对象等命令。
- 【编辑】：主要用于对现有的特征进行操作，除基本的复制、粘贴功能外，还能执行曲面的编辑操作、特征操作等。
- 【视图】：主要用于对当前环境的视图、特征的外观，系统的显示设置进行调整。
- 【插入】：主要用于对当前模型进行添加特征等。
- 【分析】：主要用于测量模型的物理性质，对曲线和曲面性质进行分析。

- 【信息】：主要用于查阅当前模型的相关信息。
- 【应用程序】：主要用于标准模块和其他应用模块之间的切换。
- 【工具】：主要用于设置选项、快捷键、环境和定制屏幕等。
- 【窗口】：主要用于管理 Pro/ENGINEER 系统下的多个窗口。
- 【帮助】：主要用于给用户提供常见帮助信息和技术支持。

3）工具栏

工具栏上的按钮主要取自于使用频率较高的菜单命令，用来实现对菜单命令的快速访问。工具栏由上工具栏和下工具栏组成。工具栏的结构、工具栏中工具按钮的数量和位置可以根据设计者个人的需要随意更改。

4）信息提示区

信息提示区是用户和计算机进行信息交流的场所，当用户执行有关操作时，与该操作相关的信息会显示于此。设计者应养成随时浏览系统信息的好习惯。

5）图形设计区

图形设计区主要是显示模型、坐标系、基准平面等的区域。

6）模型树

模型树显示模型的特征构成，可以经由本窗口对特征进行删除、重定义、陈列、重定次序等工作。

Pro/ENGINEER 系统除以上介绍的界面要素外，在设计中还会用到其他一些界面要素和对话框等，这些将分散到后续章节内容中介绍。

3. Pro/ENGINEER 系统鼠标功能及应用

三键鼠标是操作 Pro/ENGINEER Wildfire 软件的必备工具，在设计中，使用鼠标的 3 个功能键（二键中间滚轮可代替第三键功能）可以完成不同的操作。将这 3 个功能键与键盘上的 Ctrl 和 Shift 键配合使用，可以在 Pro/ENGINEER 系统中定义不同的快捷操作，这样将使操作更加方便。表 2-1 列出了鼠标各键在不同模型创建阶段的用途。

表 2-1　三键鼠标各功能键的基本用途

使用类型	鼠标左键	鼠标中键	鼠标右键
二维草绘模式（鼠标按键单独使用）	1. 画连续直线（艺术样条） 2. 画圆（画弧）	1. 终止画圆（画弧）。 2. 完成一条直线（样条曲线），开始画下一条直线（样条曲线）。 3. 取消画相切圆弧	弹出快捷菜单

续表

使用类型		鼠标左键	鼠标中键	鼠标右键
三维模式	鼠标按键单独使用	选取模型	1. 旋转模型。有滚轮按下滚轮，无滚轮按下中键。 2. 有滚轮时，转动滚轮可缩放模型	在模型窗口或工作栏中单击将弹出快捷菜单
	与 Ctrl 键或 Shift 键配合使用	无	1. 与 Ctrl 键配合，并且上下移动鼠标可缩放模型。 2. 与 Ctrl 键配合，并且左右移动鼠标可旋转模型。 3. 与 Shift 键配合使用并且移动鼠标可平移模型	无

4. 文件管理

【文件】菜单下的各命令如图 2-5 所示，使用此菜单提供的命令可以实现 Pro/ENGINEER Wildfire 的各种文件管理功能。现在介绍【文件】菜单中各命令的功能。

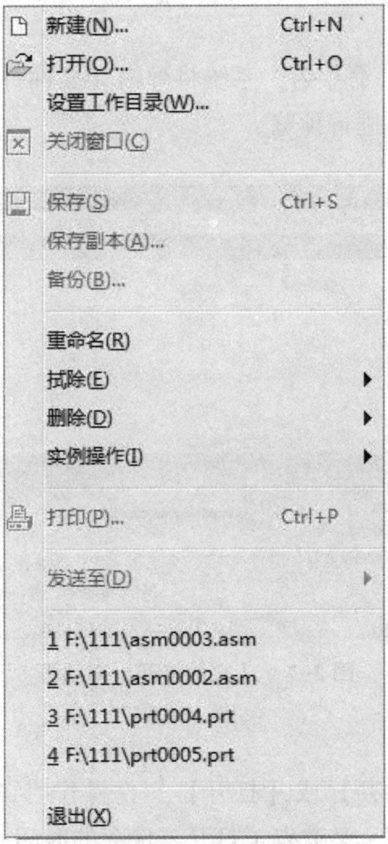

图 2-5　【文件】菜单

1）新建任务

选择【文件】→【新建】命令后，系统将弹出如图 2-6 所示的【新建】对话框，在该对话框中可选择不同的功能模块进行设计。各种功能模块的用法将在以后的实例中进行介绍。

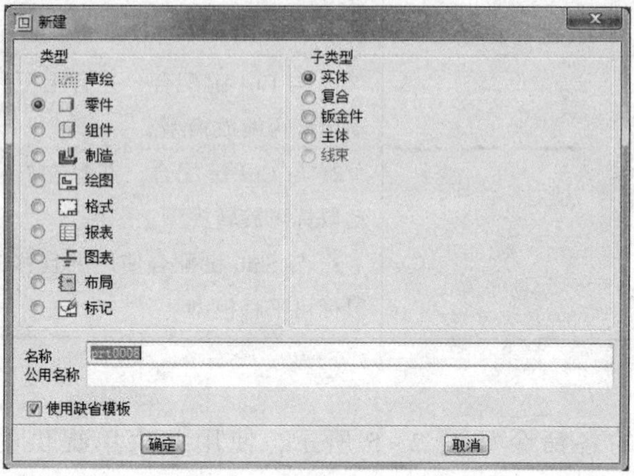

图 2-6　【新建】对话框

2）打开文件

选择【文件】→【打开】命令后，系统将弹出【文件打开】对话框，如图 2-7 所示。当选定文件后，可以对该文件进行预览。

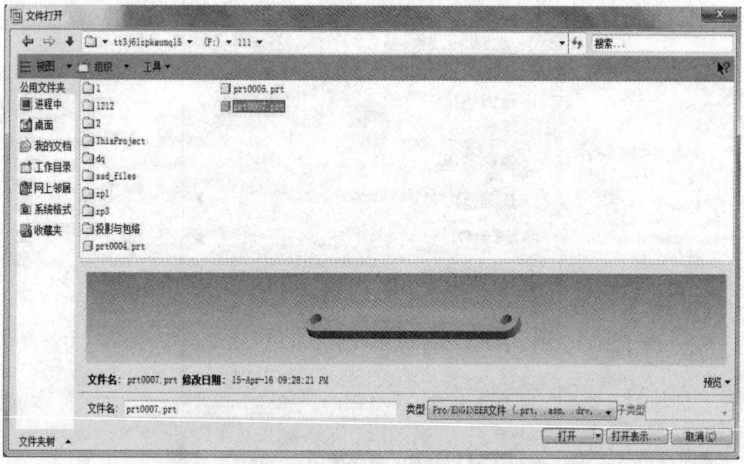

图 2-7　【文件打开】对话框

3）设置工作目录

设定工作目录以后，【保存】或【打开】文件操作时，系统都会在指定的目录下进行，这样既方便了文件的管理，又节省了打开与保存的时间，设计者可以根据自身的使用习惯重新设置工作目录。

• 设置默认工作目录：鼠标右键单击如图 2-2 所示的桌面图标，在快捷菜单中选择【属性】命令，在弹出的【Pro/ENGINEER 属性】对话框中切换到【快捷方式】选项卡，在【起始位置】文本框中设置工作目录路径，如图 2-8 所示。以后每次进入 Pro/ENGINEER 都会在这个目录工作。

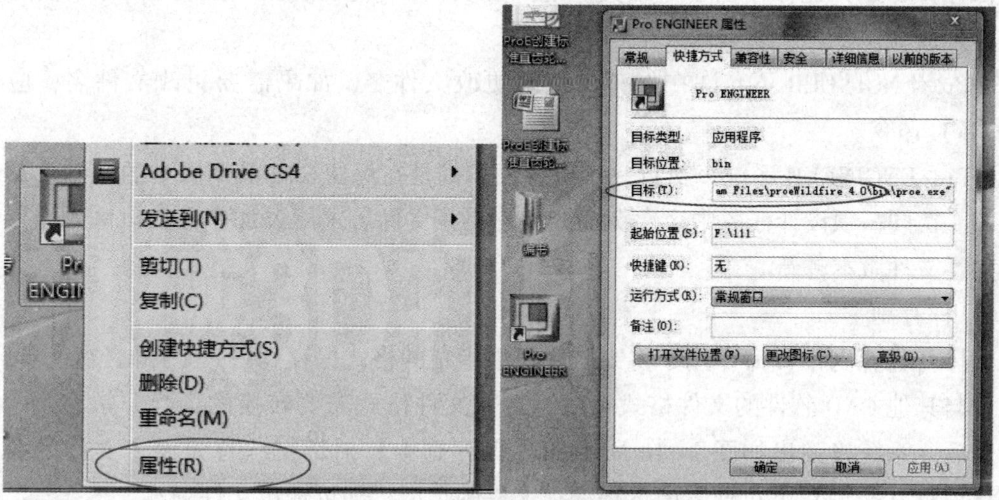

图 2-8　设置默认工作目录

• 临时变更工作目录：如果已经打开了 Pro/ENGINEER，而要改变工作目录，可以选择【文件】→【设置工作目录】命令来进行改变，如图 2-9 所示。

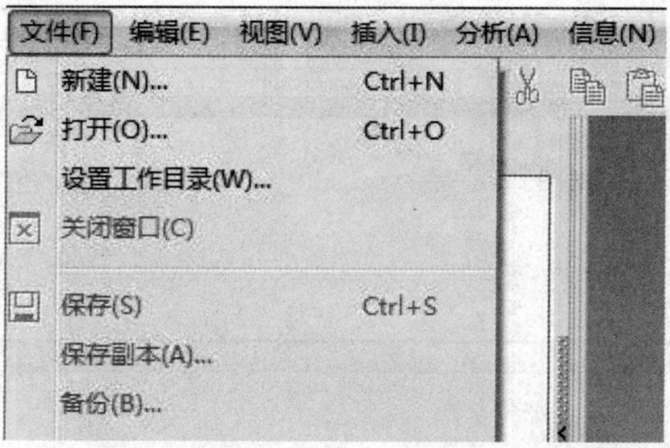

图 2-9　临时变更 Pro/Engineer 工作目录

4）关闭窗口

选择【关闭窗口】命令会关闭当前设计窗口的对应文件，但不会退出 Pro/ENGINEER 系统。

5）保存文件

选择【保存】命令后，系统打开【保存对象】对话框，从中可以选择文件的保存路径。在保存文件时，应注意以下几点。

• 文件名必须是英文字母、数字、下划线的组合，不允许使用中文字符。

• 新建文件后，仅在第一次保存时可以自由选择保存路径，一旦文件保存后，再次使用【保存】命令只能保存在原来位置。如果确实需要更换文件保存路径，可以使用【保存副本】命令。

• Pro/ENGINEER 不允许在保存文件时更改文件名，如果需要更改文件名，应使用【重命名】命令。

• Pro/ENGINEER 系统每执行一次保存操作都是在保留文件前期版本的基础上新增一个文件。在同一项设计任务中多次保存的文件将在文件名末尾添加序号加以区别，序号数字越大，文件版本越新。

6）保存副本

选择【保存副本】命令用于将当前文件以指定的格式保存到另一个存储位置，可提供该软件与其他 CAD 软件的文件格式接口，这在文件格式需要转换的场合非常有用。选择该命令后，系统将弹出如图 2-10 所示的【保存副本】对话框。首先设定文件的存储位置，然后在【类型】下拉列表中选择保存文件的类型，即可输出文件副本。

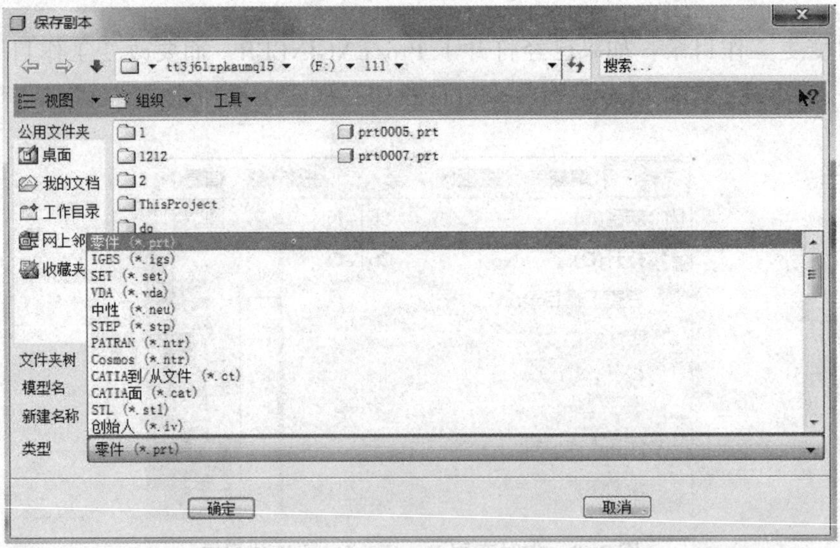

图 2-10 【保存副本】对话框

7）备份

选择【备份】命令可以将当前文件保存到另外一个存储目录。备份时不能更改文件名。

8）重命名

选择【重命名】命令后，系统将弹出如图 2-11 所示的【重命名】对话框。在重命名时，输入新的文件名即可。现在对话框的两个选择按钮说明如下。

- 【在磁盘上和进程中重命名】：同时对进程和磁盘中的文件进行重命名，将彻底修改文件的名称。
- 【在进程中重命名】：只对进程中的文件进行重命名，系统结束进程后，重命名失效。在磁盘上的文件依然保留原来的名字。

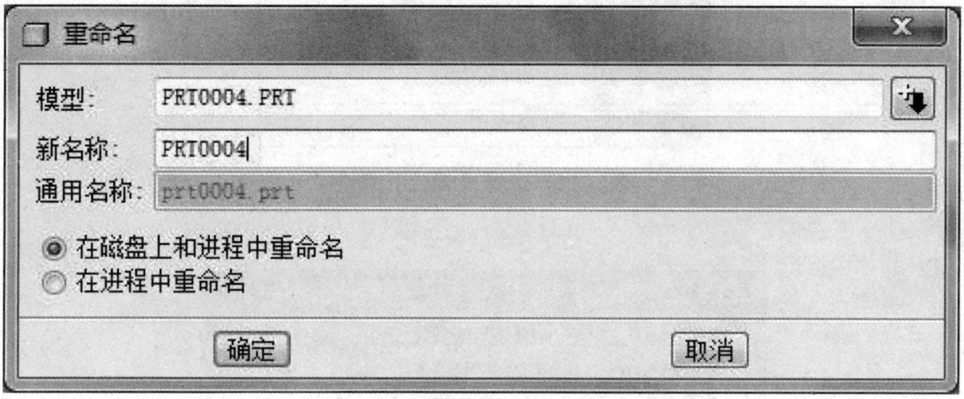

图 2-11　【重命名】对话框

9）拭除文件

选择【拭除】命令可以从进程中清除文件。现对其子菜单的命令说明如下。

- 【当前】：从进程中清除当前打开的文件，同时该模型设计界面被关闭，但文件仍然保留在磁盘上。
- 【不显示】：清除系统曾经打开，现已关闭但还保留在进程中的文件。

10）删除文件

使用【删除】命令可以将文件从磁盘上彻底删除。现对其子菜单中的命令说明如下。

- 【旧版本】：系统将保留该文件最新版本，删除所有旧版本图形。
- 【所有版本】：将彻底删除该模型文件的所有版本。

5. 工作环境设置

1）环境变量设置

系统默认安装的版本为英文版，若要使用简体中文版可通过系统环境变量来设置。具体操作方法如下。

（1）右击桌面图标【计算机】，在弹出的快捷菜单中选择【属性】命令，如图 2-12 所示。

（2）在系统弹出的【系统属性】对话框中切换到【高级】选项卡，单击【环境变量】按钮，如图 2-13 所示。

图 2-12　选择【属性】命令

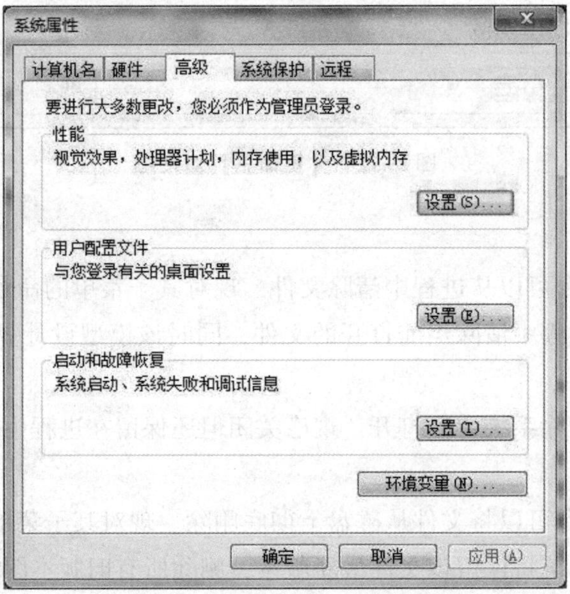

图 2-13　【系统属性】对话框

（3）系统打开【环境变量】对话框，在【系统变量】选项组中单击【新建】按钮，如图 2-14 所示。

（4）在【新建用户变量】对话框的【变量名】文本框中添加用户变量，如图 2-15 所示。然后单击各对话框中的【确定】按钮，完成环境变量的设置。现在打开 Pro/ENGINEER 软件，显示的即为中文简体版了。

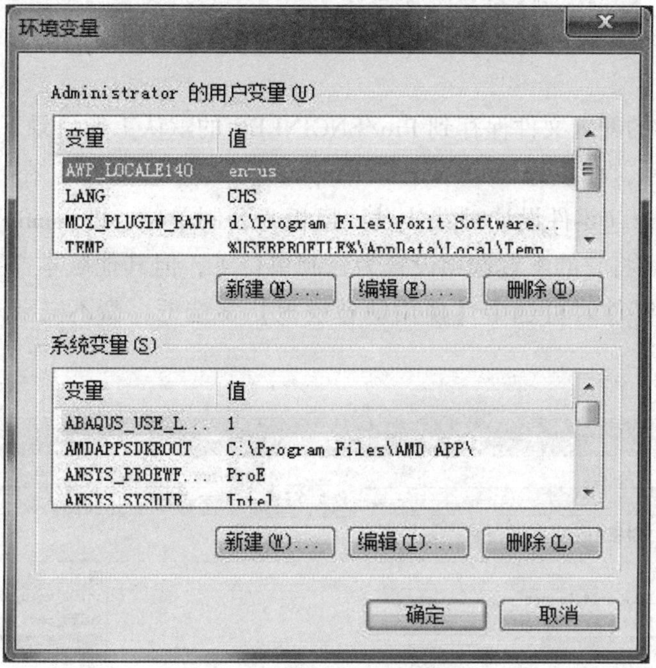

图 2-14　【环境变量】对话框

图 2-15　【新建用户变量】对话框

2）Pro/ENGINEER 系统环境的设置

Pro/ENGINEER 系统环境的设置包括默认的模型显示方式、默认的长度单位、默认的视图显示、默认的字体、默认的工程图配置文件等。其设置方式是将文本模式、系统环境参数及参数数值保存在名为 config. pro 的配置文件中，具体操作步骤如下。

（1）在 Pro/ENGINEER 菜单栏中选择【工具】→【选项】命令，系统弹出【选项】对话框。

（2）在【显示】下拉式列表框中选择【当前会话】选项，取消选中【仅显示从文件加载的选项】复选框，这里将显示最近加载的 config. pro 文件中各选项的设置状态。首先在窗口左侧选择希望更改的配置选项，选中的选项将出现在对话框下部的【选项】文本框中，然后从右侧的【值】下拉列表框中选择相应的选项，单击【添加/更改】按钮即可更新配置选项。选项列表窗口最右侧给出了关于每个配置选项用途的中文描述，可供配置选项时参考。

（3）将修改后的配置文件保存到 Pro/ENGINEER 的默认工作目录下。

如图 2-16 所示，在左边窗口中选择 template_ solidpart 选项，在【值】列表中选择 inlbs_ part_ solid. prt（零件设计时默认设计模板为公制单位，即 mmns）。Pro/ENGINEER 5.0 在安装时就已经将它的配置选项设置为公制单位了，但其他版本需要对它进行更改并保存，这样在新建零件时可选中【使用缺省模板】复选框，而不需要进行英制、公制的选择。

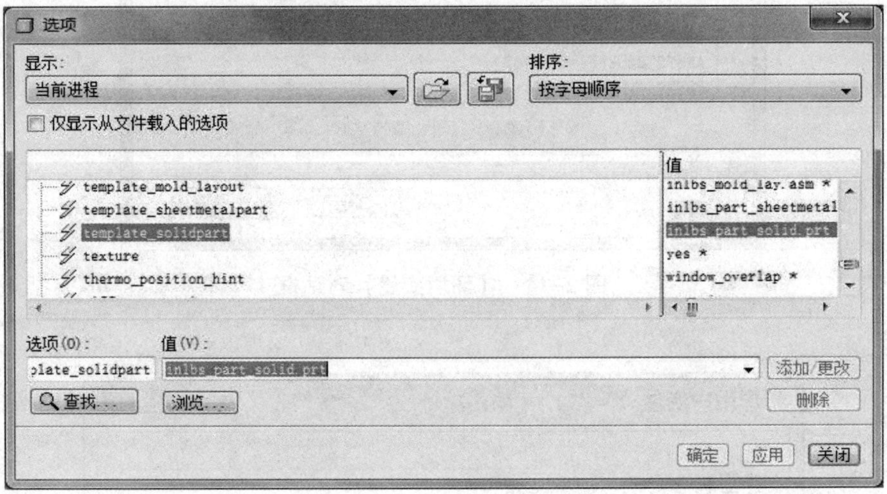

图 2-16 【选项】对话框

2.2 典型机械零件建模

2.2.1 单一零件建模

1. 渐开线直齿轮

1）直齿轮的建模步骤

（1）创建齿轮的基本圆。

包括齿顶圆、基圆、分度圆、齿根圆。

（2）通过方程创建渐开线。

（3）镜像渐开线。

（4）拉伸形成实体。

（5）阵列轮齿。

（6）创建其他特征。

2）直齿轮的建模过程

（1）输入基本参数和关系式。

• 单击 ，在新建对话框输入文件名“gear”，然后单击 确定 。

• 在主菜单上单击【工具】→【参数】，系统弹出【参数】对话框，在【参数】对话框，依次输入表 2-2 中的参数后，如图 2-17 所示。

表 2-2　直齿轮参数表

名　称	值	说　明	名　称	值	说　明
m	3	模数	db	—	基圆直径
z	25	齿数	df	—	齿根圆直径
alpha	20	压力角	d	—	分度圆直径
hax	1	齿顶高系数	dd0	—	凹槽直径
cx	0. 25	顶隙系数	bb0	—	凹槽深度
b	10	齿轮宽度	dd1	15	轴孔直径
ha	—	齿顶高	ll1	—	键槽高
hf	—	齿根高	ll2	—	键槽宽
x	0	变位系数	ll3	—	小孔到原点
da	—	齿顶圆直径	dd2	—	小孔直径

注意：表 2-2 中未填的参数值，表示是由系统通过关系式将自动生成的尺寸。

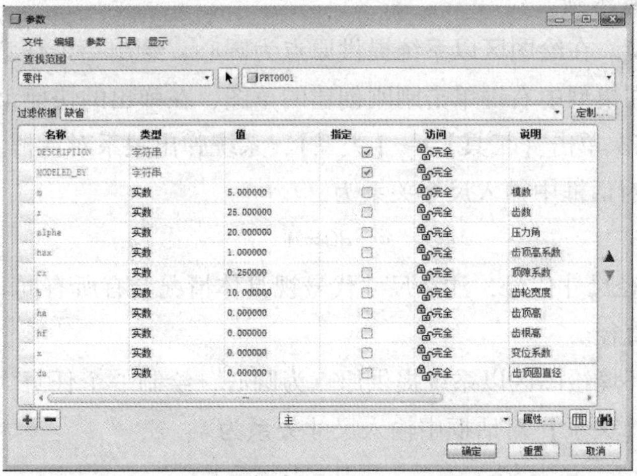

图 2-17　【参数】对话框

在主菜单上依次单击【工具】→【关系】，系统弹出【关系】对话框，输入齿轮的各基本圆和直径关系如下：

ha=(hax+x) * m

hf=(hax+cx−x) * m

d=m * z

da=d+2 * ha

db=d * cos(alpha)

df=d−2 * hf

由这些关系式，系统便会自动生成表 2-2 所示的未指定参数的值，如图 2-18 所示。

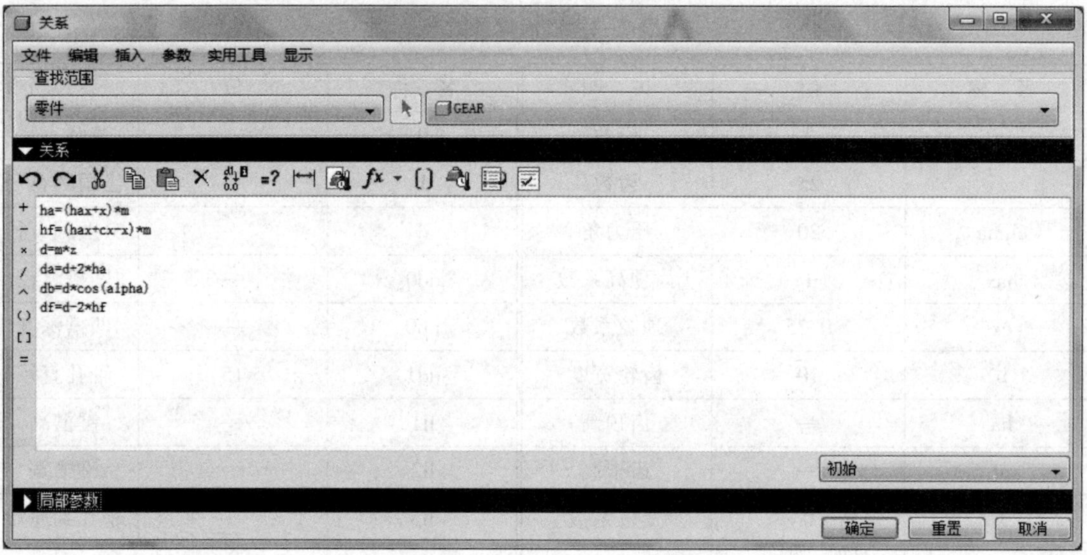

图 2-18 【关系】对话框

（2）创建齿轮基本圆。

• 进入草绘环境。在绘图区以系统提供原点为圆心，绘制一个任意大小的圆，并且标注圆的直径尺寸。在模型中右键单击刚刚创建的草图，在弹出的快捷菜单中单击选取【编辑】，在主菜单上依次单击【工具】→【关系】，系统弹出关系对话框，如图 2-19 所示。

• 在【关系】对话框中输入尺寸关系为

d0=d

其中，d0 为圆的直径尺寸代号，注意尺寸代号视具体情况会有所有同。d 为用户自定义的参数，即为分度圆直径。

• 继续在草绘环境绘图区以系统提供原点为圆心，绘制一个任意大小的圆，并且标注圆的直径尺寸。在【关系】对话框中输入尺寸关系为

d1=da

其中 d1 为圆的直径代号，da 为用户自定义的参数，即为齿顶圆直径。

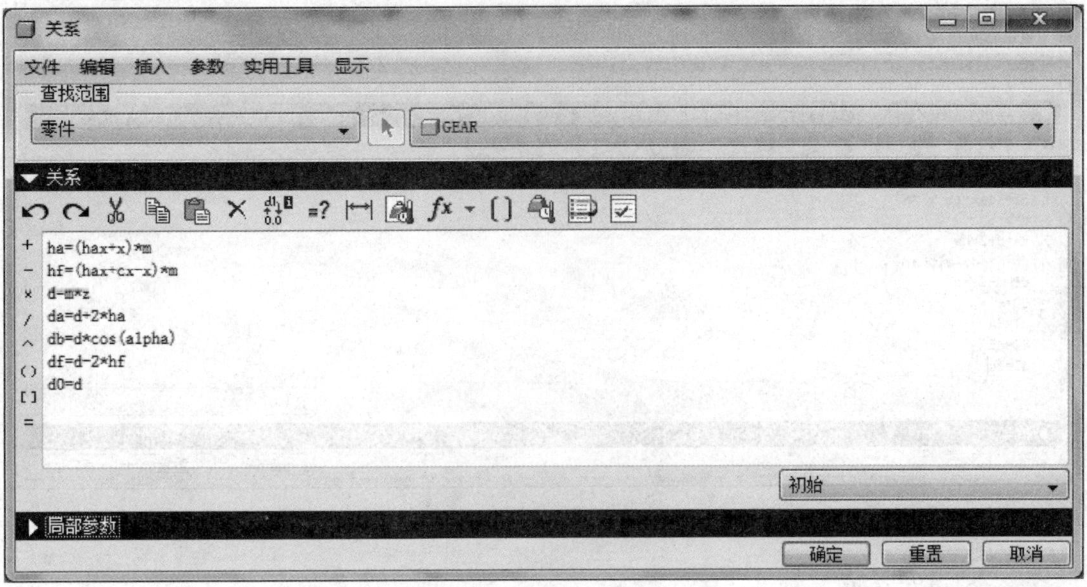

图 2-19　【关系】对话框

• 重复上述步骤，再创建齿轮的齿根圆和基圆，其中齿根圆的尺寸关系式为

$$d2 = df$$

基圆的尺寸代号为

$$d3 = db$$

完成后的基本曲线如图 2-20 所示，完成后的【关系】对话框如图 2-21 所示。

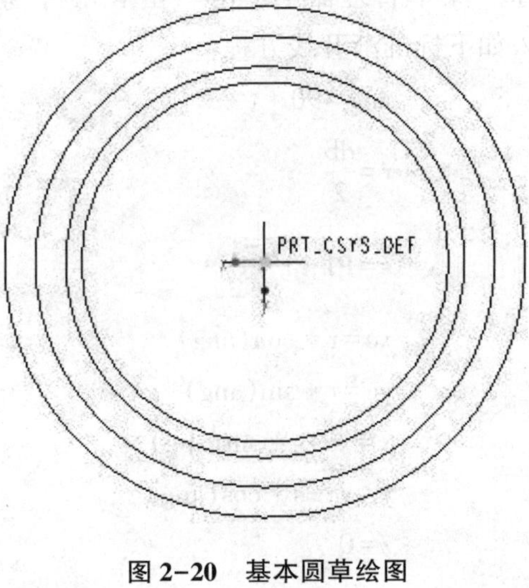

图 2-20　基本圆草绘图

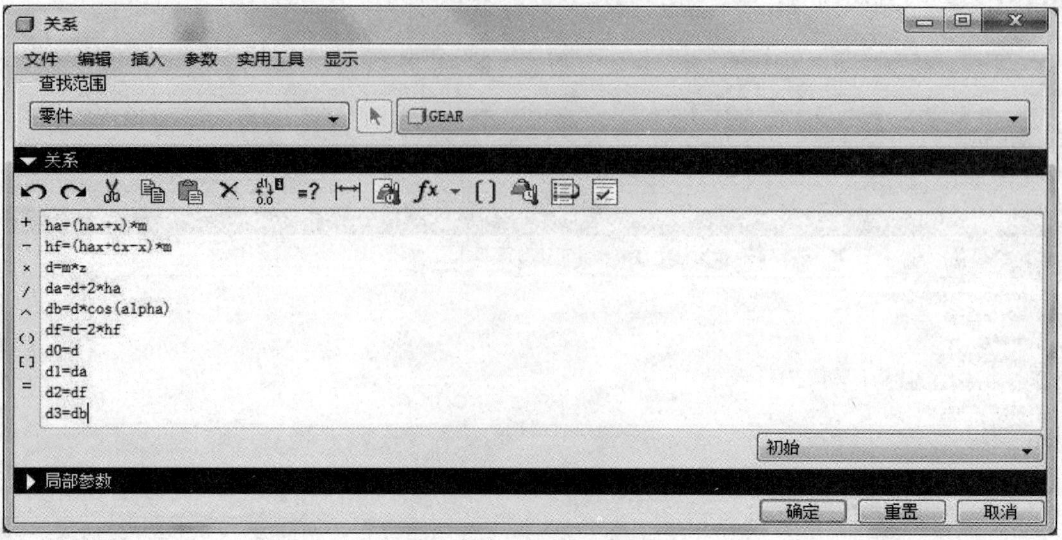

图 2-21 【关系】对话框

（3）创建渐开线。

• 依次在主菜单上单击【插入】→【模型基准】→【曲线】，或者在工具栏单击按钮，系统弹出【曲线选项】菜单管理器，如图 2-22 所示。

• 在【曲线选项】菜单管理器上依次单击【从方程】→【完成】，弹出【得到坐标系】，如图 2-23 所示。

• 在绘图区单击选取系统坐标系，弹出【设置坐标系类型】菜单管理器，如图 2-24 所示。

• 在“设置坐标系类型”菜单管理器中单击“笛卡儿”，系统弹出一个记事本窗口；在弹出的记事本窗口中输入如下标准渐开线方程：

$$ang = 90 * t$$

$$r = \frac{db}{2}$$

$$s = PI * r * \frac{t}{2}$$

$$xc = r * con(ang)$$

$$yc = r * sin(ang)$$

$$x = xc + s * sin(ang)$$

$$y = yc - s * cos(ang)$$

$$z = 0$$

图 2-22　【曲线选项】菜单

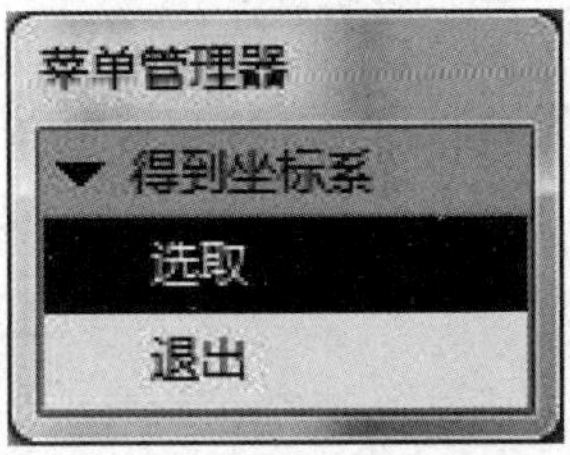

图 2-23　【得到坐标系】菜单

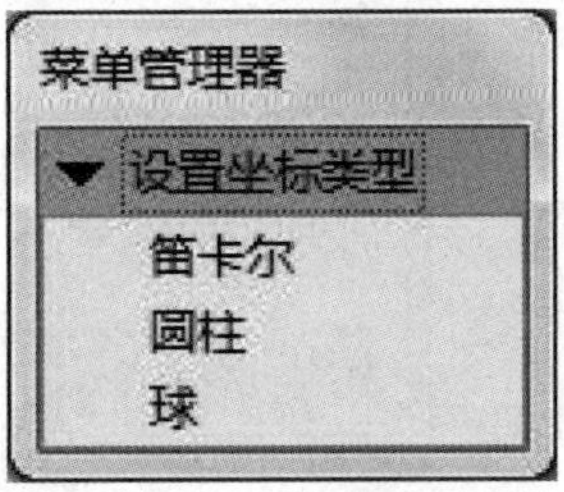

图 2-24　【设置坐标系类型】菜单

• 保存数据，退出记事本，单击“曲线：从方程”对话框中的【确定】，如图 2-25 所示；完成后的曲线如图 2-26 所示。

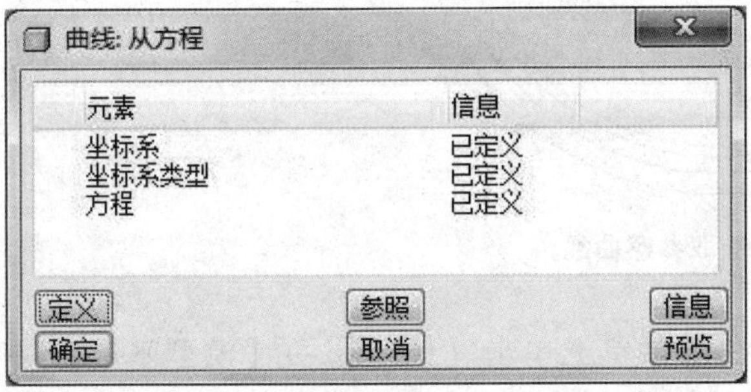

图 2-25　【曲线：从方程】对话框

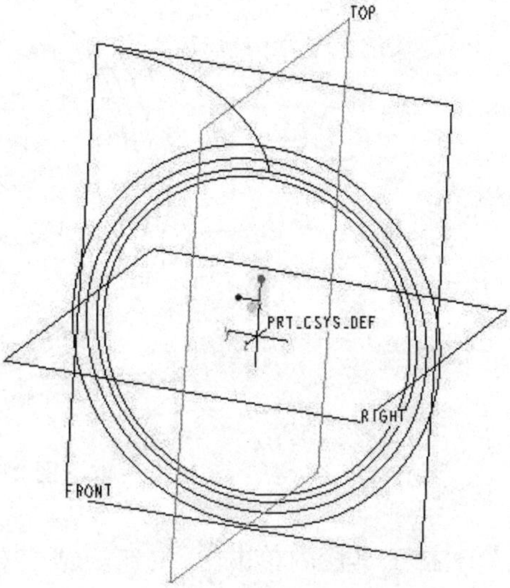

图 2-26　完成后的渐开线

（4）镜像渐开线。

• 在工具栏内单击 按钮，或者依次在主菜单上单击【插入】→【模型基准】→【点】，系统弹出【基准点】对话框，如图 2-27 所示。

• 单击分度圆曲线作为参照，按住 Ctrl 键，单击渐开线作为参照，如图 2-28 所示。

在【基准点】对话框内单击【确定】，完成基准点“pnt0”的创建。

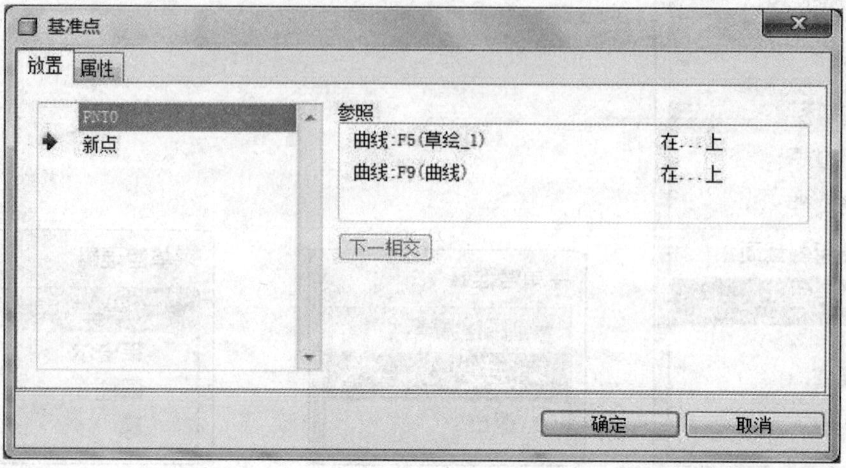

图 2-27 “基准点”对话框

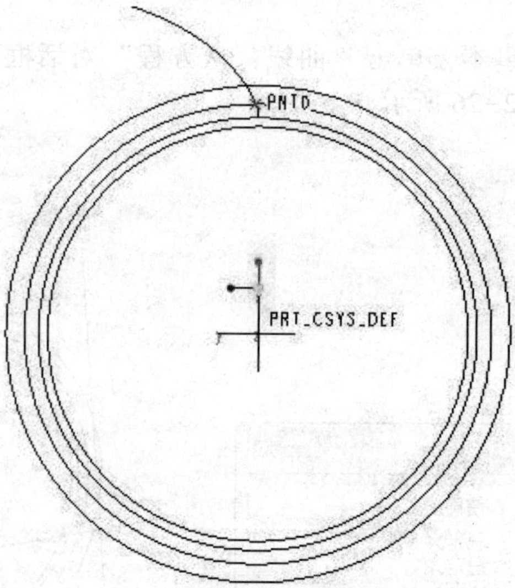

图 2-28 选取参照曲线

• 在工具栏内单击 按钮，或者依次在主菜单上单击【插入】→【模型基准】→【轴】，系统弹出【基准轴】对话框，如图 2-29 所示。

• 在绘图区单击选取“top”面作为参考平面，按住 Ctrl 键，单击选取“rihgt”面作为参考，在【基准轴】对话框内单击【确定】，完成“a_1”的创建。

• 在工具栏内单击 按钮，或者依次在主菜单上单击【插入】→【模型基准】→【平面】，系统弹出【基准平面】对话框。

• 在绘图区单击选取“a_1”轴作为参考，按住 ctrl 键，继续单击基准点“pnt0”作为参照，如图 2-30 所示。

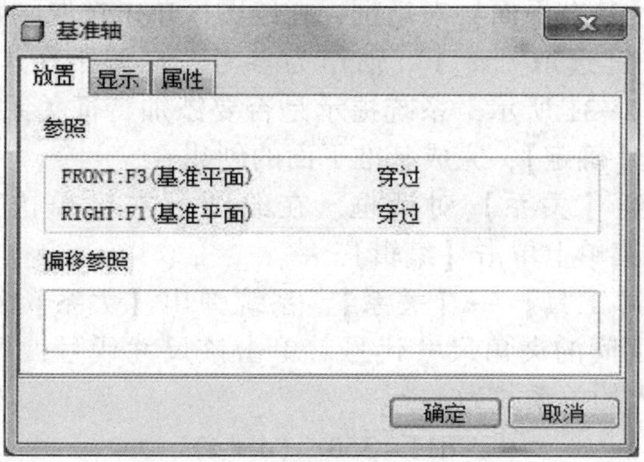

图 2-29　【基准轴】对话框

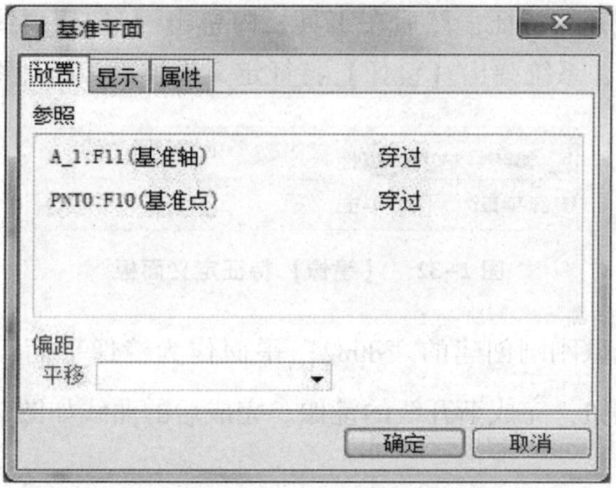

图 2-30　【基准平面】对话框

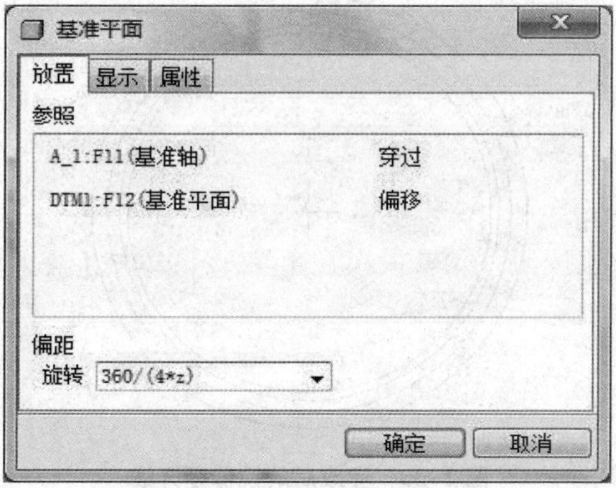

图 2-31　【基准平面】对话框

• 继续在工具栏内单击按钮，或者依次在主菜单上单击【插入】→【模型基准】→【平面】，系统弹出【基准平面】对话框，在绘图区单击选取刚刚创建的“dtm1”面作为参考平面，按住 Ctrl 键选取“a_1”轴作为参考。在偏距文本框内输入旋转角度为“360/（4 * z）”，如图 2-31 所示，系统提示是否要添加特征关系，单击【是】。在“基准平面”对话框内单击【确定】，完成基准平面的创建。

• 将关系式添加到【关系】对话框。在绘图区右键单击刚刚创建的基准平面“dtm2”，在弹出的快捷菜单上单击【编辑】。

• 在主菜单上单击【工具】→【关系】，系统弹出【关系】对话框。此时系统显示“dtm1”面和“dtm2”面间的夹角尺寸代号。单击该尺寸代号，尺寸代号将自动显示在“关系”对话框中，输入的关系式为

$$d11 = 360/(4 * z)$$

在【关系】对话框内单击【确定】完成添加关系式。

• 在绘图区单击渐开线特征，然后在工具栏内单击按钮，或者依次在主菜单上单击【编辑】→【镜像】，系统弹出【镜像】特征定义操控面板，如图 2-32 所示。

图 2-32 【镜像】特征定义面板

• 在绘图区单击选取刚刚创建的“dtm2”平面作为镜像平面，在【镜像】特征定义操控面板内单击按钮，完成渐开线的镜像。完成后的曲线如图 2-33 所示。

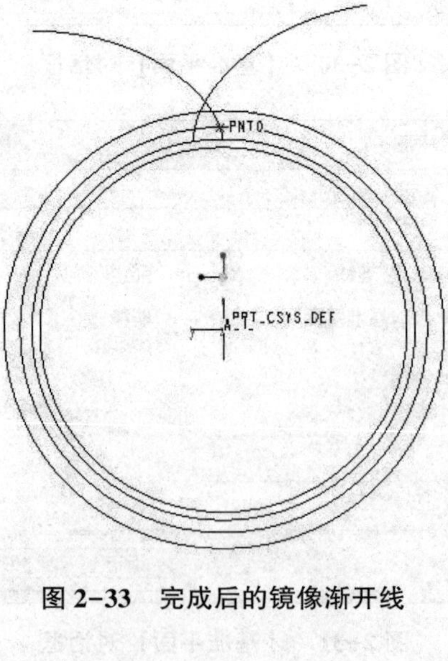

图 2-33 完成后的镜像渐开线

（5）创建齿根圆。

• 在工具栏内单击 按钮，或者依次在主菜单内单击【插入】→【拉伸】，弹出【拉伸】定义控制面板，在面板内单击【放置】→【定义】，弹出【草绘】定义对话框。

• 选择“front”面作为草绘平面，选取“right”面作为参考平面，参考方向为向“左”，如图 2-34 所示。单击【草绘】进入草绘环境。

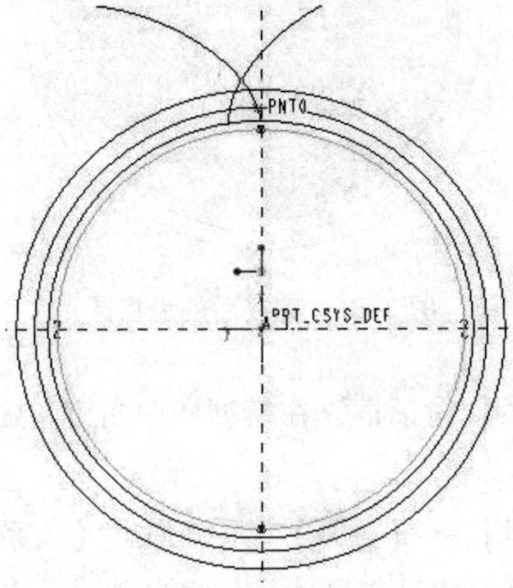

图 2-34　完成齿根圆曲线

• 在工具栏内单击 按钮，在绘图区单击选取齿根圆曲线，如图 2-35 所示。在工具栏内单击 按钮，完成草图的绘制。

图 2-35　齿轮厚度输入

• 在【拉伸】特征定义操控面板内单击选取【实体】按钮、【拉伸到指定深度】按钮，在拉伸深度文本框内输入深度值为“b”，如图 2-36 所示。回车后系统提示是否添加特征关系，单击【是】，“b”值显示为“10”。在“拉伸”特征定义操控面板内单击 按钮，完成齿根圆的创建，完成后的齿根圆如图 2-36 所示。

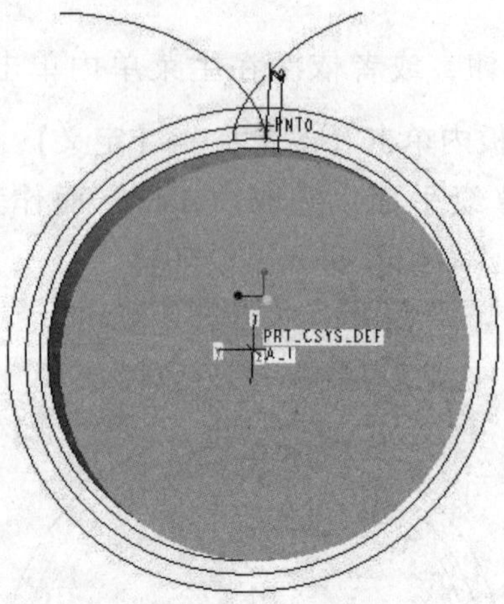

图 2-36　完成后的齿根圆

• 将关系式添加到【关系】对话框，在模型树中右键单击齿根圆特征，在弹出的快捷菜单中单击【编辑】。

• 在主菜单上单击【工具】→【关系】，系统弹出【关系】对话框。此时系统显示齿根圆厚度尺寸代号。单击该尺寸代号，尺寸代号将自动显示在“关系”对话框中，输入的关系式为

$$d12=b$$

完成后的“关系”对话框如图 2-37 所示，在“关系”对话框内单击【确定】完成添加关系式。

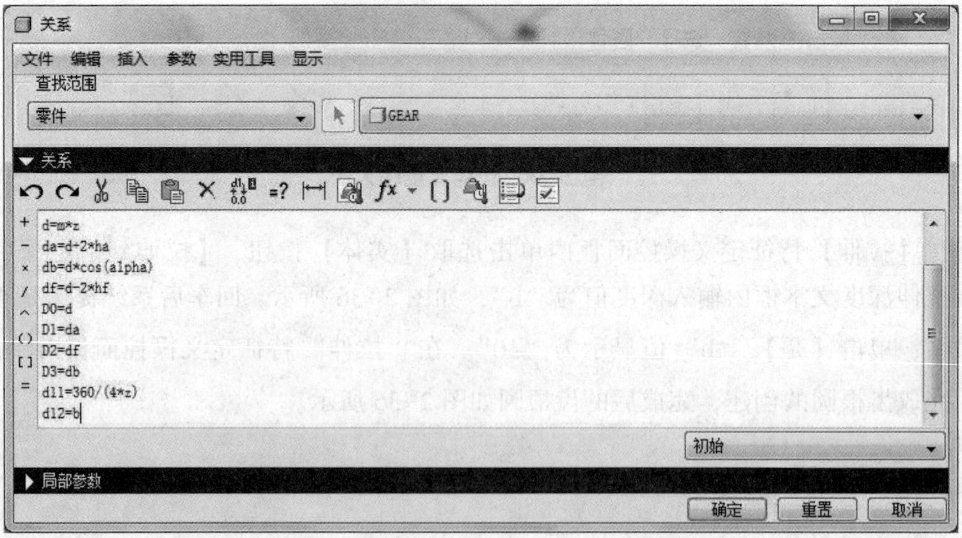

图 2-37　【关系】对话框

（6）创建齿形。

- 在工具栏内单击按钮，在面板内单击【放置】→【定义】，点击【草绘】进入草绘环境。绘制如图 2-38 所示的二维草图，在工具栏内单击✔按钮，完成草图的绘制。

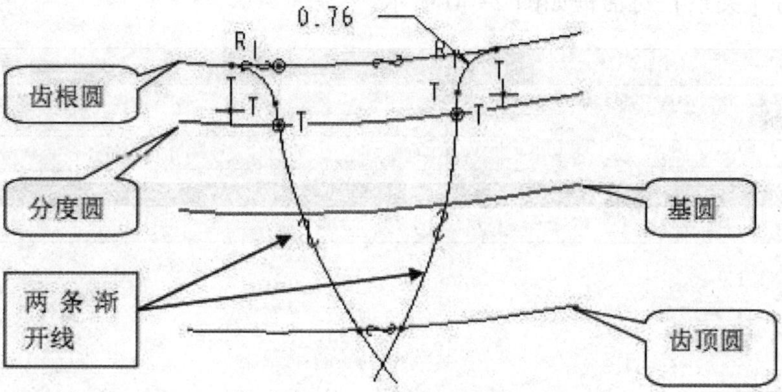

图 2-38　绘制二维草图

- 将拉伸深度设置为参数 b 的值，在“拉伸”特征定义操控面板内单击按钮，完成轮齿的创建，完成后的轮齿如图 2-39 所示。

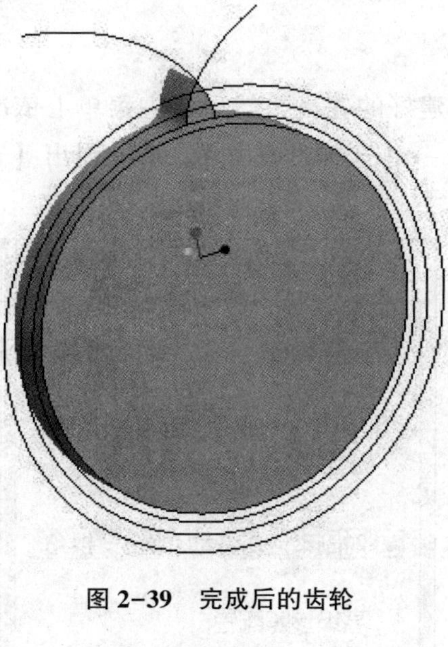

图 2-39　完成后的齿轮

- 在【关系】对话框中，输入如下关系式：

```
    if  hax>=1
    d13=0.38*m
end if
```

if　hax<1

　　d13=0. 46 * m

end if

d14=b

完成后的【关系】对话框如图 2-40 所示。

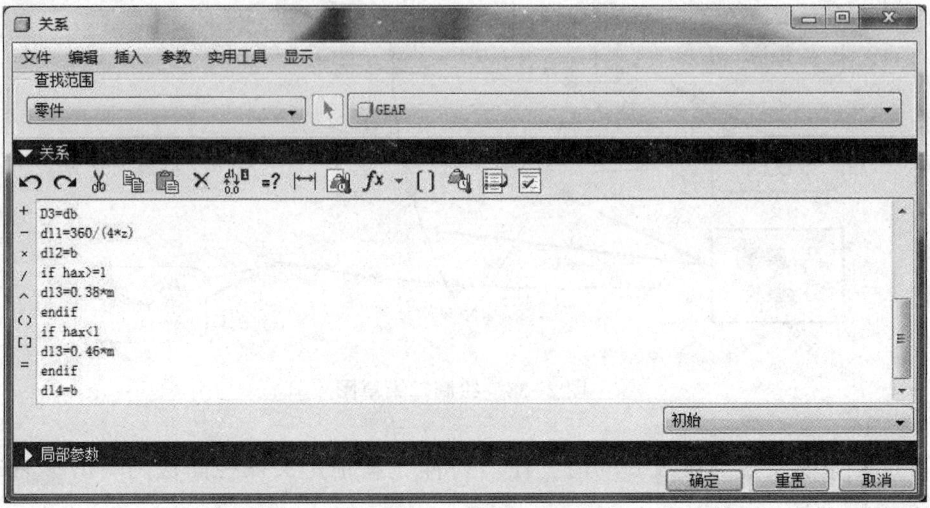

图 2-40　【关系】对话框

（7）阵列轮齿。

• 首先单击选取已经创建好的轮齿，然后在主菜单上依次单击【编辑】→【复制】，然后再次依次单击【编辑】→【选择性粘贴】，系统弹出【选择性粘贴】复选框，如图 2-41所示。

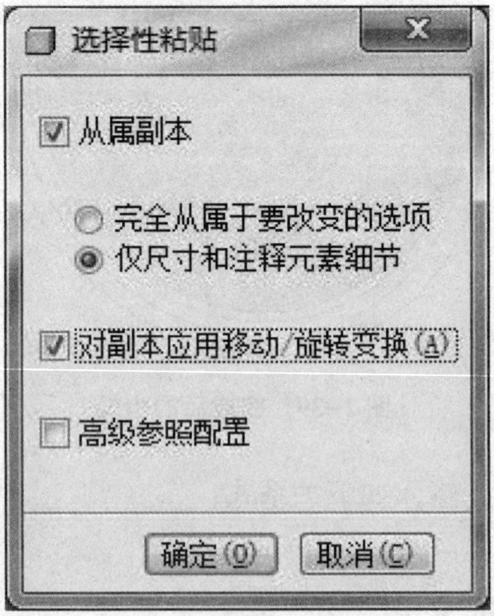

图 2-41　【选择性粘贴】复选框

• 在【选择性粘贴】定义面板内选取 按钮，在文本框输入旋转角度为“360/z”，系统提示是否添加关系，单击【是】。

• 在绘图区单击选取齿根圆的中心轴作为旋转轴，如图 2-42 所示。在【选择性粘贴】定义操控面板内单击 按钮，完成轮齿创建。

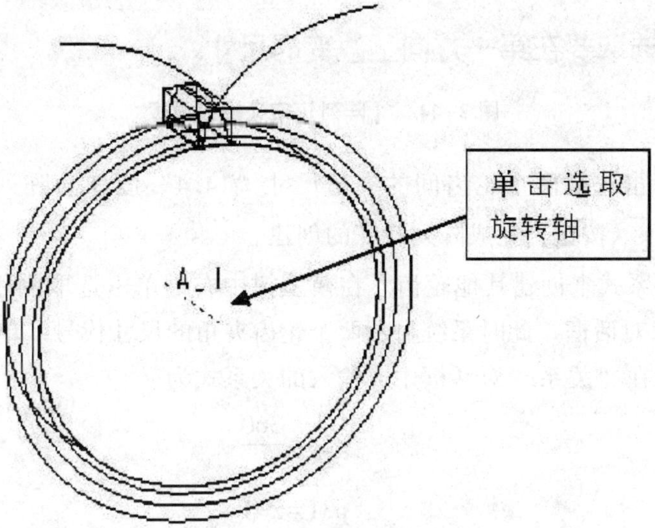

图 2-42　选取旋转轴

• 将旋转角度关系式添加到【关系】对话框。在模型树中右键单击第二个轮齿特征，在弹出的快捷菜单中单击“编辑”；在“关系”对话框中，输入的关系式为

$$d18 = 360/z$$

完成后的“关系”对话框如图 2-43 所示。

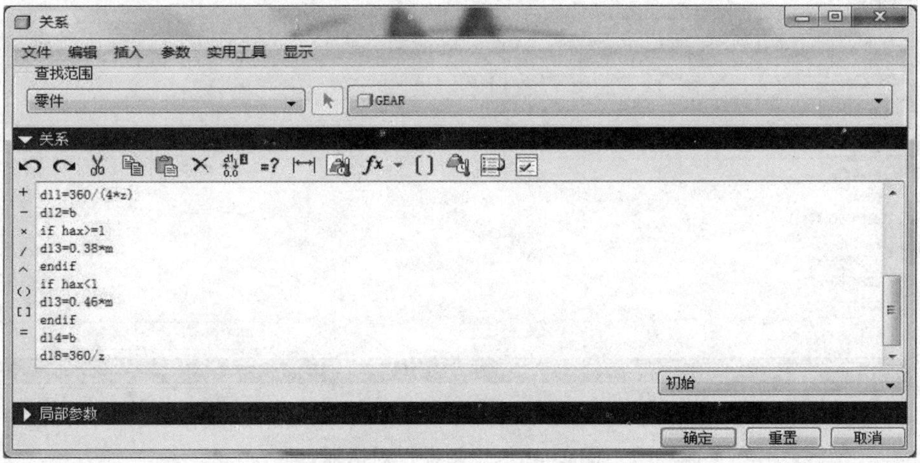

图 2-43　【关系】对话框

• 在模型树中单击刚刚创建的第二个轮齿特征，在工具栏内单击按钮，或者依次在主菜单上单击【编辑】→【阵列】，系统弹出【阵列】定义操控面板，如图 2-44 所示。

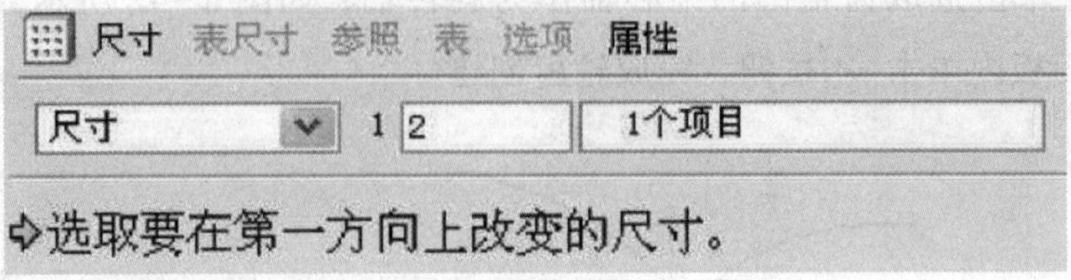

图 2-44　【阵列】定义操控面板

• 在绘图区单击选取两个轮齿间的夹角尺寸“14.4”度作为阵列参照，在【阵列】定义操控面板单击按钮，完成阵列特征的创建。

• 通过添加关系式来创建其他轮齿。在模型树中右键单击选取刚刚创建的阵列特征，系统弹出【关系】对话框。此时系统显示两个轮齿夹角的尺寸代号。单击该尺寸代号，尺寸代号将自动显示在“关系“对话框中，输入的关系式为

$$d28=\frac{360}{z}$$

$$p31=z-1$$

其中，d28 为两个轮齿间的夹角，p31 为阵列的个数。完成后的【关系】对话框如图 2-45 所示，在“关系”对话框内单击【确定】完成添加关系式。

• 在工具栏上单击重生按钮，完成所有轮齿的创建，完成后的齿轮如图 2-46 所示。

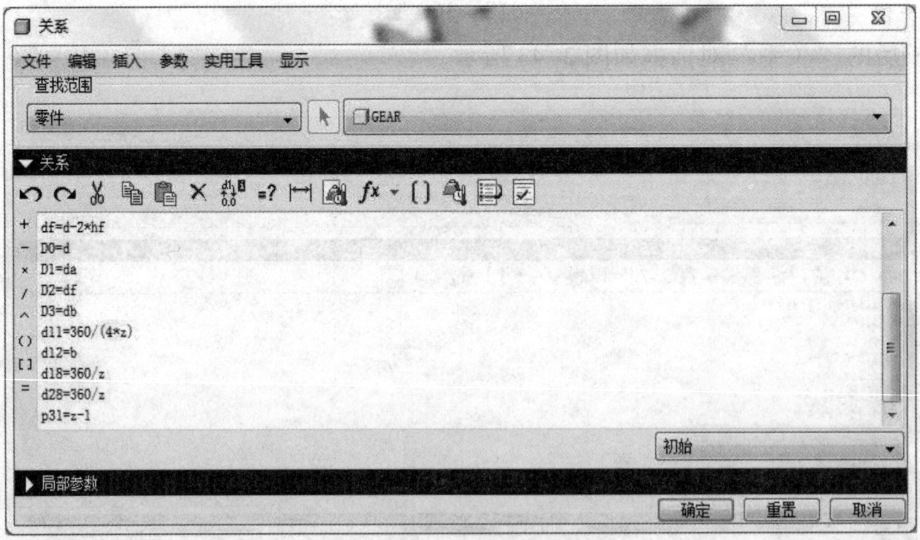

图 2-45　【关系】对话框

图 2-46　完成后的齿轮

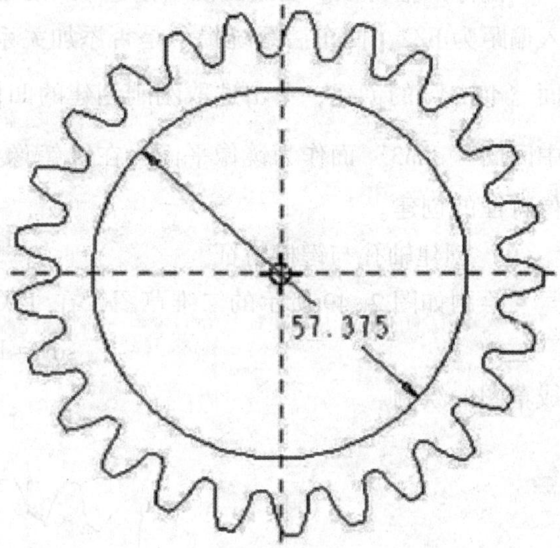

图 2-47　绘制二维草图

（8）创建凹槽特征。

• 【关系】对话框中输入关系式为

dd0＝0. 85 * df

bb0＝0. 1 * b

ll2＝dd1/2

ll3＝（dd0-dd1）/4+dd1/2

dd2＝（dd0-dd1）/5

• 选择齿轮一端面作为草绘平面。参考方向为向“顶”，绘制如图 2-47 所示的二维草图，草图为一个直径任意的圆。在工具栏内单击【工具】→【关系】，系统弹出【关系】对话框，将圆直径的尺寸代号添加到关系式，其关系式为

sd0＝dd0

• 在【拉伸】定义操控面板内单击选取【实体】按钮、【拉伸到指定深度】按钮，在拉伸深度文本框内输入拉伸深度值为 bb0，如图 2-48 所示。回车后系统提示是否添加关系式，单击“是“。单击✔按钮完成凹槽特征的创建。

图 2-48　“拉伸”定义面板

• 镜像凹槽特征。在绘图区单击选取“front”面作为参考平面，在偏移距离文本框内输入偏距为 b/2，回车后系统提示是否添加关系式，单击“是”。单击【确定】，完成基准平面“dtm3”的创建；单击选取刚刚创建的凹槽特征，在工具栏内单击 单击选取齿轮的中间面“dtm3”面作为镜像平面，在【镜像】特征定义操控面板内单击 按钮，完成镜像特征的创建。

(9) 创建轴孔与键槽特征。

• 绘制如图 2-49 所示的二维草图，在【关系】对话框输入

$$sd1 = dd1$$

完成草图的绘制。

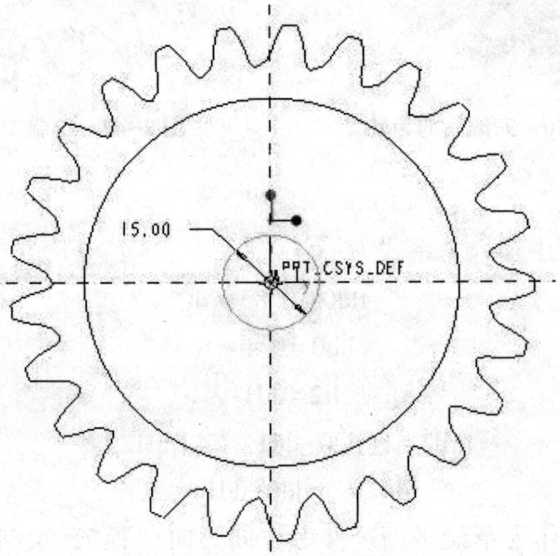

图 2-49　轴孔二维草图

• 拉伸。在“拉伸”定义操控面板内单击选取【实体】按钮、【通孔】按钮以及【去除材料】按钮，如图 2-50 所示。单击 按钮，完成轴孔的创建。

图 2-50　“拉伸”定义面板

• 绘制如图 2-51 所示的二维草图，在【关系】对话框中输入

$$sd2 = ll1$$

$$sd3 = ll2$$

其中，sd0 为键槽高的尺寸代号，sd2 为键槽宽的尺寸代号。完成草图的绘制。

- 进行同轴孔拉伸，完成键槽的创建。

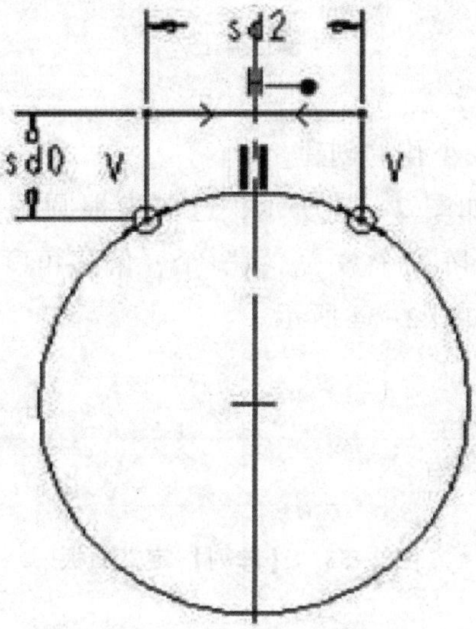

图 2-51　键槽二维草绘图

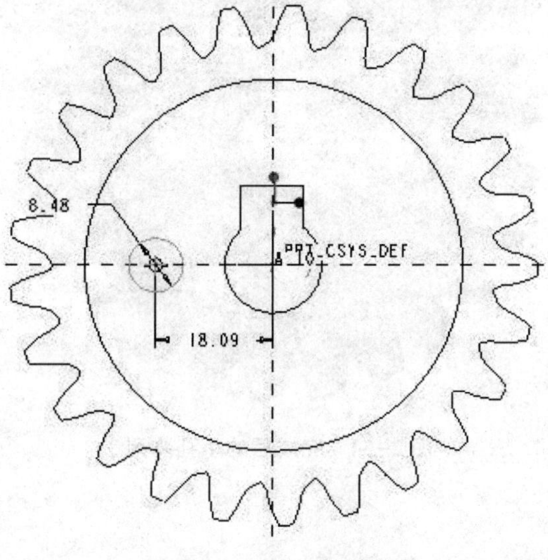

图 2-52　小孔二维草绘图

（10）创建小孔。

• 绘制如图 2-52 所示的二维草图，在【关系】对话框

$$sd4 = dd2$$

$$sd5 = ll3$$

输入完成草图的绘制。

• 进行同轴孔拉伸，完成小孔的创建。

• 参考前面阵列操作，如图 2-53 所示，选取齿根圆的中心轴作为阵列的参照，在【阵列】定义操控面板内输入阵列个数为“4”个，偏移角度为“90”度。单击按钮完成小孔的阵列，完成后的特征如图 2-54 所示。

图 2-53　【阵列】定义面板

图 2-54　完成后的小孔阵列

（11）创建倒角特征。

• 在工具栏内单击按钮，系统弹出【边倒角】特征定义操控面板，如图 2-55 所示。

图 2-55　【边倒角】定义面板

• 在【边倒角】特征定义操控面板内输入倒角值为“1”，单击选取如图 2-56 所示的两个边线作为倒角边，单击 ✓ 按钮，完成倒角特征的创建。

图 2-56　选取倒角边

• 用相同的方法，为 4 个小孔创建倒角值为 0.5 的边倒角特征。

完成直齿轮的参数化建模，今后只需修改【关系】对话框中相应的参数值，即可得到不同参数的直齿轮。

2. 渐开线斜齿轮

1）斜齿轮的建模步骤

根据直齿轮的建模过程，不难理解斜齿轮的建模步骤。

(1) 输入参数、公式，创建齿轮基本圆。

(2) 创建渐开线。

(3) 创建扫引轨迹。

(4) 创建扫描混合截面。

(5) 创建第一个切口。

(6) 阵列。

2）斜齿轮的建模过程

(1) 输入基本参数和关系式。

参考直齿轮建模步骤中参数和关系式的输入，在【参数】对话框中输入表 2-3 中相关参数。

表 2-3　斜齿轮参数表

名　称	值	说　明	名　称	值	说　明
mn	5	法面模数	ha	—	齿顶高
z	25	齿数	hf	—	齿根高
alpha	20	压力角	x	0	变位系数
beta	16	螺旋角	d	—	分度圆直径
b	50	齿轮宽度	db	—	基圆直径
hax	1.0	齿顶高系数	da	—	齿顶圆直径
cx	0.25	顶系系数	df	—	齿根圆直径

注意：表 2-3 中未填的参数值，表示是系统通过关系式将自动生成的尺寸，用户无须指定。

在【关系】对话框内输入斜齿轮的分度圆直径关系、基圆直径关系、齿根圆直径关系和齿顶圆直径关系为

$$ha=(hax+x)*mn$$

$$hf=(hax+cx-x)*mn$$

$$d=mn*\frac{z}{\cos(beta)}$$

$$da=d+2*ha$$

$$db=d*\cos(alpha)$$

$$df=d-2*hf$$

（2）创建齿轮基本圆。

• 在【草绘】对话框中选择“front”面作为草绘平面，选取“right”面作为参考平面，参考方向为向“右”，单击【草绘】进入草绘环境，在绘图区以系统提供的原点为圆心，绘制 4 个任意大小的圆，并且标注圆的直径尺寸，如图 2-57 所示。

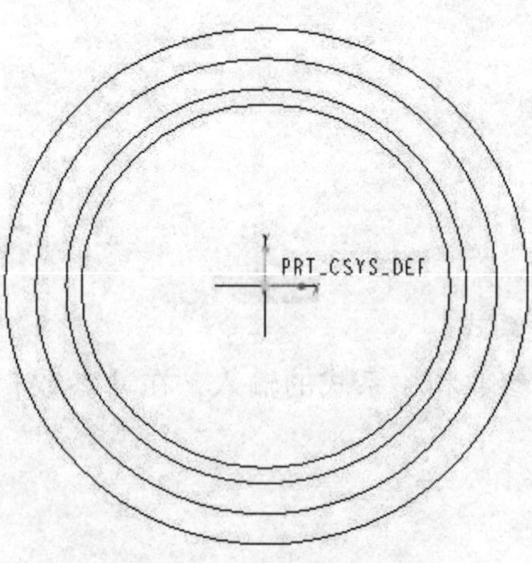

图 2-57　基本圆草绘图

• 在【关系】对话框中输入如下关系式：

$$d0=da$$

$$d1=db$$

$$d2=df$$

$$d3=d$$

（3）创建渐开线。

• 单击【设置坐标系】类型菜单管理器中单击【笛卡儿】，系统弹出一个记事本窗口；在弹出的记事本窗口输入渐开线方程为

$$ang=90*t$$

$$r=\frac{db}{2}$$

$$s=pi*r*\frac{t}{2}$$

$$xc=r*\cos(ang)$$

$$yc=r*\sin(ang)$$

$$x=xc+s*\sin(ang)$$

$$y=yc-s*\cos(ang)$$

$$z=0$$

• 完成后的曲线如图 2-58 所示。

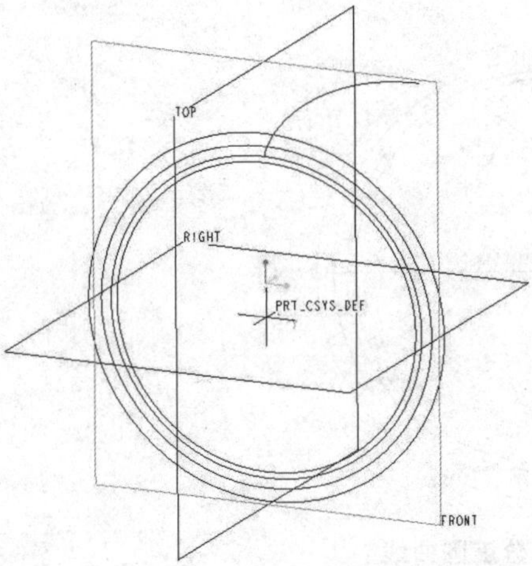

图 2-58　完成后的渐开线

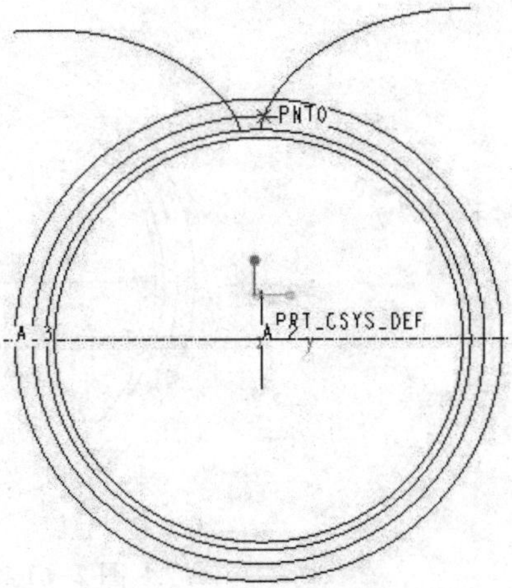

图 2-59　完成后的镜像渐开线

（4）镜像渐开线。

参照直齿轮渐开线镜像的步骤，基准面偏距旋转角度为“-360/（4 * z）”，镜像平面旋转角度为“d7=360/（4 * z）”，完成后的曲线如图 2-59 所示。

（5）创建齿根圆。

斜齿轮厚度拉伸深度值为 b，此处 b 取 50，完成后的齿根圆如图 2-60 所示。

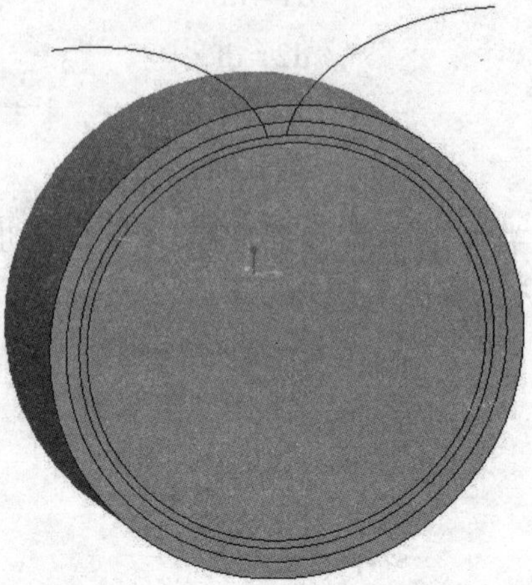

图 2-60　完成后的齿根圆

（6）创建投影曲面。

• 在工具栏内单击 按钮，进入草绘环境；在绘图区单击选取分度圆曲线，如图 2-61所示。在工具栏内单击 按钮，完成草图的绘制。

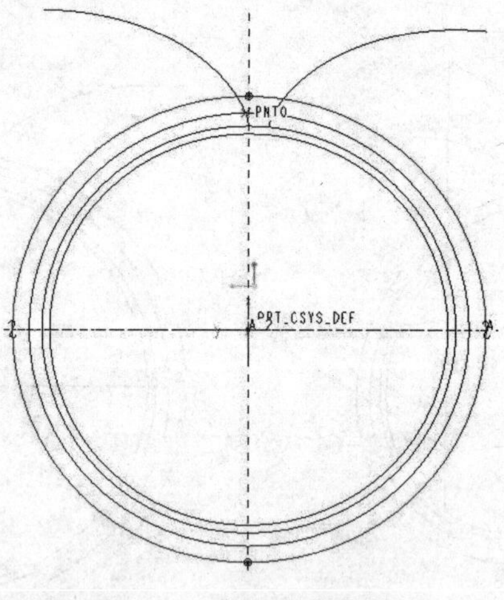

图 2-61　选取分度圆曲线

• 在【拉伸】特征定义操控面板内单击选取【曲面】按钮→【对称拉伸】，在拉伸深度文本框内输入深度值为 200，如图 2-62 所示。

• 拉伸至自动调整到用户设置的值，在【拉伸】特征定义操控面板内单击 按钮，完成分度圆曲面的创建，完成后的分度圆曲面如图 2-63 所示。

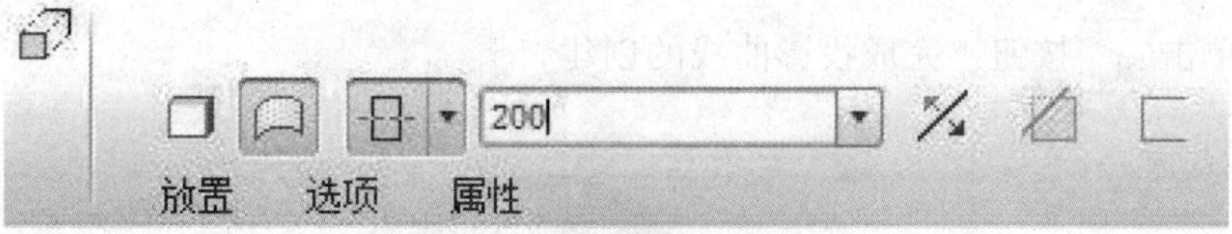

图 2-62　【拉伸】定义面板

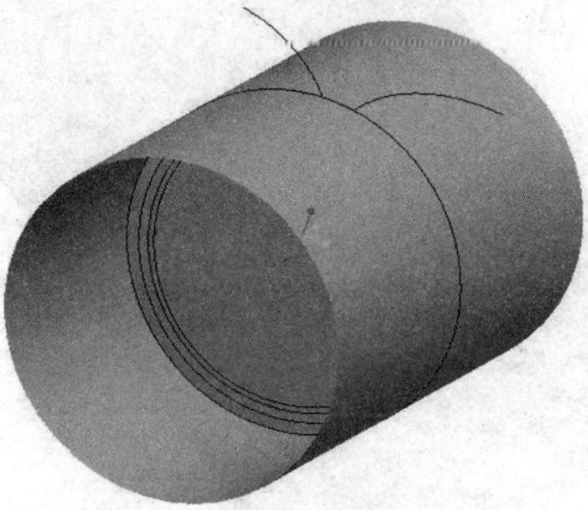

图 2-63　分度圆拉伸特征

（7）创建投影曲线。

这一步首先在“right”面创建一个斜直线，然后将这个曲线投影到分度圆曲面上，用来作为生成斜齿的基准。

• 在工具栏内单击按钮，系统弹出【草绘】对话框，进入草绘环境绘制如图 2-64 所示的二维草图，在工具栏内单击按钮，完成草图的绘制。

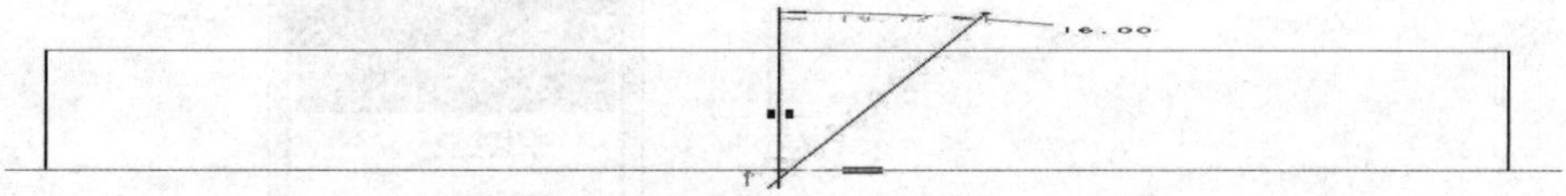

图 2-64　绘制二维草图

• 单击选取刚刚草绘的曲线，在主菜单上依次单击【编辑】【投影】曲线操控面板，如图 2-65 所示。

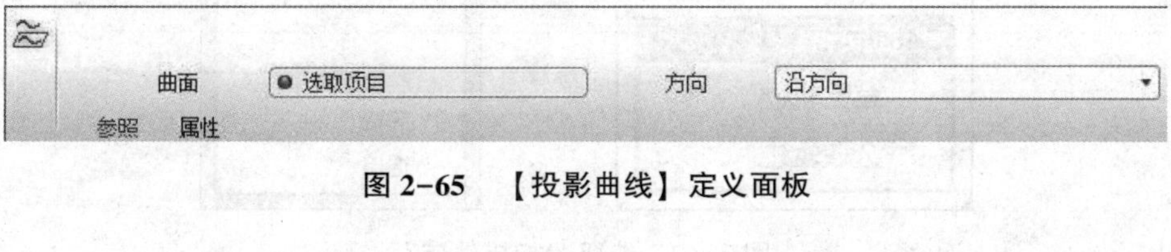

图 2-65　【投影曲线】定义面板

• 在绘图区单击选取分度圆的曲面作为投影参照，如图 2-66 所示。在【投影曲线】定义面板上单击 ✔ 按钮，完成投影曲线的创建。

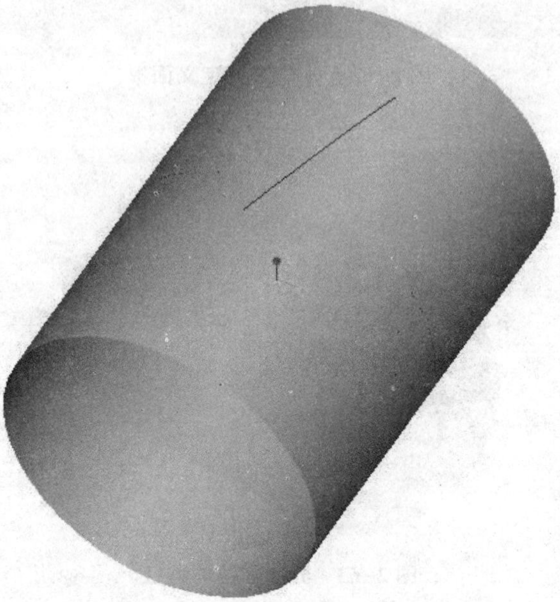

图 2-66　投影曲线

（8）创建第一个轮齿。

• 在主菜单上依次单击【插入】→【扫描】→【切口】，选取扫描轨迹如图 2-67 所示，在绘图区选择图 2-67 中所示的投影曲线。

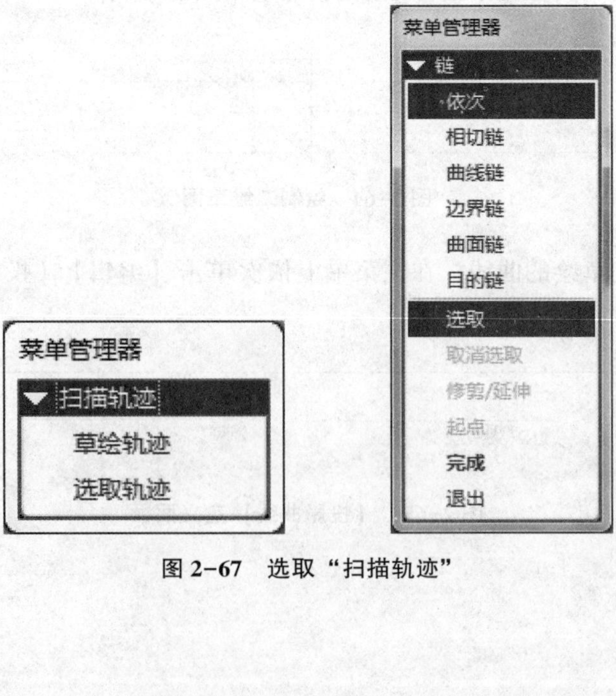

图 2-67　选取“扫描轨迹”

• 按住 Ctrl 键依次选取两端投影曲线，单击【确定】，如图 2-68 所示。

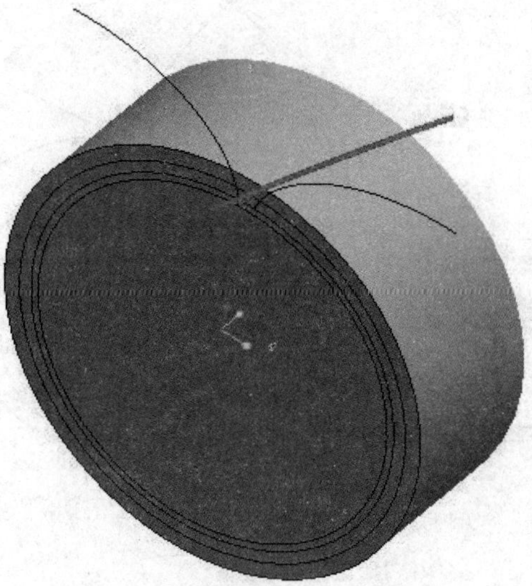

图 2-68　选取投影曲线

• 选择起点，单击【接受】，再单击【完成】，如图 2-69 所示。

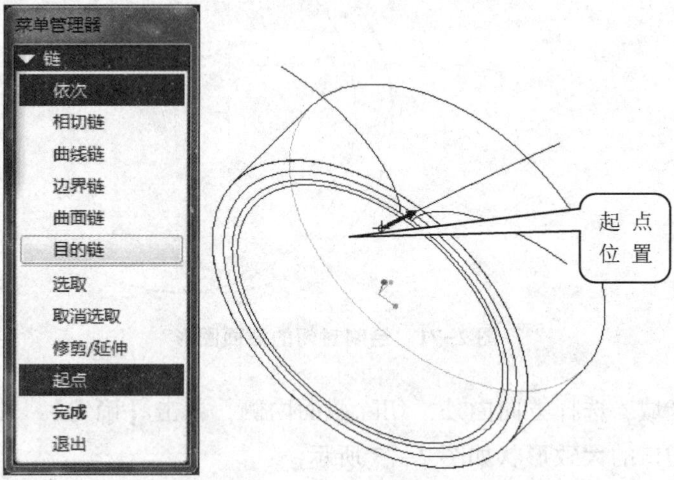

图 2-69　选取起始点

• 选择切除方向，方向选择向上，如图 2-70 所示。

• 定义截面形状，将视图切换到静态线框的模式下，单击 选取上面所建立的两条渐开线和齿根圆，再单击 ，分别选择其中一条渐开线和齿根圆，依次类推对另外一条渐开线也做相同的操作，最后绘制成一个封闭的截面图形，单击 ，如图 2-71 所示。

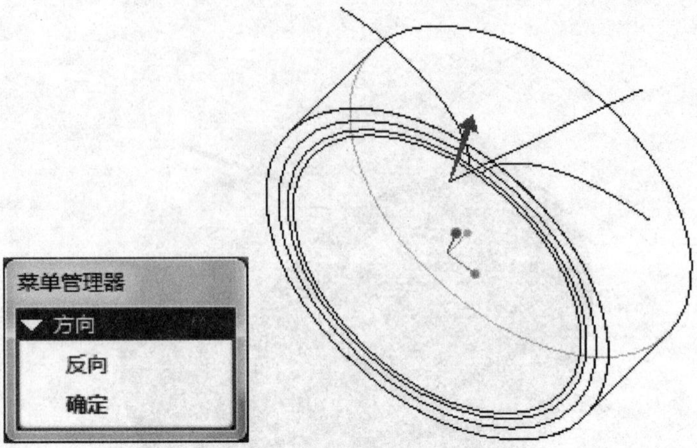

图 2-70　选择切除方向

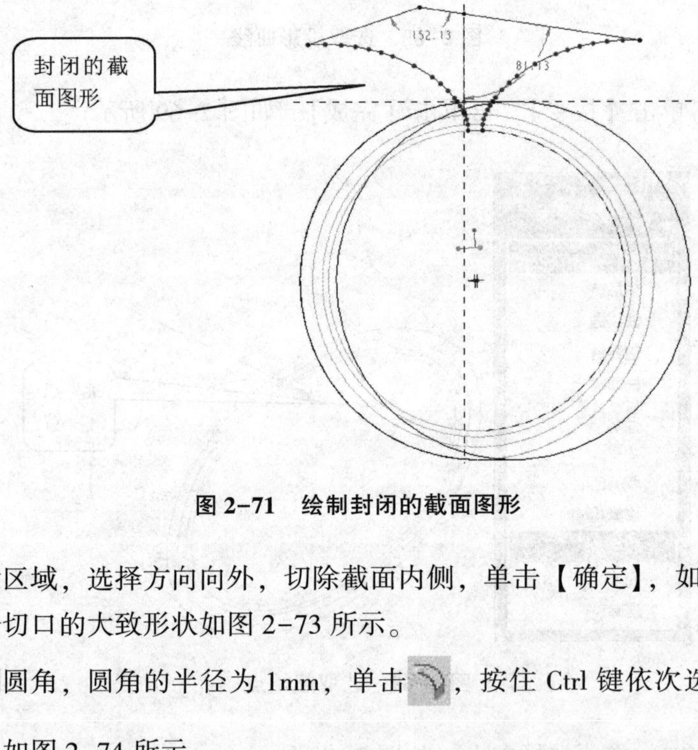

图 2-71　绘制封闭的截面图形

• 指定移除区域，选择方向向外，切除截面内侧，单击【确定】，如图 2-72 所示。

• 得到一个切口的大致形状如图 2-73 所示。

• 对齿根倒圆角，圆角的半径为 1mm，单击 ，按住 Ctrl 键依次选取两条齿根圆直线，单击 ，如图 2-74 所示。

• 将前两步创建的特征建立一个组，单击这个组，然后单击 按钮，阵列组特征中，阵列方式选择“轴”，阵列数目输入“25”，阵列角度输入“360/25”，如图 2-75 所示。

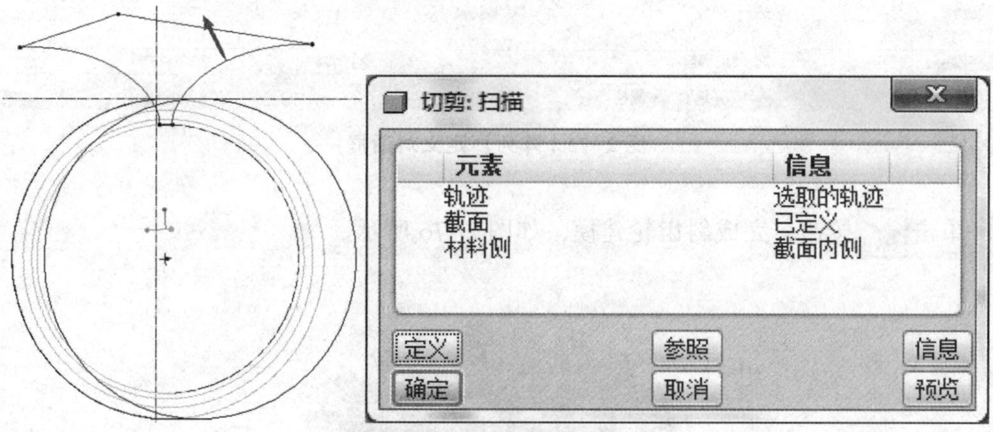

图 2-72　指定移除方向

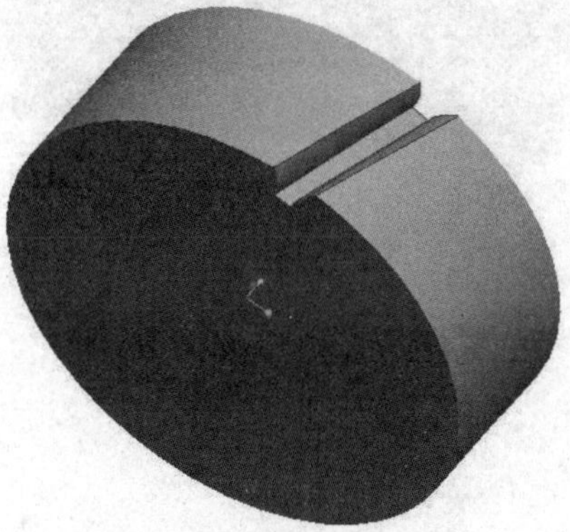

图 2-73　齿槽切口

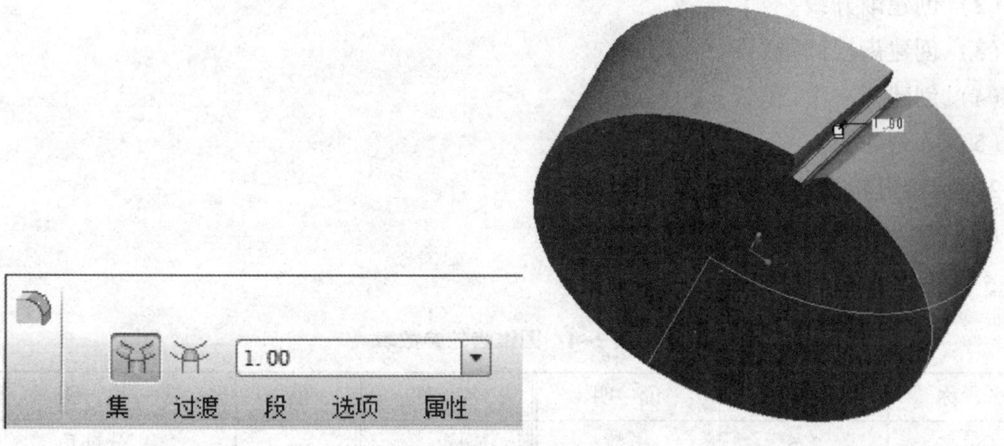

图 2-74　齿根倒圆角

图 2-75【阵列】定义对话框

• 单击按钮，完成斜齿轮建模，如图 2-76 所示。

图 2-76　完成后的斜齿轮

3. 圆锥齿轮

1）圆维齿轮的建模步骤

（1）输入关系式、绘制创建锥齿轮所需的基本曲线。

（2）创建渐开线。

（3）创建齿根圆锥。

（4）创建第一个齿。

（5）阵列轮齿。

2）圆锥齿轮的建模过程

（1）输入基本参数和关系式。

• 圆锥齿轮基本参数表见表 2-4。

表 2-4　圆锥齿轮参数表

名　称	值	说　明	名　称	值	说　明
m	2.5	模数	delta	—	分锥角
z	24	齿数	delta_ a	—	顶锥角

续表

名　称	值	说　明	名　称	值	说　明
z_ d	45	大齿轮齿数	delta_ b	—	基锥角
alpha	20	压力角	delta_ f	—	根锥角
b	20	齿宽	hb	—	齿基高
hax	1	齿顶高系数	rx	—	锥距
cx	0. 25	顶隙系数	theta_ a	—	齿顶角
ha	—	齿顶高	theta_ b	—	齿基角
hf	—	齿根高	theta_ f	—	齿根角
h	—	全齿高	ba	—	齿顶宽
d	—	分度圆直径	bb	—	齿基宽
db	—	基圆直径	bf	—	齿根宽
da	—	齿顶圆直径	x	0	变位系数
df	—	齿根圆直径			

- 在【关系】对话框中输入如下参数“关系”:

```
ha=(hax+x) * m
hf=(hax+cx-x) * m
h=(2 * hax+cx) * m
delta=atan (z/z_ d)
d=m * z
db=d * cos(alpha)
da=d+2 * ha * cos(delta)
df=d-2 * hf * cos(delta)
hb= (d-db) / (2 * con (delta) )
RX=D/ (2 * SIN(DELTA))
THETA_ A=ATAN (HA/RX)
THETA_ B=ATAN (HB/RX)
THETA_ F=ATAN (HF/RX)
DELTA_ A=DELTA+THETA_ A
delta_ b=delta-theta_ b
delta_ f=delta-theta_ f
ba=b/cos (theta_ a)
BB=B/COS (THETA_ B)
BF=B/COS (THETA_ F)
```

（2）创建基本曲线。

• 创建基准平面。在工具栏内单击按钮，或者依次在主菜单上单击【插入】→【模型基准】→【平面】，系统弹出【基准平面】对话框，按如图 2-77 所示的设置创建基准平面“dtm1”。

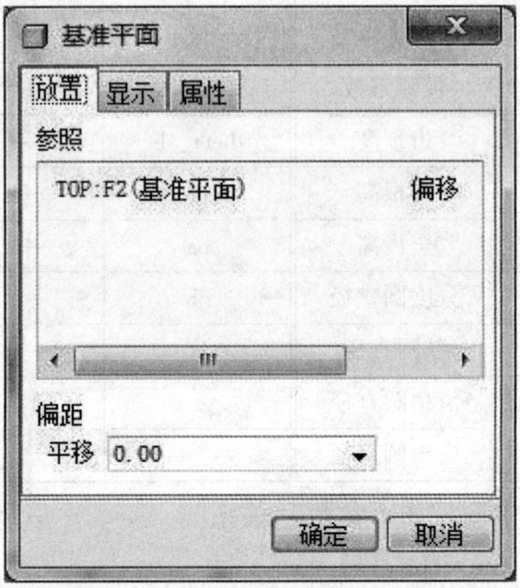

图 2-77 【基准平面】对话框

• 在【基准平面】对话框的偏移项内输入偏移距离为“d/（2 * tan（delta））”，单击【确定】完成。

• 将上述偏移距离添加到【关系】对话框“d0 = d/（2 * tan（delta））”，如图 2-78 所示。

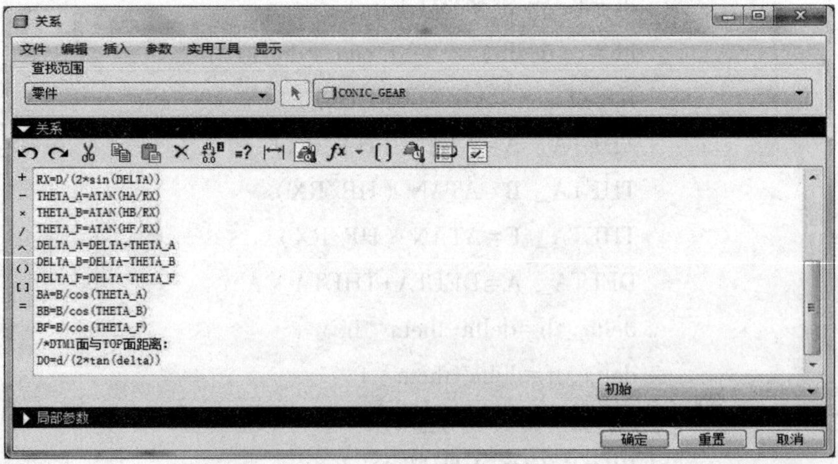

图 2-78 【关系】对话框

• 创建基准轴。在工具栏内单击 按钮，创建通过“front”面与“right”面的基准轴“a_l”，如图 2-79 所示。

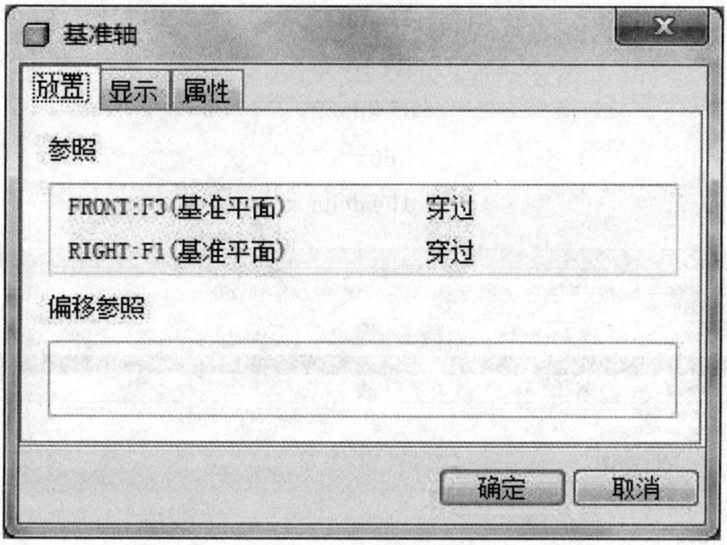

图 2-79　“基准轴”对话框

• 草绘曲线。在工具栏内单击 按钮，选择“front”面作为草绘平面，选取“right”面作为参考平面，参考方向为向“顶”。单击【草绘】进入草绘环境。

• 绘制如图 2-80 所示的二维草图，标注如图所示的尺寸，尺寸大小任意，保证图形的基本外形。

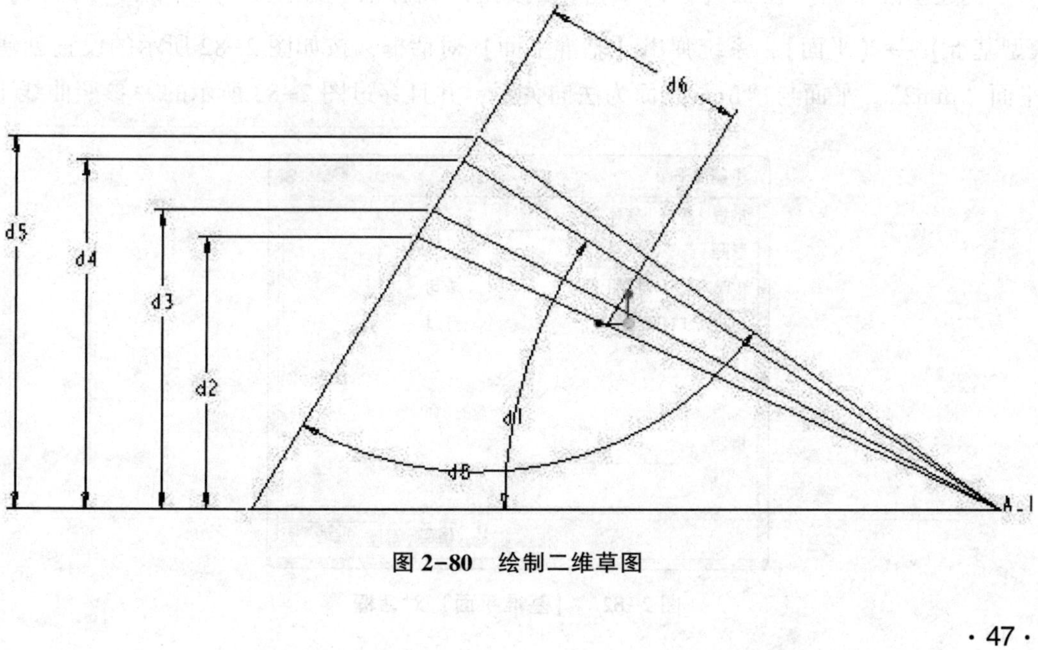

图 2-80　绘制二维草图

• 将下列尺寸代号添加到【关系】对话框中，如图 2-81 所示。

$$d8 = 90$$

$$d2 = df/2$$

$$d3 = db/2$$

$$d4 = d/2$$

$$d5 = da/2$$

$$d6 = b$$

$$d1 = delta$$

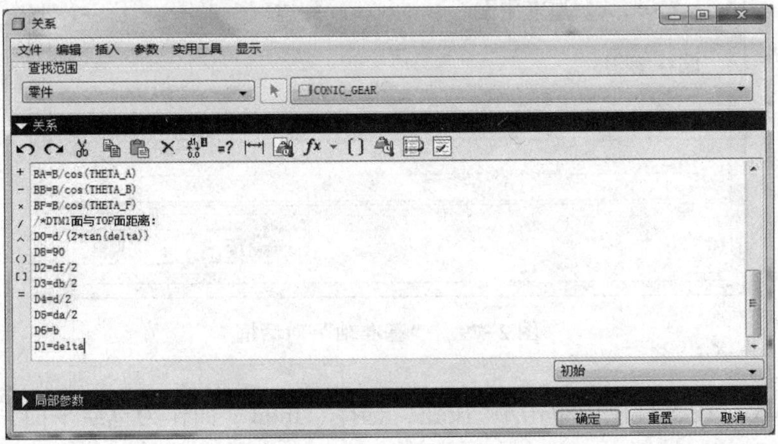

图 2-81 “关系”对话框

（3）创建大端齿轮基本圆。

• 创建基准平面。在工具栏内单击 按钮，或者依次在主菜单上单击【插入】→【模型基准】→【平面】，系统弹出【基准平面】对话框，按如图 2-82 所示的设置创建基准平面“dtm2”。平面与“front”面为法向关系，并且穿过图 2-83 所示的“参照曲线 1”。

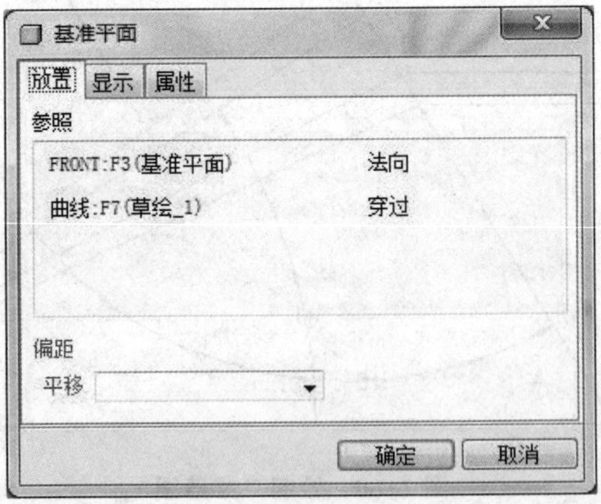

图 2-82 【基准平面】对话框

• 在工具栏内单击 按钮，或者依次在主菜单上单击【插入】→【模型基准】→【点】→【点】，系统弹出【基准点】对话框，创建经过如图 2-83 所示两条曲线的基准点“pnt0”。

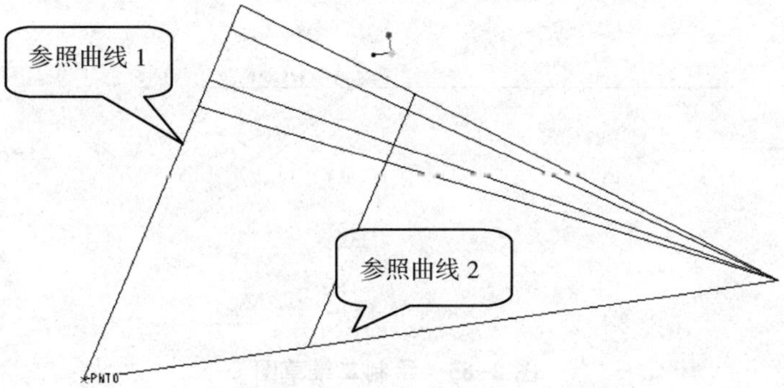

图 2-83　创建基准点

完成后的“基准点”对话框如图 2-84 所示。

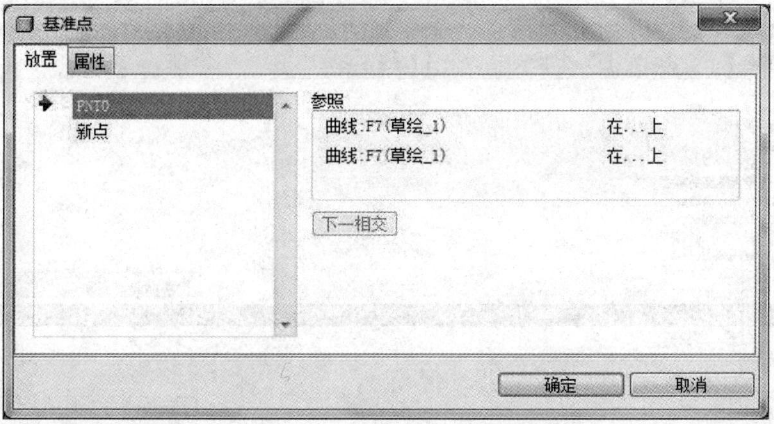

图 2-84　【基准点】对话框

• 在工具栏内单击 按钮，选择“dtm2”面作为草绘平面，选取“front”面作为参考平面，参考方向为向“顶”，绘制如图 2-85 所示的二维草图，标注如图所示的尺寸，尺寸大小任意，保证图形的基本外形。

• 将大端齿轮基本圆的关系式添加到【关系】对话框中，如图 2-86 所示。

d19 = d/cos（delta）

d20 = da/cos（delta）

d18 = db/cos（delta）

d17 = df/cos（delta）

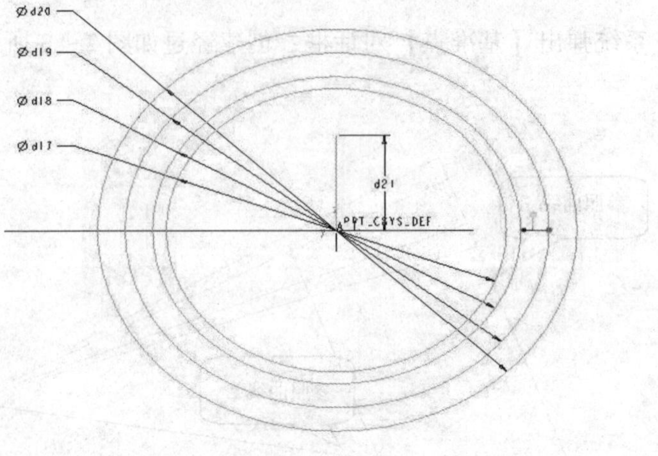

图 2-85　绘制二维草图

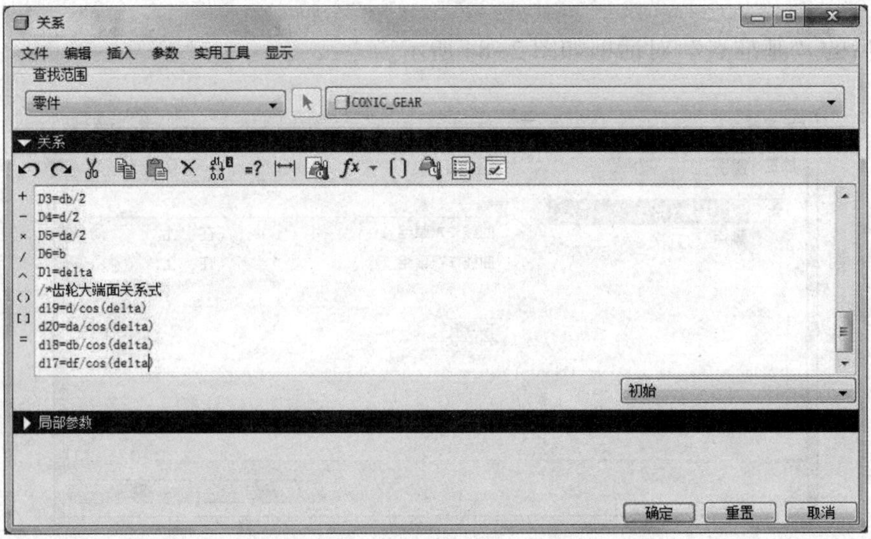

图 2-86　“关系”对话框

（4）创建小端齿轮基本圆。

• 创建基准平面。在工具栏内单击按钮，或者依次在主菜单上单击【插入】→【模型基准】→【平面】，系统弹出【基准平面】对话框，按如图 2-87 所示的设置创建基准平面“dtm3”。平面与“front”面为法向关系，并且穿过如图 2-88 所示的“参照曲线 1”。

• 创建基准点。在工具栏内单击按钮，或者依次在主菜单上单击【插入】→【模型基准】→【点】，系统弹出【基准点】对话框，创建经过如图 2-88 所示两条曲线的基准点“pnt1”。

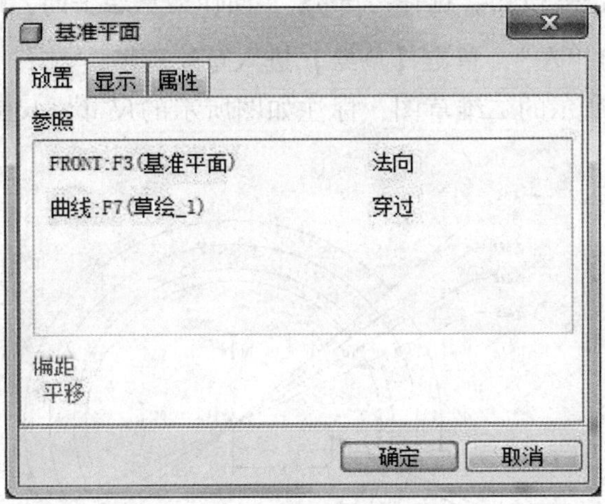

图 2-87　【基准平面】对话框

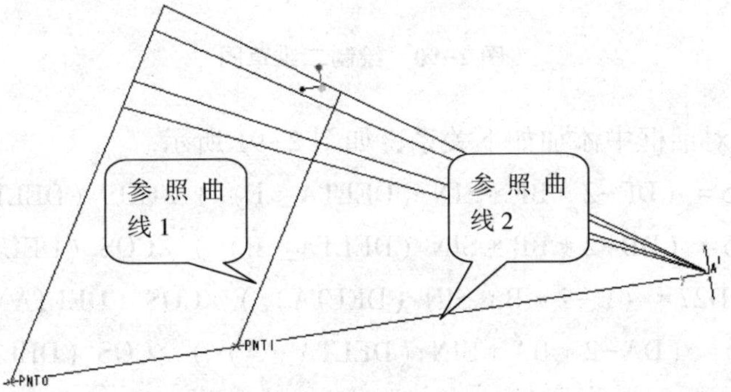

图 2-88　创建基准点

完成后的“基准点”对话框如图 2-89 所示。

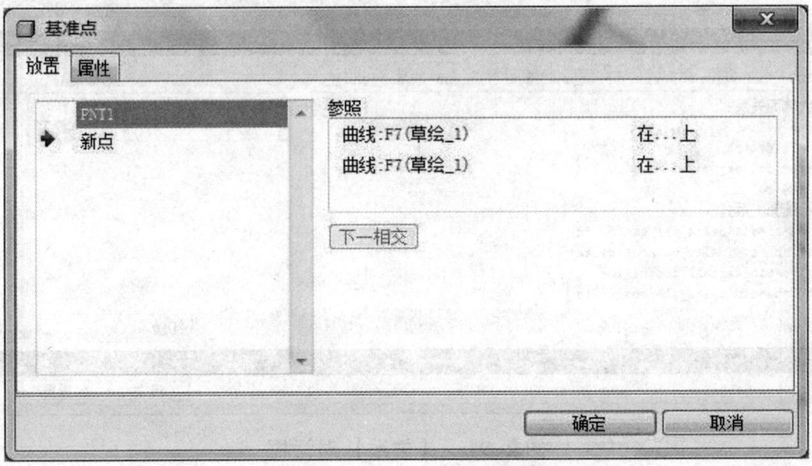

图 2-89　“基准点”对话框

• 在工具栏内单击 按钮，选择“dtm3”面作为草绘平面，选取“front”面作为参考平面，参考方向为向“左”，单击【草绘】进入草绘环境。

• 绘制如图 2-90 所示的二维草图，标注如图所示的尺寸，尺寸大小任意，保证图形的基本外形。

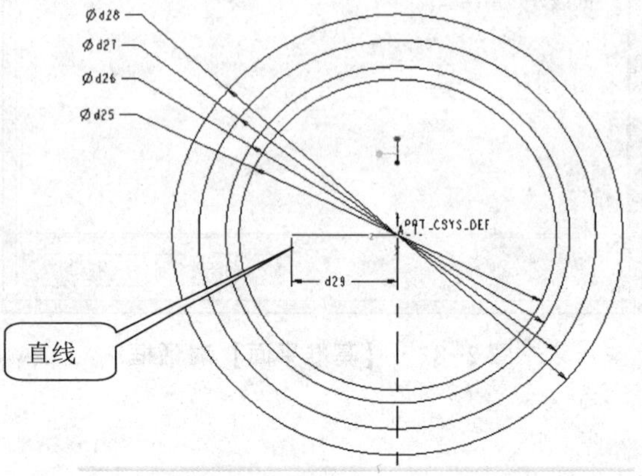

图 2-90　绘制二维草图

• 在【关系】对话框中添加如下关系，如图 2-91 所示。

D25 = （DF−2 ∗ BF ∗ SIN（DELTA_ F））/COS（DELTA）

D26 = （DB−2 ∗ BB ∗ SIN（DELTA_ B））/COS（DELTA）

D27 = （D−2 ∗ B ∗ SIN（DELTA））/COS（DELTA）

D26 = （DA−2 ∗ BA ∗ SIN（DELTA_ A））/COS（DELTA）

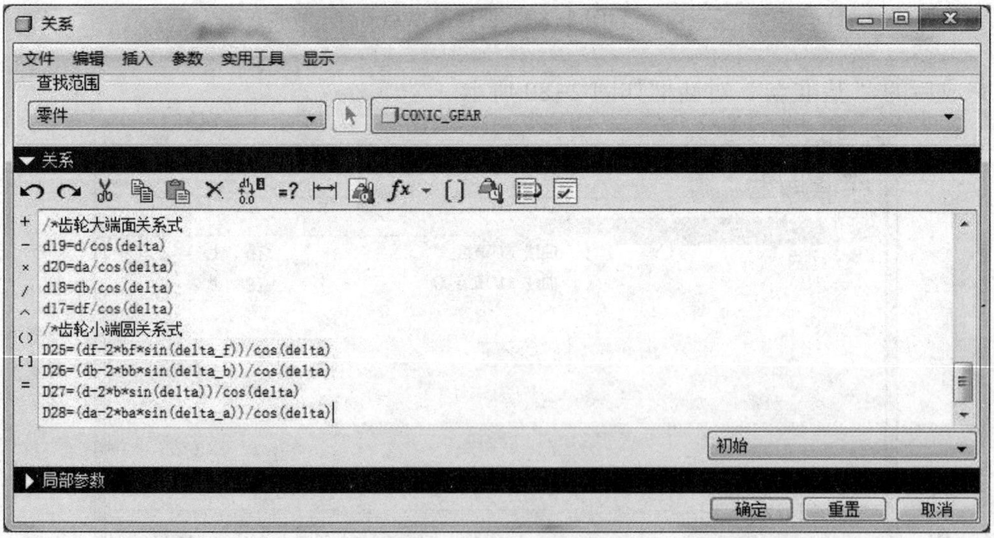

图 2-91　【关系】对话框

（5）创建渐开线。

• 创建坐标系 CS0。在工具栏内单击按钮，系统弹出【坐标系】对话框，在【原始】选项卡里，单击选取“pnt1”点作为参照。在【坐标系】对话框内打开【定向】选项卡，选取如图 2-92 所示的“曲线 1”为 Y 轴的负向参照，“曲线 2”为 X 轴正向参照。

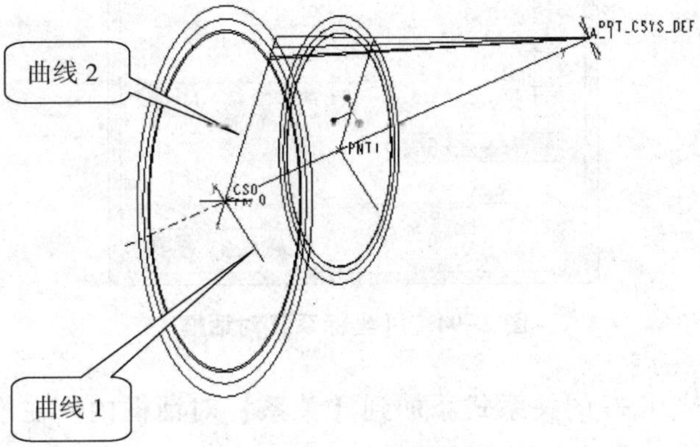

图 2-92　创建坐标系

完成后的“坐标系”对话框如图 2-93 所示，单击【确定】完成坐标系 CS0 的创建。

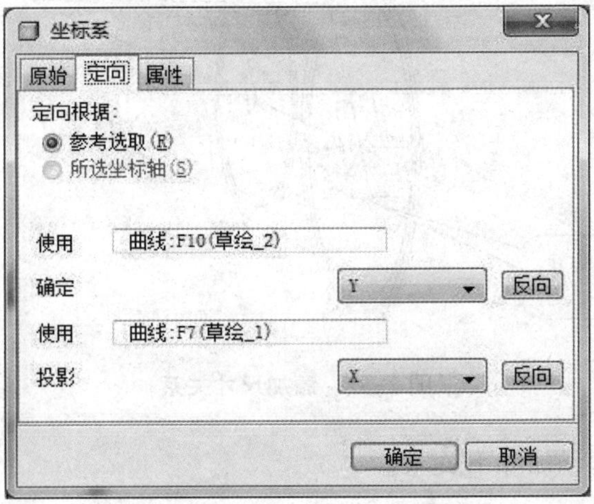

图 2-93　【坐标系】对话框

• 创建坐标系 CS1。在工具栏内单击按钮，系统弹出【坐标系】对话框，在【原始】选项卡里，单击选取坐标系 CS0 作为参照。在【坐标系】对话框内打开【定向】选项卡，进行如图 2-94 所示的设置，单击【确定】完成坐标系 CS 的创建。

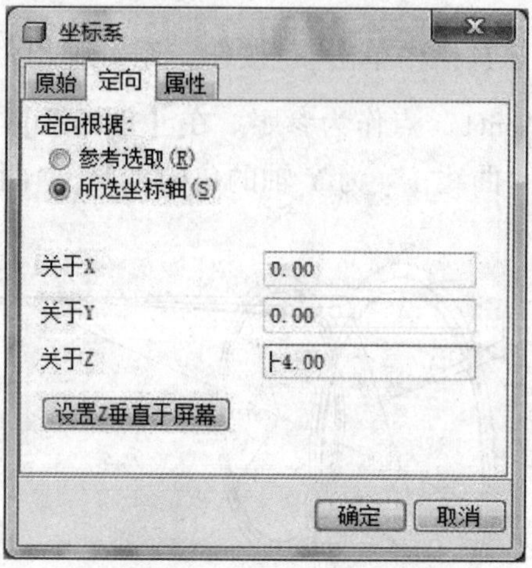

图 2-94　【坐标系】对话框

• 将坐标系 CS1 与 CS0 的关系式添加到【关系】对话框内。在模型树内右键单击坐标系 CS1，在弹出的快捷菜单内单击【编辑】。在主菜单上依次单击【工具】→【关系】，系统弹出【关系】对话框，单击如图 2-95 所示的尺寸。

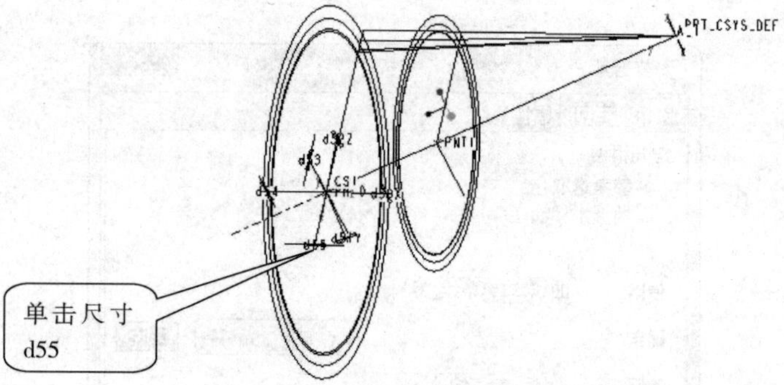

图 2-95　添加尺寸关系

在【关系】对话框添加如下关系：

$$d55=360*\cos(delta)/(4*z)+180*\tan(alpha)/pi-alpha$$

• 依次在主菜单单击【插入】→【模型基准】→【曲线】，或者在工具栏上单击按钮，系统弹出【曲线选项】菜单管理器，如图 2-96 所示。

• 在【曲线选项】菜单管理器上依次单击【从方程】→【完成】，弹出【得到坐标系】菜单管理器，如图 2-97 所示。

图 2-96　“曲面选项”菜单管理器

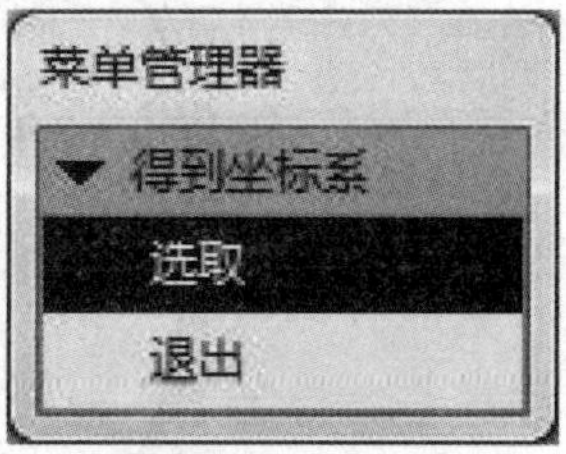

图 2-97　【得到坐标系】菜单管理器

• 在绘图区单击选取坐标系 CS1 作为参照，弹出【设置坐标类型】菜单管理器，如图 2-98 所示。

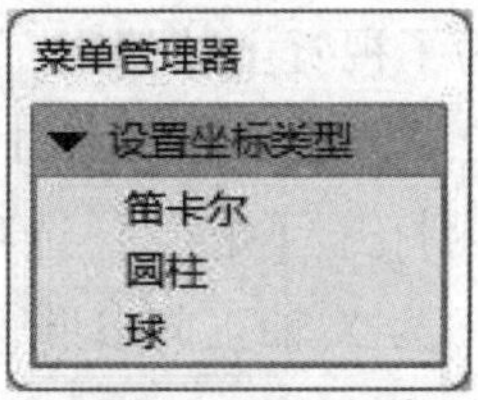

图 2-98　【设置坐标系类型】菜单管理器

• 在【设置坐标类型】菜单管理器中单击【笛卡儿】，系统弹出一个记事本窗口，输入如下曲线方程并保存。

r=db/cos（delta）/2

theta=t＊60

x=r＊cos（theta）+r＊sin（theta）＊pi/180

y=r＊sin（thera）+r＊sin（theta）＊theta＊pi/180

z=0

单击如图 2-99 所示“曲线：从方程”对话框中的【确定】，完成后的曲线如图2-100所示。

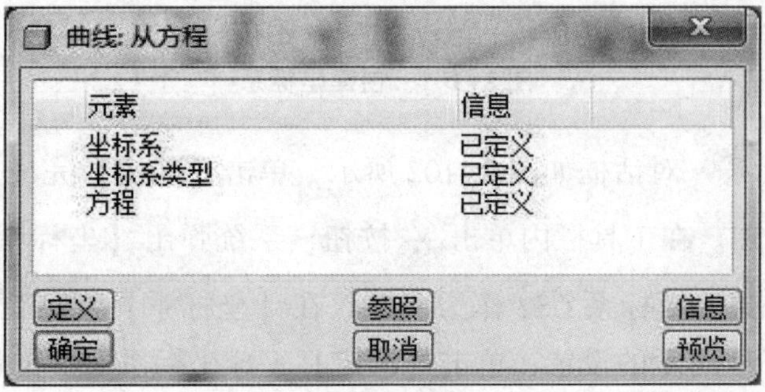

图 2-99　【曲线：从方程】对话框

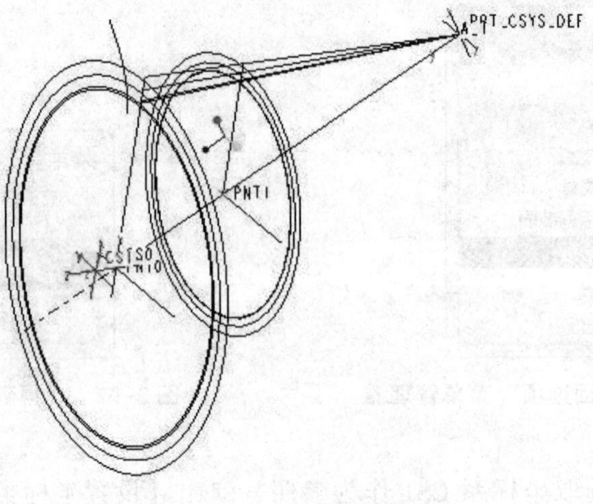

图 2-100　完成后的渐开线

• 创建齿轮小端上的渐开线。为了视觉上的清晰，可以先将齿轮大端的基本圆曲线隐藏。用相同的方法，创建坐标系 CS2，选取如图 2-101 所示的点“pnt1”作为坐标系 CS2 的放置参照。在【坐标系】对话框内打开【定向】选项卡，选取图 2-101 所示的“曲线 1”作为 Y 轴的负向参照，“曲线 2”为 X 轴正向参照。

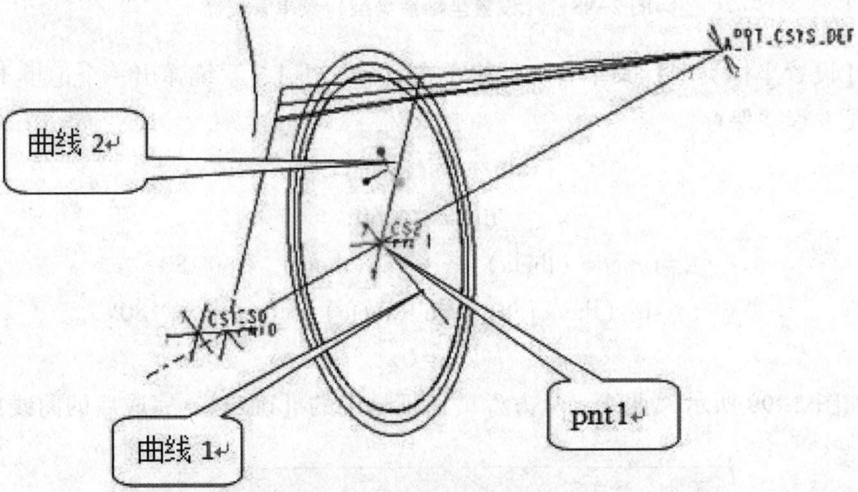

图 2-101　创建坐标系

完成后的“坐标系”对话框如图 2-102 所示，单击【确定】完成坐标系 CS2 的创建。

• 创建坐标系 CS3。在工具栏内单击 按钮，系统弹出【坐标系】对话框，在【原始】选项卡里，单击选取坐标系 CS2 作为参照。在【坐标系】对话框内打开【定向】选项卡，进行如图 2-103 所示的设置，单击【确定】完成坐标系 CS3 的创建。

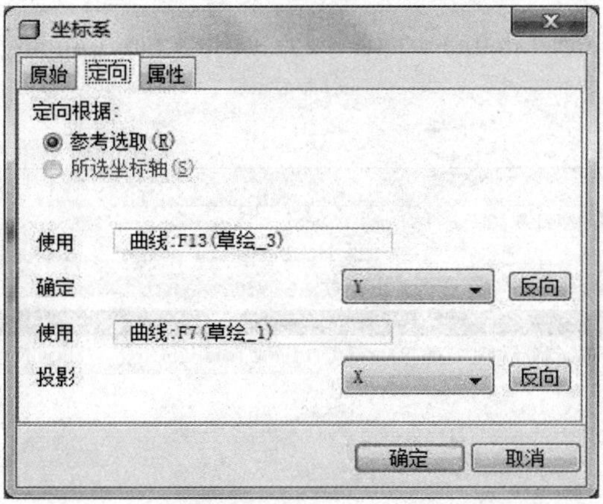

图 2-102　【坐标系】对话框

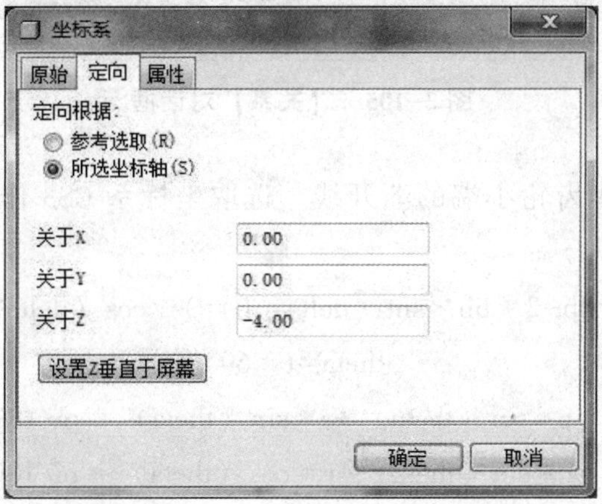

图 2-103　“坐标系”对话框

• 将坐标系 CS3 与 CS2 的关系式添加到【关系】对话框内。单击如图 2-104 所示的尺寸。

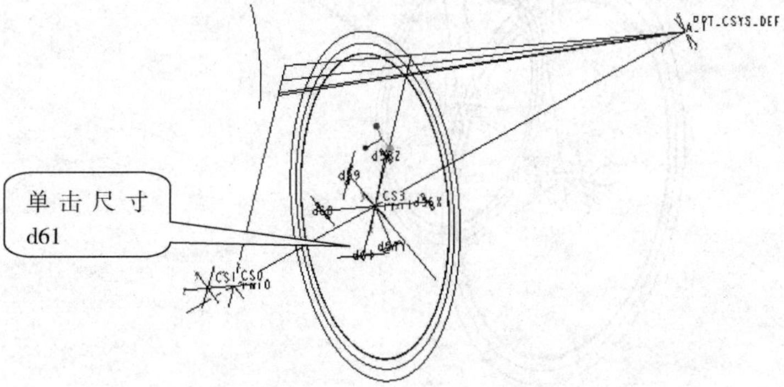

图 2-104　添加尺寸关系

添加尺寸关系：

$$d61 = 360 * \cos(delta)/(4 * z) + 180 * \tan(alpha)/pi - alpha$$

如图 2-105 所示。

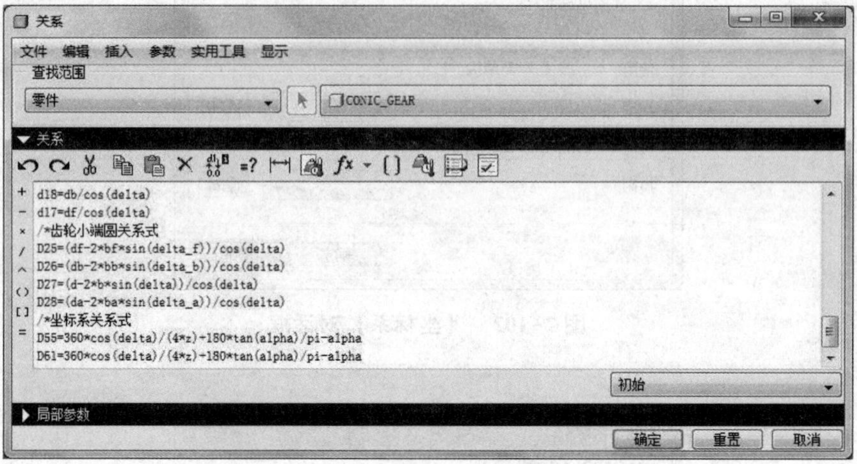

图 2-105 【关系】对话框

• 用相同的方法创建齿轮小端的渐开线。选取坐标系 CS3 作为参照，坐标系类型为“笛卡儿”，渐开线方程为

$$r = (db - 2 * bb * \sin(delta\_b))/\cos(delta)/2$$

$$theta = t * 60$$

$$x = r * \sin(theta) + r * \sin(theta) * pi/180$$

$$y = r * \sin(theta) - r * \cos(theta) * pi/180$$

$$z = 0$$

完成后的渐开线如图 2-106 所示。

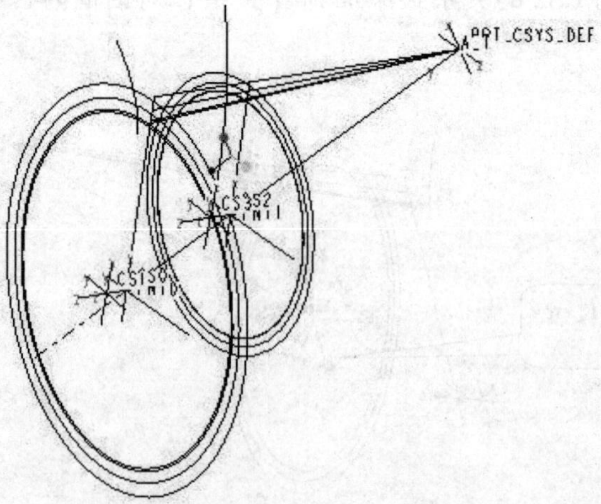

图 2-106 完成后的渐开线

（6）镜像渐开线。

• 创建基准点“pnt2”。在绘图区选取齿轮大端的渐开线和分度圆曲线作为参照，如图 2-107 所示。

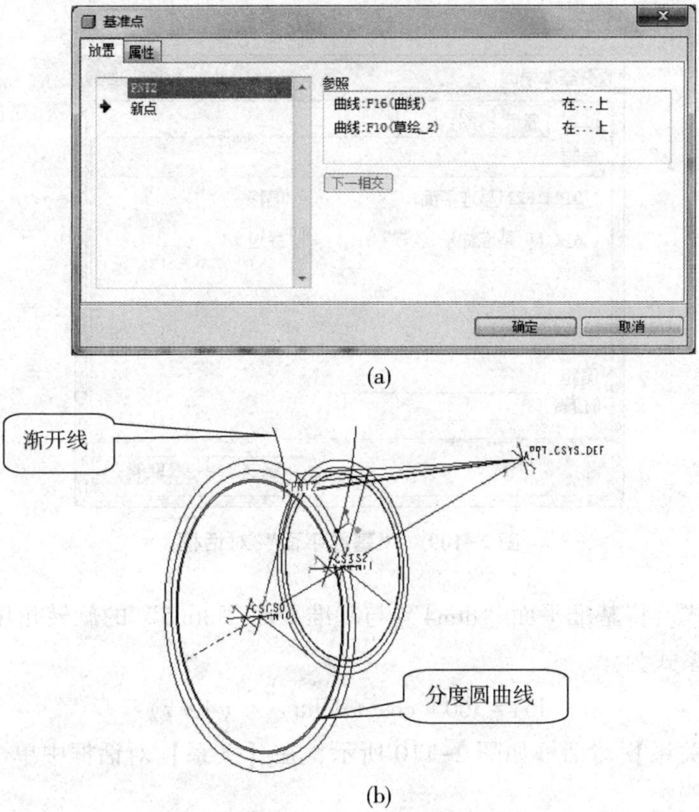

图 2-107　创建基准点

（a）基准点属性页；（b）创建基准点

• 创建基准平面“dtm4”。创建经过“a_1”轴与基准点“pnt2”的基准平面，完成后的“基准平面”对话框如图 2-108 所示。

图 2-108　“基准平面”对话框

• 创建基准平面“dtm5”。创建经过“a_1”轴与基准平面“dtm4”的基准平面，在【基准平面】对话框【旋转】文本框内输入旋转角度为“3”度，完成后的【基准平面】对话框如图 2-109 所示。

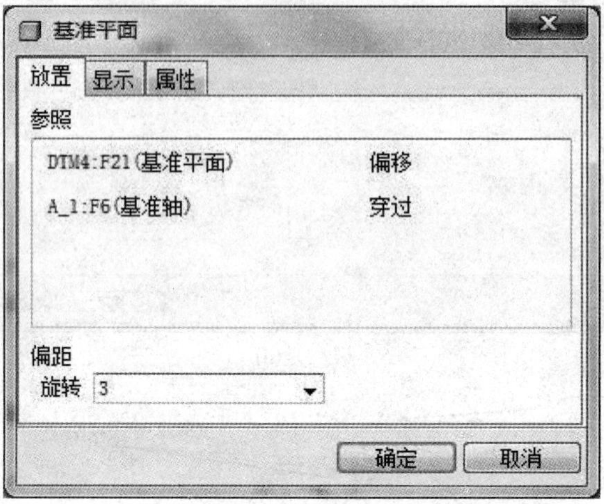

图 2-109 “基准平面”对话框

• 添加关系式。将基准平面“dtm4”与基准平面“dtm5”的旋转角度输入到【关系】对话框。添加关系式为

$$d64 = 360 * \cos\ (delta)\ /\ (4 * z)$$

完成后的【关系】对话框如图 2-110 所示，在【关系】对话框中单击【确定】完成。

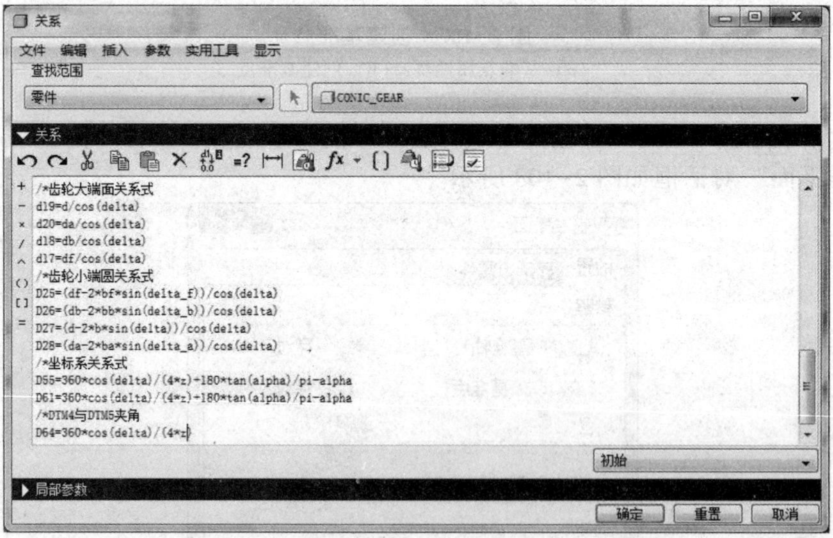

图 2-110 【关系】对话框

● 在绘图区单击选定齿轮大端的渐开线，选取平面“dtm5”作为镜像平面，在“镜像”特征定义操控面板内单击 按钮，完成大端渐开线的镜像；使用相同的方法镜像齿轮小端的渐开线，完成后的渐开线如图 2-111 所示。

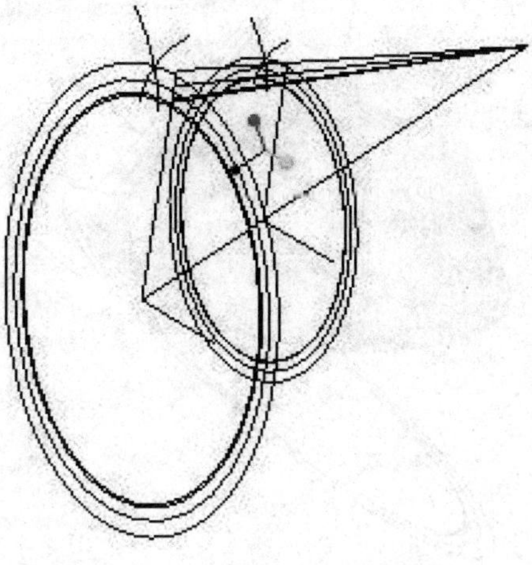

图 2-111　完成后的渐开线

（7）创建齿根圆特征。

● 选择“front”面作为草绘平面，选取“right”面作为参考平面，参考方向为向“左”，绘制如图 2-112 所示的二维草图，注意绘制用于旋转的中心线，在工具栏内单击 按钮，完成草图的绘制。

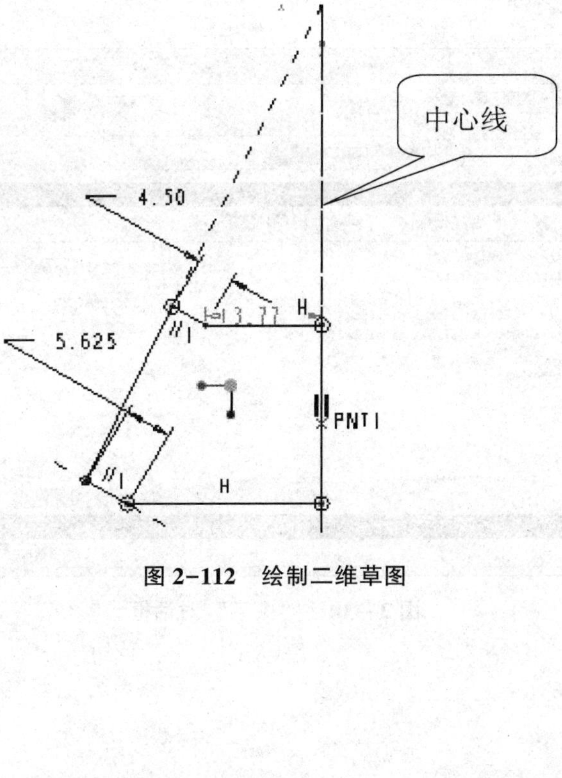

图 2-112　绘制二维草图

• 利用【旋转】操控完成齿根圆特征的创建，完成后的齿根圆如图 2-113 所示。

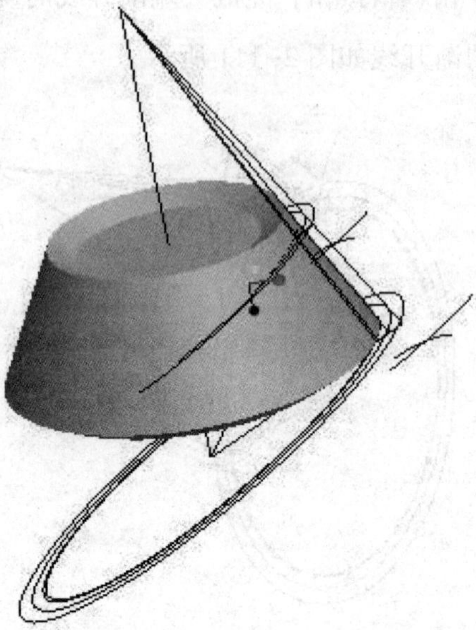

图 2-113　完成后齿根圆特征

• 将图 2-112 所示的两个尺寸添加到“关系”对话框，添加关系式为

$$d66 = h$$

$$d67 = 0.8 * h$$

其中 d66 为齿轮大端的尺寸，d67 为齿轮小端的尺寸，完成后的“关系”对话框如图 2-114 所示，单击【确定】完成。

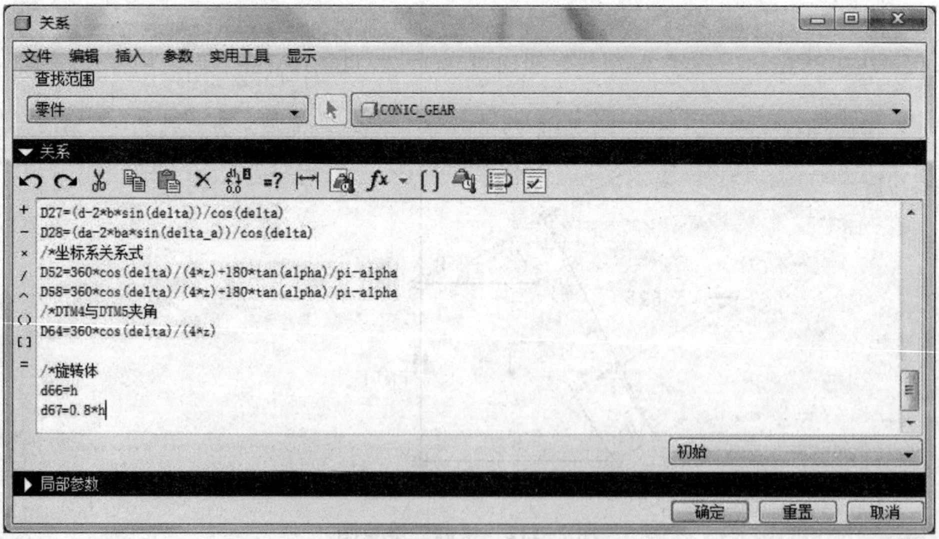

图 2-114　“关系”对话框

（8）创建第一个齿。

● 草绘用于扫描混合的轨迹。绘制如图 2-115 所示的二维草图，在工具栏内单击✔按钮，完成草图的绘制。

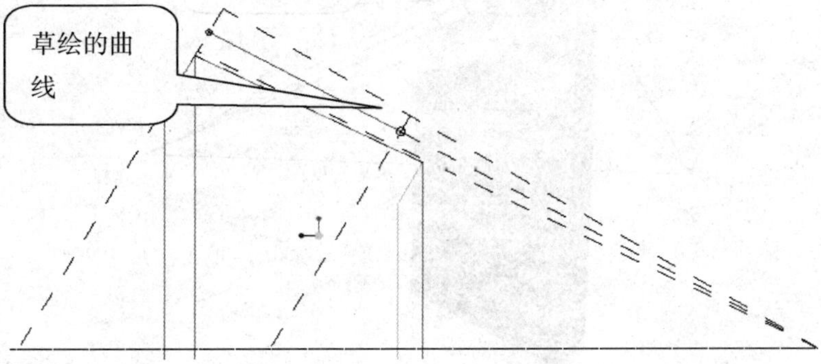

图 2-115　绘制二维草图

● 在主菜单上依次单击【插入】→【扫描混合】，系统弹出【扫描混合】特征定义操控面板，如图 2-116 所示。

图 2-116　【扫描混合】特征定义面板

● 在【扫描混合】特征定义操控面板内单击【参照】菜单，系统弹出【参照】对话框，如图 2-117 所示。

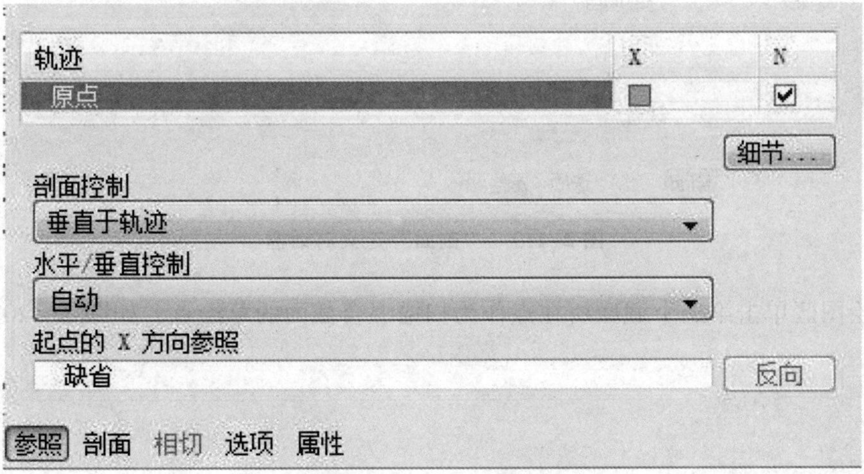

图 2-117　“参照”对话框

• 在【参照】对话框里，接受系统默认的设置，在绘图区单击选取上一步创建的草绘曲线作为扫描混合的扫引线，如图 2-118 所示。

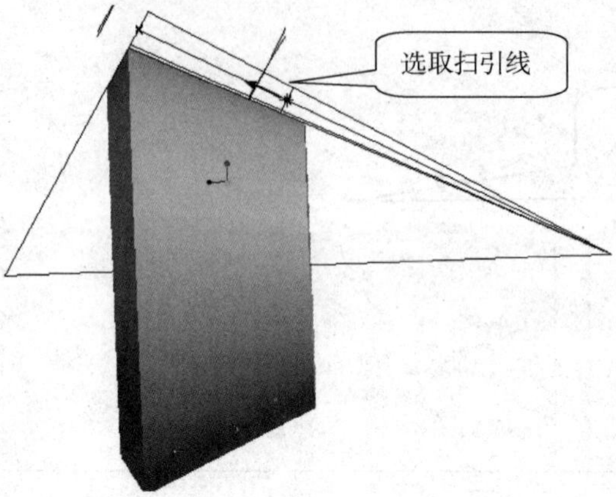

图 2-118　选取扫引线

• 在【扫描混合】特征定义操控面板上单击【剖面】菜单，系统弹出【剖面】定义对话框，如图 2-119 所示。

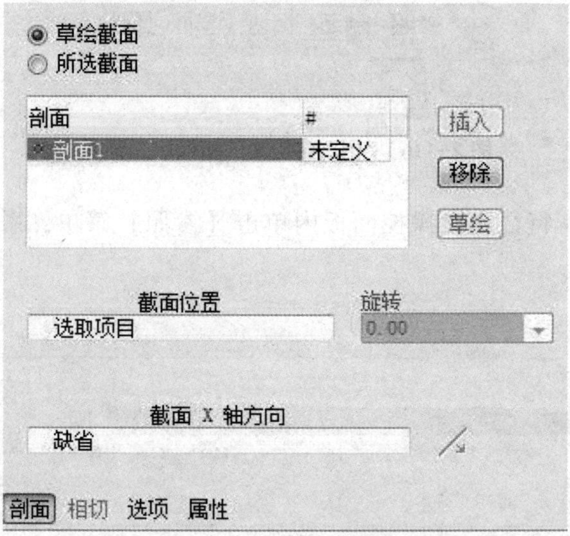

图 2-119　“剖面”定义对话框

• 在绘图区单击第一个截面所在点作为扫描混合截面的草绘点，如图 2-120 所示。

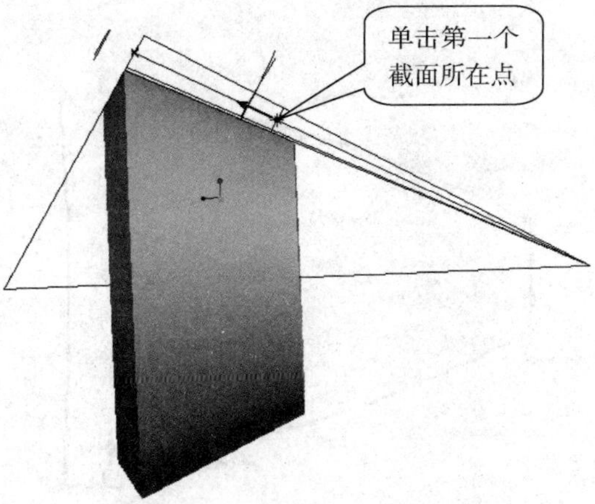

图 2-120　选取第一个截面点

• 在【剖面】对话框内单击【草绘】，进入草绘环境，绘制二维草图，截面的两个圆角半径相等，如图 2-121 所示。

• 在如图 2-119 所示的【剖面】定义对话框内单击【插入】，在【剖面】列表框内显示“剖面 2”在绘图区单击扫引轨迹的另一个端点，如图 2-122 所示。

• 在【剖面】对话框内单击【草绘】，进入草绘环境，绘制第二个截面，截面的两个圆角同样为等半径的，如图 2-123 所示。

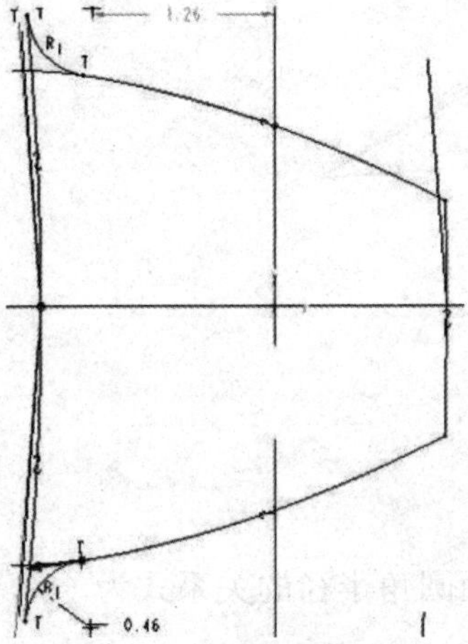

图 2-121　绘制第一个截面

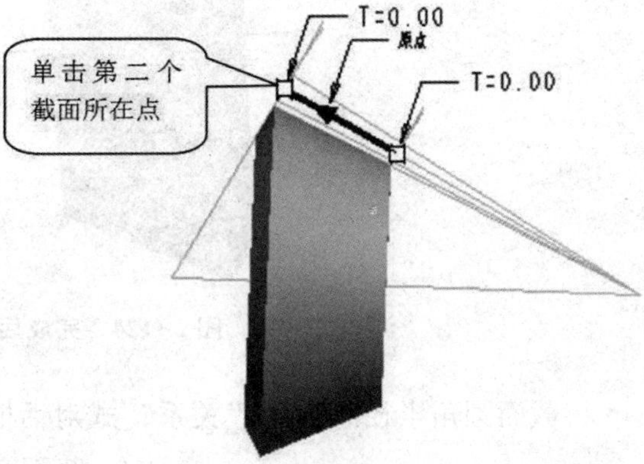

图 2-122　选取第二个截面点

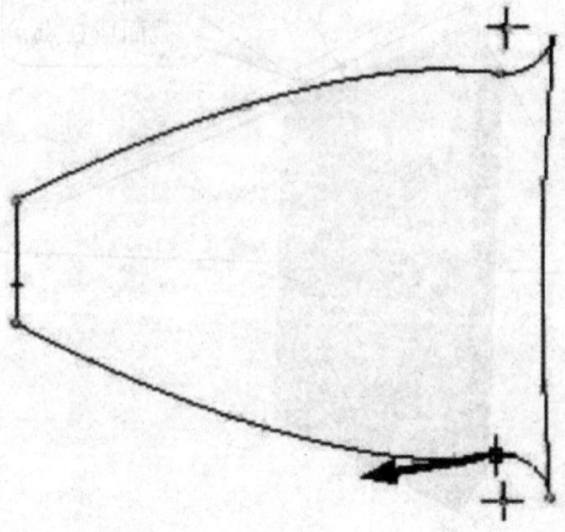

图 2-123　绘制第二个截面

• 在【扫描混合】特征定义操控面板内单击 ✓ 按钮，完成第一个轮齿的创建，完成后的特征如图 2-124 所示。

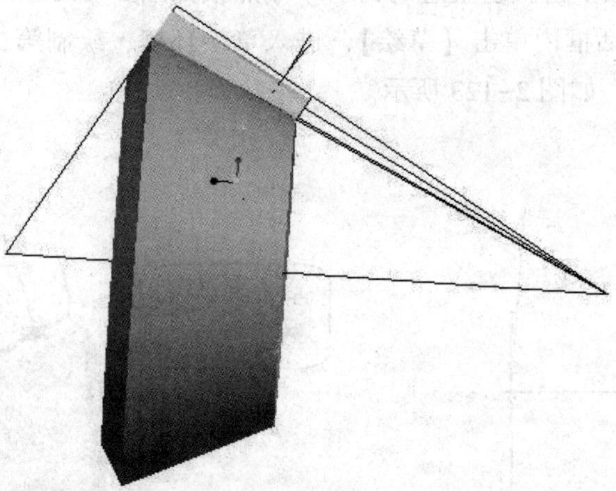

图 2-124　完成后的轮齿特征

• 将截面圆角半径添加到“关系”式对话框。添加截面圆角半径的关系式为

/ * 截面圆角;

if hax<1

d92 = 0. 31 * m

d111 = 0. 31 * m

end if

if hax> = 1

d92=0.2*m

d111=0.2*m

end if

（9）阵列轮齿。

为了阵列轮齿特征，首先对创建完成的第一个轮齿特征进行【复制】【旋转】操作，从而创建第二个轮齿特征，然后对第二个轮齿进行阵列。

- 首先单击选取已经创建好的轮齿，然后在主菜单上依次单击【编辑】【复制】，然后再次依次单击【编辑】【选择性粘贴】，系统弹出【选择性粘贴】复选框。勾选复选框的前两项，如图 2-125 所示，单击【确定】，系统弹出【选择性粘贴】定义操控面板。

- 在【选择性粘贴】定义面板内选取按钮，在文本框输入旋转角度为“360/z”，如图 2-126 所示。系统提示是否添加关系，单击“是”。

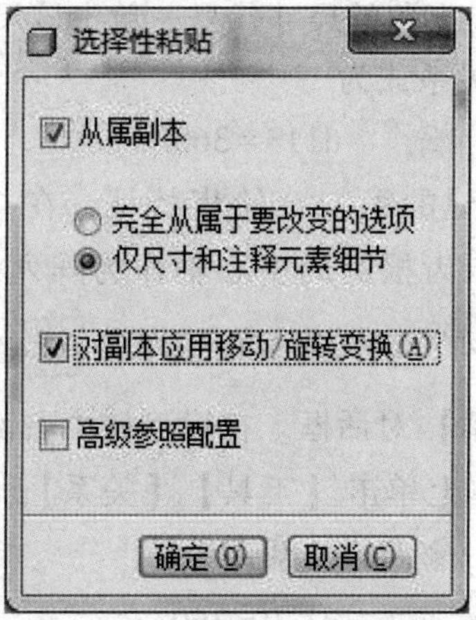

图 2-125　【选择性】复选框

图 2-126　【选择性粘贴】定义面板

- 在绘图区单击选取齿根圆的中心轴作为旋转轴，如图 2-127 所示。在【选择性粘贴】定义操控面板内单击按钮，完成第二个轮齿的创建。

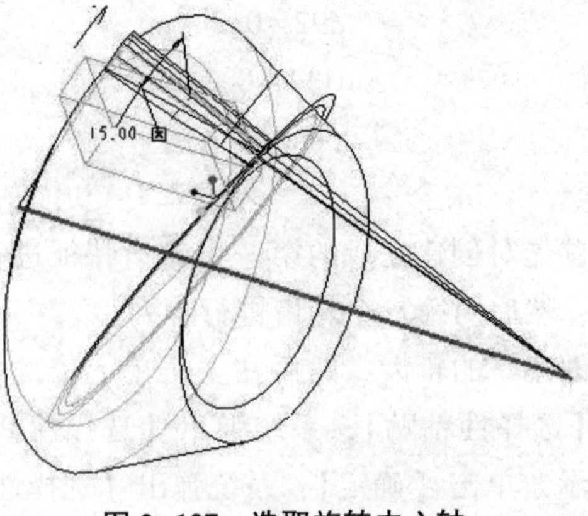

图 2-127　选取旋转中心轴

• 将旋转角度关系式添加到【关系】对话框。在模型树中右键单击第二个轮齿特征，在弹出的快捷菜单中单击【编辑】，在主菜单上单击【工具】【关系】，系统弹出【关系】对话框。此时系统显示两个轮齿夹角的尺寸代号。单击该尺寸代号，尺寸代号将自动显示在【关系】对话框中，输入的关系式为

$$d113 = 360/z$$

• 在模型树中单击刚刚创建的第二个轮齿特征，在【阵列】特征定义面板内单击【轴】阵列，在绘图区单击选取齿根圆的中心轴作为阵列参照，输入阵列个数为“23”，偏移角度为“15”度，在“阵列”定义操控面板单击  按钮，完成阵列特征的创建。

• 将阵列参数添加到【关系】对话框。在模型树中右键单击阵列特征，在弹出的快捷菜单中单击【编辑】；在主菜单上单击【工具】【关系】，系统弹出【关系】对话框。此时系统显示阵列参数尺寸代号，输入的关系式为

$$d149 = 360/z$$

$$p152 = z-1$$

完成后的【关系】对话框如图 2-128 所示。

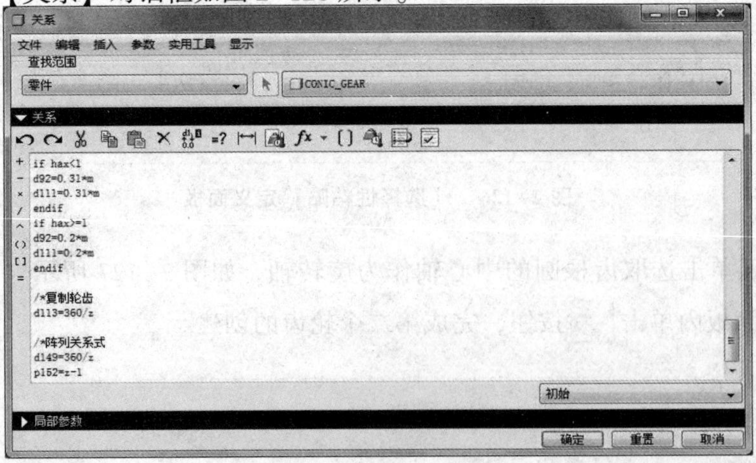

图 2-128　“关系”对话框

• 在工具栏上单击重生 按钮，最终完成的斜齿轮如图 2-129 所示。

图 2-129 完成后的锥齿轮

4. 涡轮

1）涡轮的建模步骤

(1) 建立轮齿基本圆。

(2) 建立齿廓曲线。

(3) 创建扫引轨迹。

(4) 创建圆柱。

(5) 变截面扫描生成第一个轮齿。

(6) 阵列创建轮齿。

(7) 修整涡轮。

2）涡轮的建模过程

(1) 创建齿轮基本圆。

• 选择“front“面作为草绘平面，选取“right“面作为参考平面，参考方向为向“右”，绘制如图 2-130 所示草图，在工具栏内单击 按钮，完成草图的绘制。

(2) 创建齿廓曲线。

• 创建渐开线。在工具栏内单击 按钮，弹出【曲线选项】菜单管理器，如图 2-131 所示。

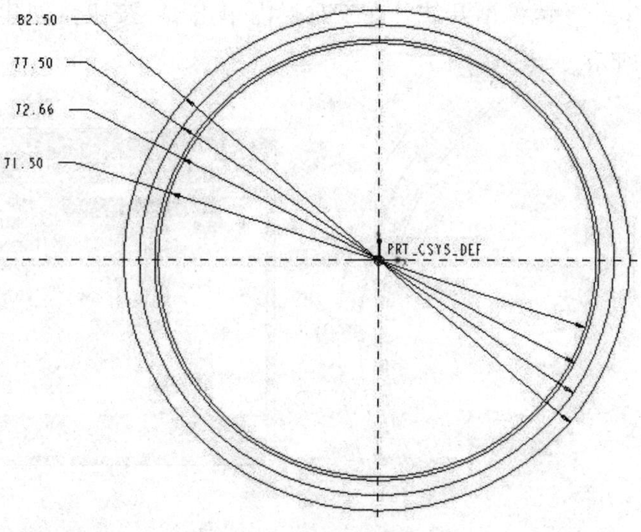

图 2-130 绘制二维草图

• 在【曲线选项】对话框内依次单击【从方程】→【完成】，弹出【得到坐标系】对话框，单击选取基准坐标系 prt_csys_def 作为参照，系统弹出【设置坐类型】菜单管理器，单击【笛卡儿】。在系统弹出的记事本窗口中输入曲线方程为

$$r=72.66/2$$

$$theta=t*45$$

$$x=r*\cos(theta)+r*\sin(theta)*theta*pi/180$$

$$y=r*\sin(theta)-r*\cos(theta)*theta*pi/180$$

$$z=0$$

• 在【曲线】定义对话框内，单击 确定 完成渐开线的创建，如图 2-132 所示。

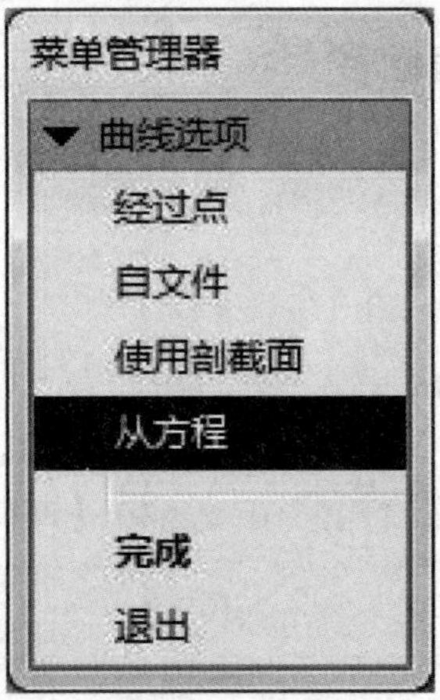

图 2-131　【曲线选项】菜单管理器

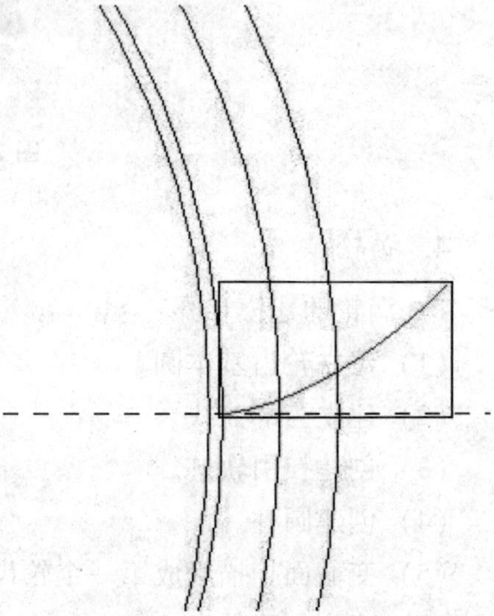

图 2-132　创建渐开线

• 镜像渐开线。在工具栏内单击按钮，创建分度圆与渐开线的交点，如图 2-133 所示。

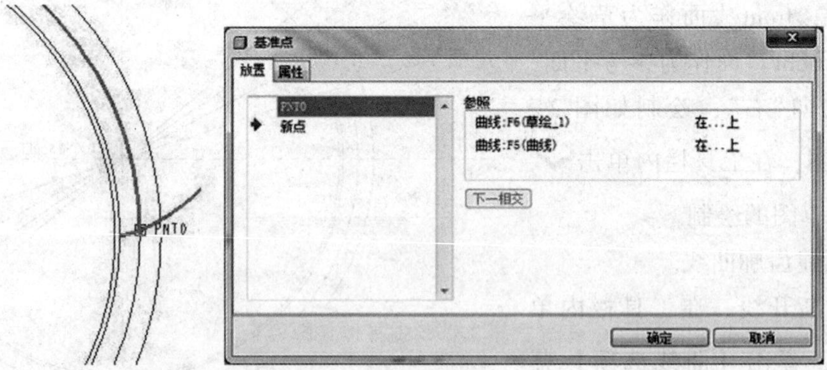

(a)　　(b)

图 2-133　创建基准点

（a）创建基准点；（b）基准点属性页

• 在工具栏内单击 按钮，弹出【基准轴】对话框，按如图 2-134 所示设置创建基准轴。

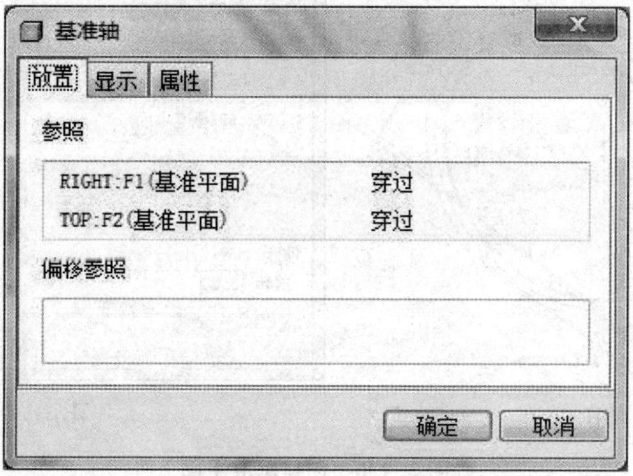

图 2-134 创建基准轴

• 在工具栏内单击 按钮，弹出【基准平面】对话框，按如图 2-135 所示，设置创建基准平面。

• 在工具栏内单击 按钮，弹出【基准平面】对话框，按如图 2-136 所示设置创建基准平面，在【旋转】文本框内输入旋转角度为“360/（4＊30）”，在【基准平面】对话框内单击【确定】完成基准平面的创建。

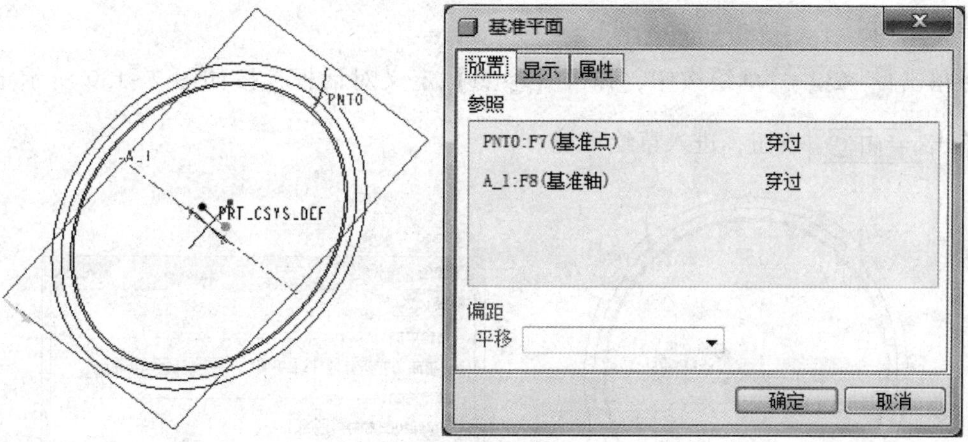

(a) (b)

图 2-135 创建基准平面

（a）创建基准平面；（b）基准平面属性页

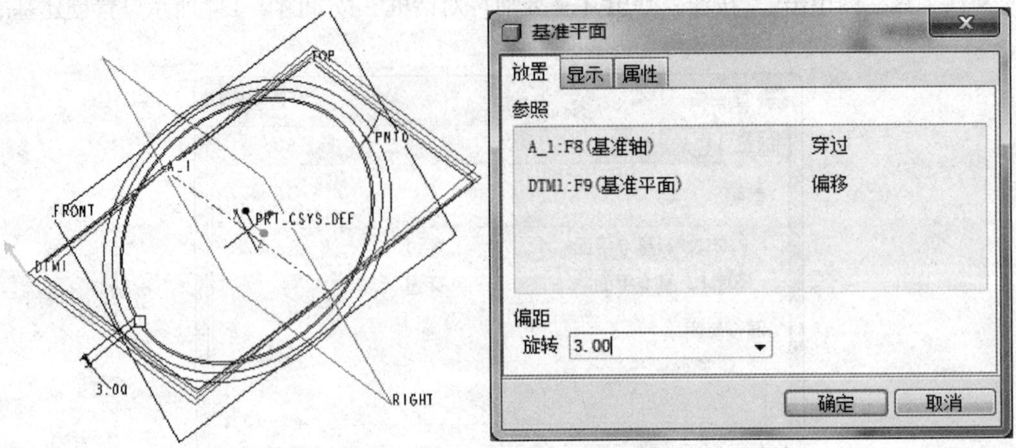

(a) (b)

图 2-136 创建基准平面

(a) 创建基准平面；(b)；基准平面属性页

• 单击选取渐开线，在工具栏内单击按钮，系统弹出【镜像】定义操控面板，单击选取“dtm2”面作为参照平面，单击按钮完成渐开线的创建，如图 2-137 所示。

(3) 创建扫引轨迹。

• 创建投影曲面。在工具栏内单击按钮，弹出【旋转】定义操控面板，在面板内选择，然后单击【放置】→【定义】，弹出【草绘】定义对话框，按如图 2-138 所示定义草绘平面。

• 单击 草绘 草绘按钮，弹出【参照】定义对话框，按如图 2-139 所示定义参照，单击 关闭(C) 按钮，进入草绘环境。

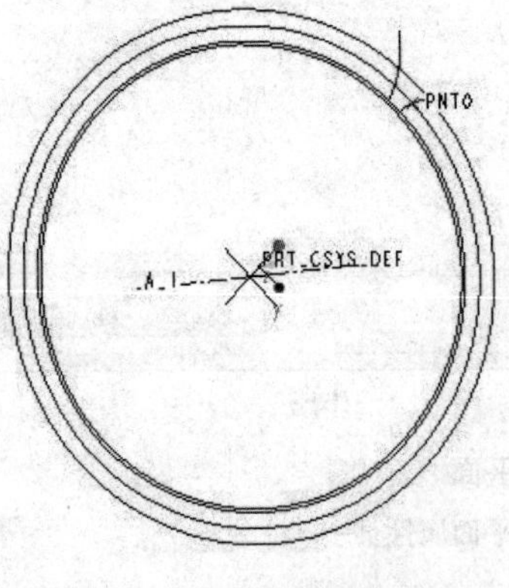

图 2-137 创建渐开线

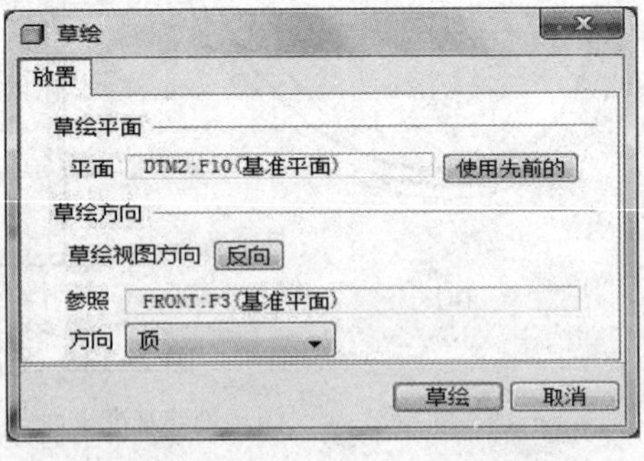

图 2-138 定义草绘平面

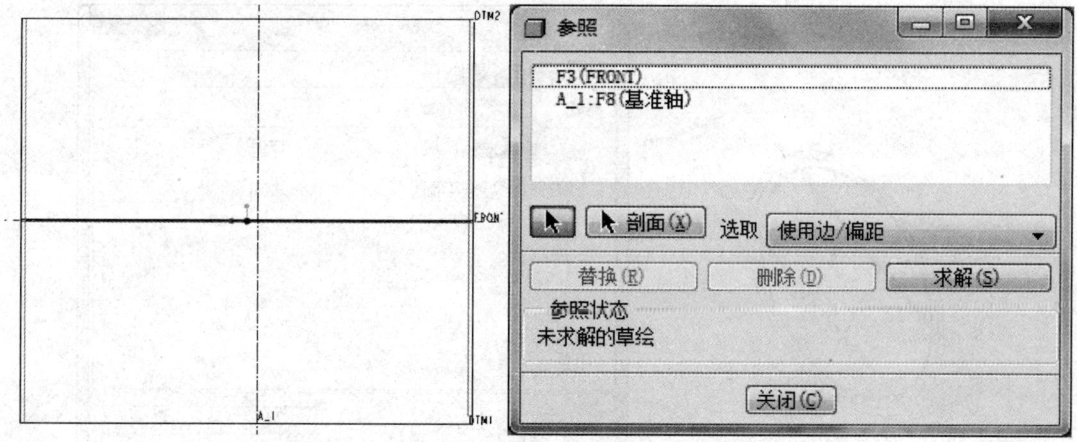

(a)　　　　　　　　　　(b)

图 2-139　定义参照

（a）草绘平面；（b）草绘参照定义

• 绘制如图 2-140 所示草图，单击✔按钮，完成草图的绘制。

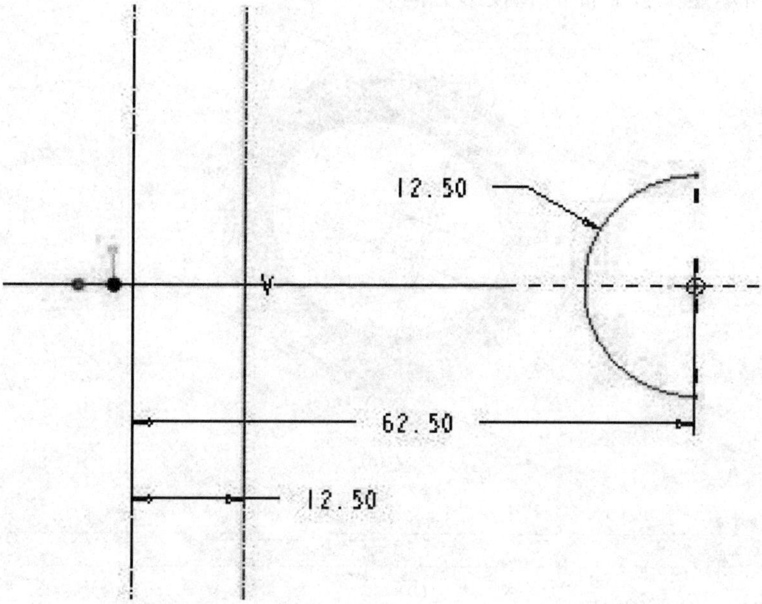

图 2-140　草图

• 在工具栏内单击▱按钮，弹出【基准平面】对话框，按如图 2-141 所示设置创建基准平面。

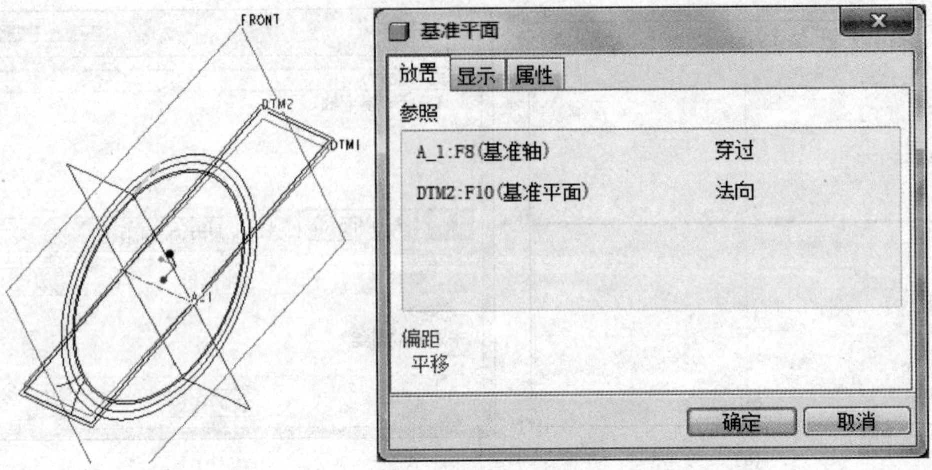

(a) (b)

图 2-141　创建基准平面

（a）基准平面选择；（b）基准平面属性页

● 创建投影线。在主菜单内依次单击【编辑】→【投影】，弹出【投影】操作面板，按如图 2-142 所示定义投影曲面和投影方向。

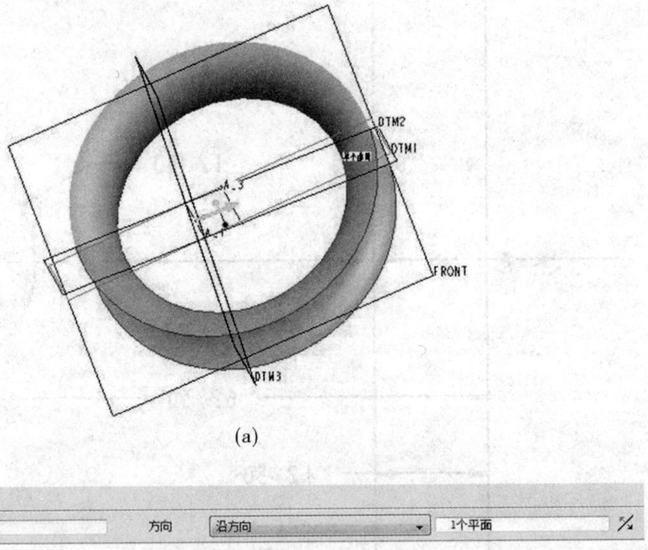

(a)

(b)

图 2-142　投影方式

（a）投影曲面选择；（b）参照定义属性页

● 在操作面板内单击 参照 按钮，在弹出的面板内选择“投影草绘”，如图 2-143 所示。

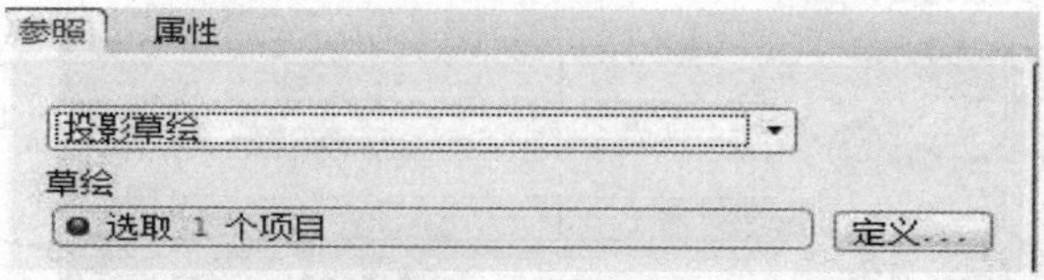

图 2-143　投影方式

• 单击 定义... 按钮，弹出【草绘】定义对话框，按如图 2-144 所示定义草绘平面。

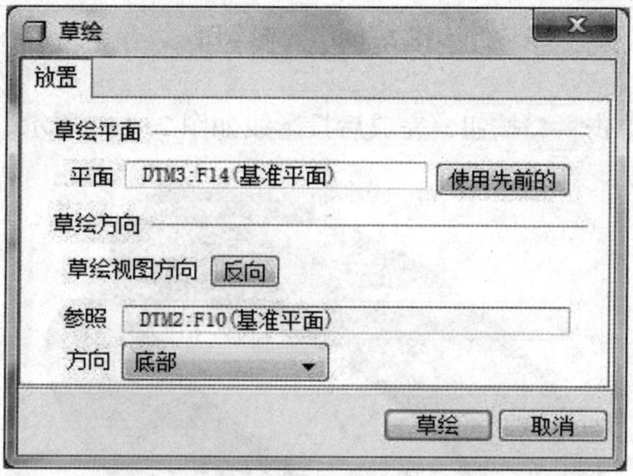

图 2-144　定义草绘平面

• 单击 草绘 按钮，弹出【参照】定义对话框，按如图 2-145 所示定义参照，单击 关闭(C) 按钮，进入草绘环境。

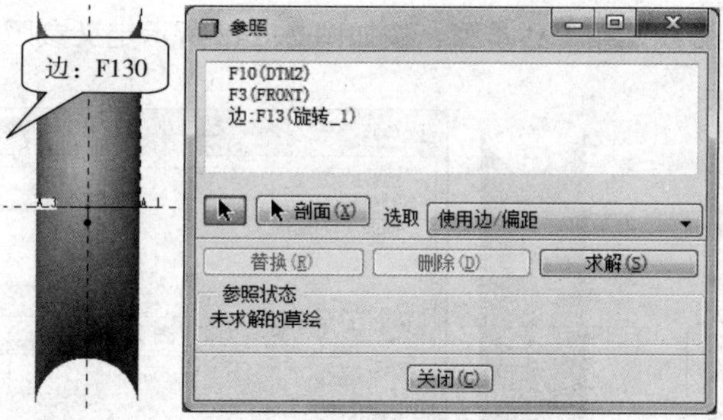

图 2-145　定义参照

● 绘制如图 2-146 所示草图。

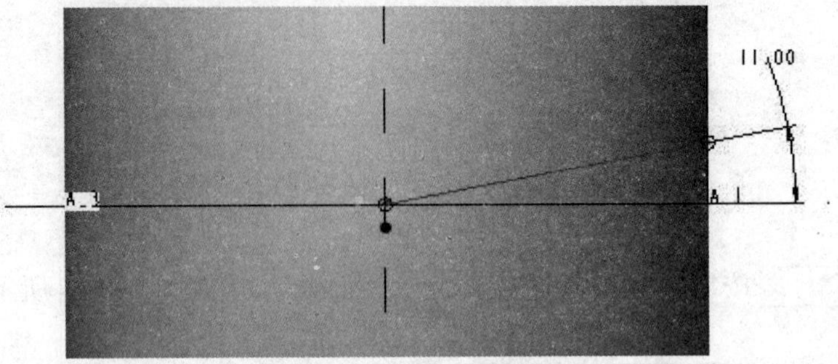

图 2-146　绘制草图

● 在操作面板内单击 ✔ 按钮，完成后投影线如图 2-147 所示。

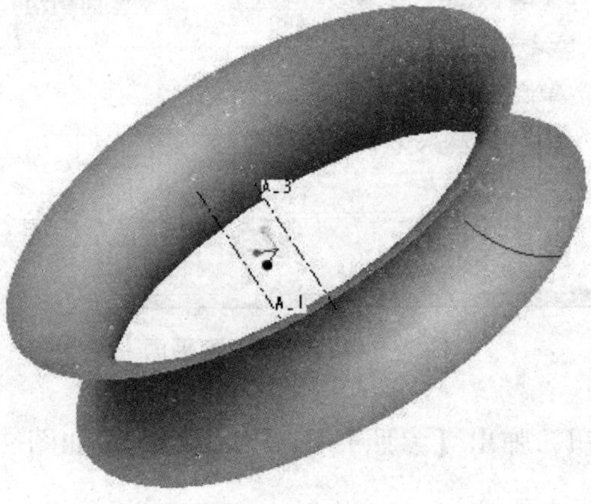

图 2-147　创建投影曲线

● 创建另一条投影线。按上述步骤，按如图 2-148 所示定义参照。

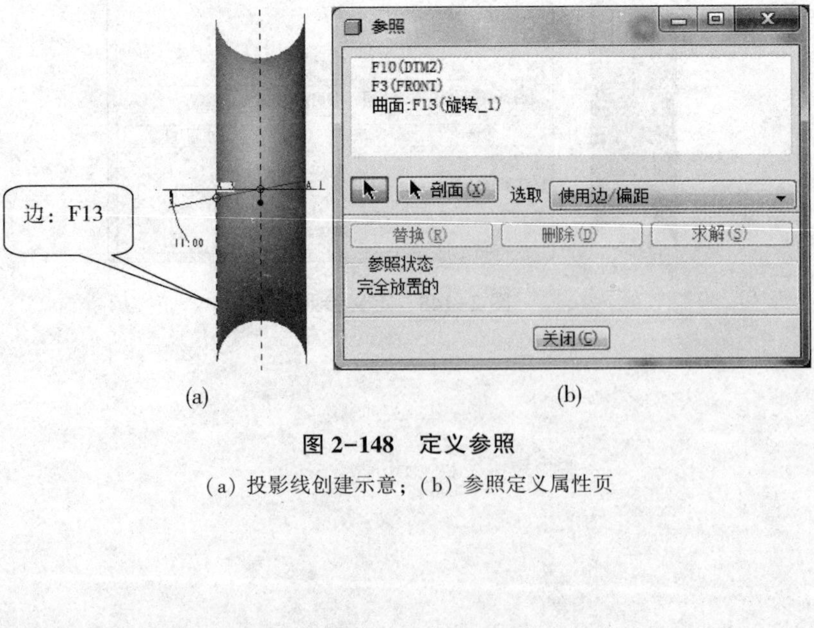

(a)　　　　　　　　(b)

图 2-148　定义参照

(a) 投影线创建示意；(b) 参照定义属性页

• 绘制如图 2-149 所示草图，并完成投影曲线创建。

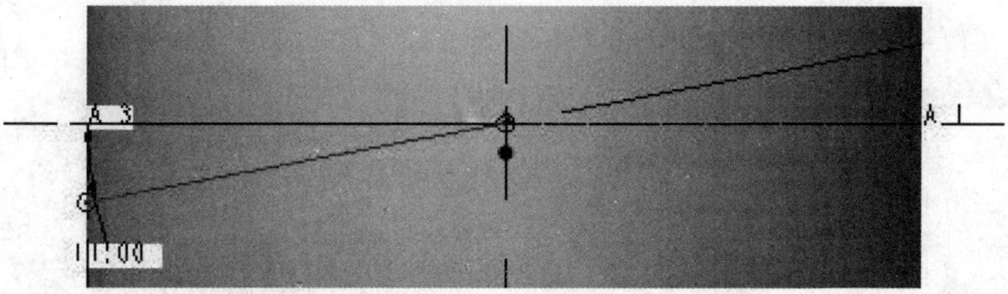

图 2-149　草图

（4）创建圆柱。

• 进入草绘环境，按如图 2-150 所示定义草绘平面。

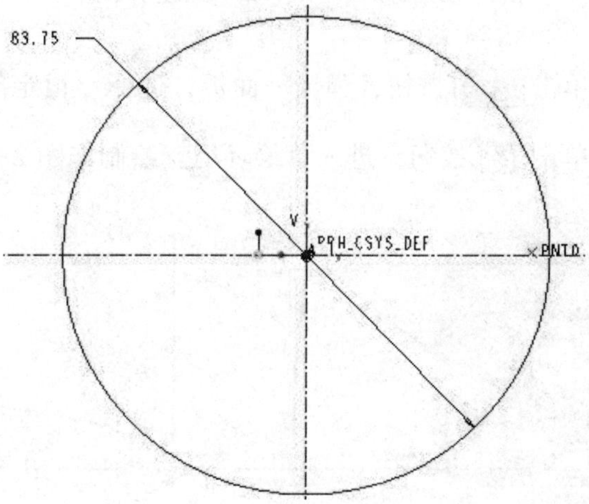

图 2-150　草图

• 拉伸，选择对称，输入深度“40”。

（5）变截面扫描生成第一个轮齿。

• 在工具栏内单击按钮，弹出【变截面扫描】操作面板，单击 参照 按钮，弹出一面板，按如图 2-151 所示定义“轨迹”和“剖面控制”。

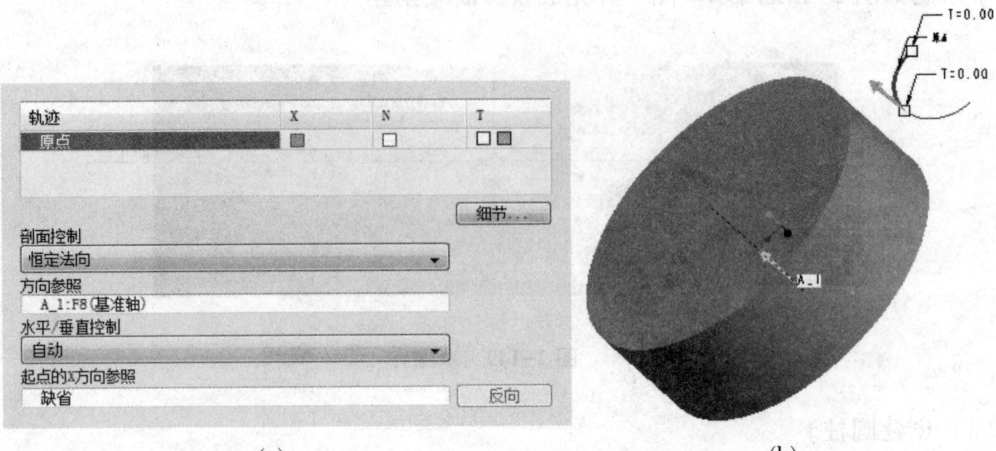

(a)　　　　　　　　　　(b)

图 2-151　定义“轨迹”和“剖面控制”

(a) 参照定义属性页；(b) 参照选择示意

- 在操作面板内，单击 选项 按钮，弹出一面板，选择“恒定剖面”。
- 在操作面板内，单击 按钮，进入草绘环境，绘制如图 2-152 所示草图。

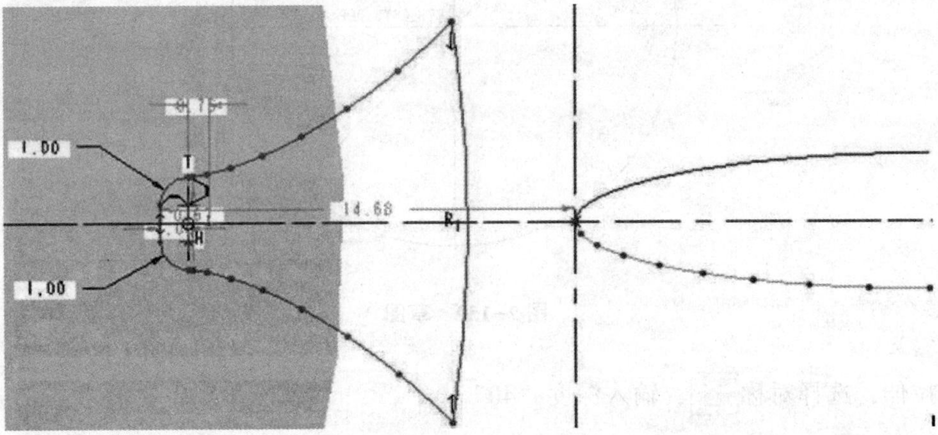

图 2-152　草图

- 在操作面板内，选择，单击 按钮，完成后如图 2-153 所示。
- 另一半齿特征可以通过镜像得到，新建参考平面“dtm6”，然后镜像图见图 2-153，完成后如图 2-154 所示。

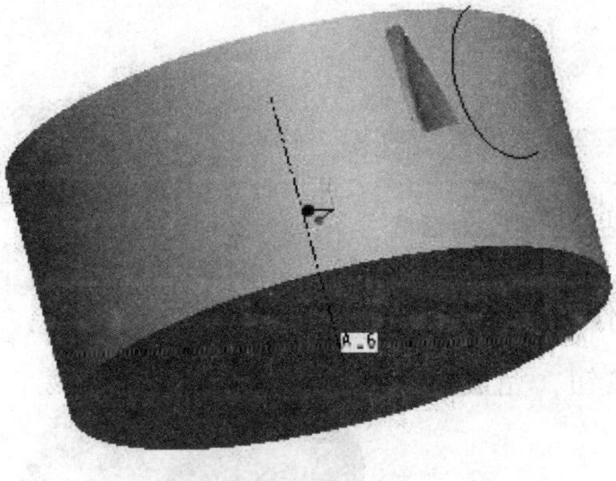

图 2-153　完成后的特征

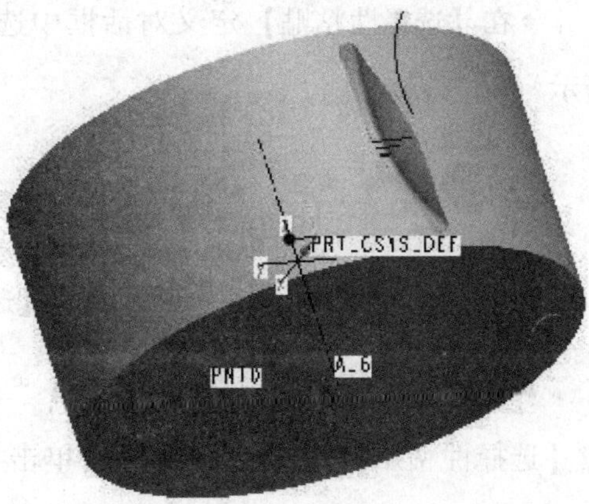

图 2-154　完成的一齿

（6）阵列轮齿特征。

为了阵列轮齿特征，首先对创建完成的第一个轮齿进行【复制】【旋转】操作，从而创建第二个轮齿特征，对第二个轮齿进行阵列。

• 在“模型树”中，对两个半齿进行“组”操作，如图 2-155 所示。

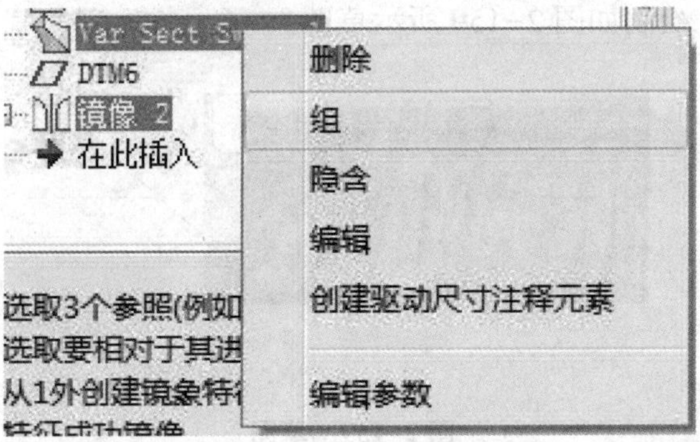

图 2-155　组操作

• 首先单击选取已经创建好的轮齿，然后在主菜单上依次单击【编辑】→【复制】，然后再次依次单击【编辑】→【选择性粘贴】，弹出【选择性粘贴】对话框。对话框的设置如图 2-156 所示，单击【确定】，弹出【选择性粘贴】操作面板。

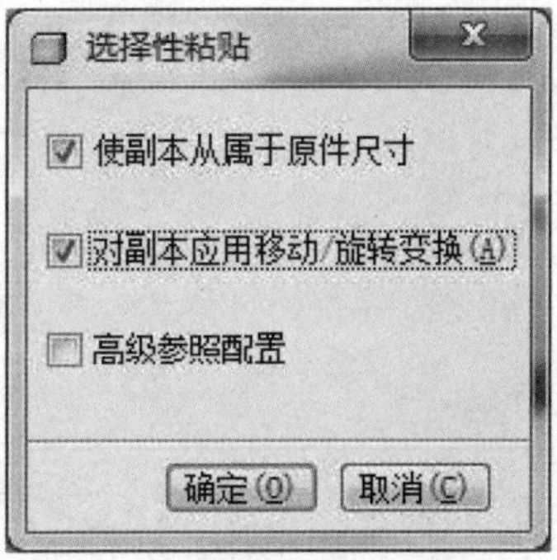

图 2-156　【选择性粘贴】对话框

• 在【选择性粘贴】定义对话框中选择  输入旋转角度为“12.00”度，如图 2-157 所示。

图 2-157 【选择性粘贴】定义对话框

• 在绘图区单击选取圆柱中心轴“a_1”作为旋转轴。在【选择性粘贴】定义操作面板内单击  按钮，完成第二个轮齿的创建。

• 在模型树中单击刚刚创建的第二个轮齿特征，在【阵列】特征定义面板内选择【轴】阵列，在绘图区单击选择圆柱的中心轴“a_1”作为阵列参照，输入阵列个数为“29”，偏移角度为“12.00”度，完成阵列特征的创建，完成后的蜗轮如图 2-158 所示。

图 2-158 创建完成的涡轮

（7）涡轮的修整。

• 进入草绘环境，绘制如图 2-159 所示草图。

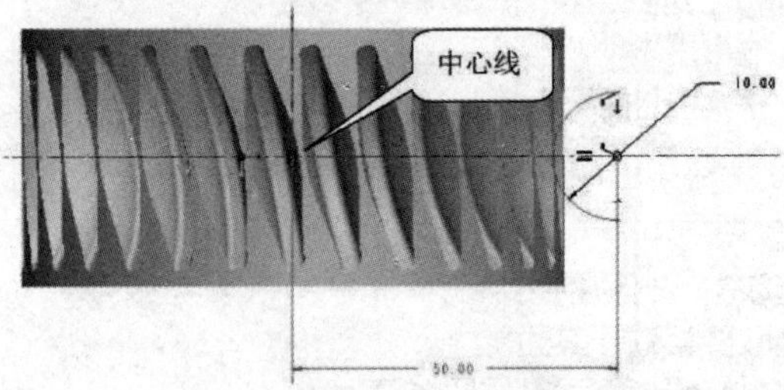

图 2-159 草图

• 在操作面板内选择 ，单击  按钮，完成后涡轮如图 2-160 所示。

图 2-160 涡轮

• 再进入草绘环境，按如图 2-161 所示改变参照。

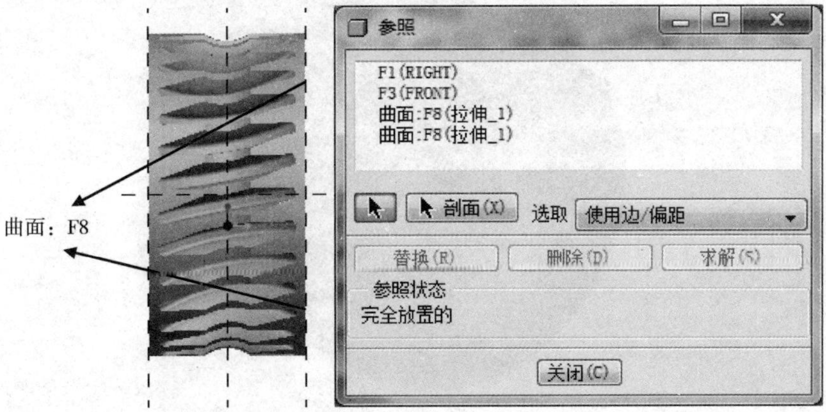

图 2-161　定义参照

• 绘制如图 2-162 所示草图。

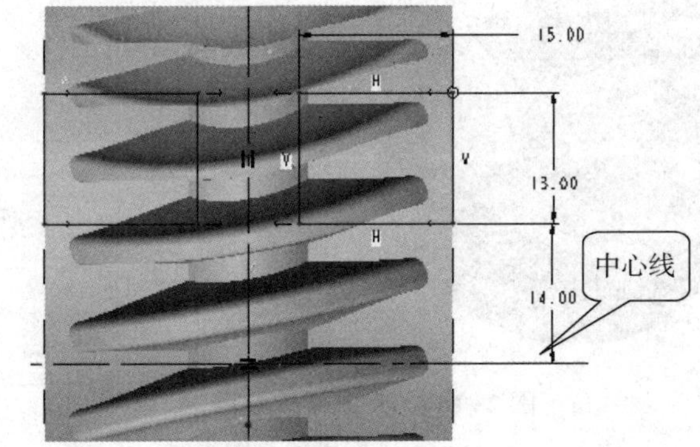

图 2-162　草图

• 在操作面板内选择⃞，单击✓按钮，完成后涡轮如图 2-163 所示。

• 在工具栏内单击按钮，弹出“拔模”定义操作面板，单击参照按钮，弹出一面板，参照定义如图 2-164 所示，完成拔模。

• 创建孔特征。在工具栏内单击按钮，弹出“孔”定义操作面板，单击放置按钮，弹出一面板，如图 2-165 所示，【类型】选择“同轴”，使新建孔的中心轴线与涡轮中心轴线重合，【放置】选择“曲面：F8”。

图 2-163　涡轮

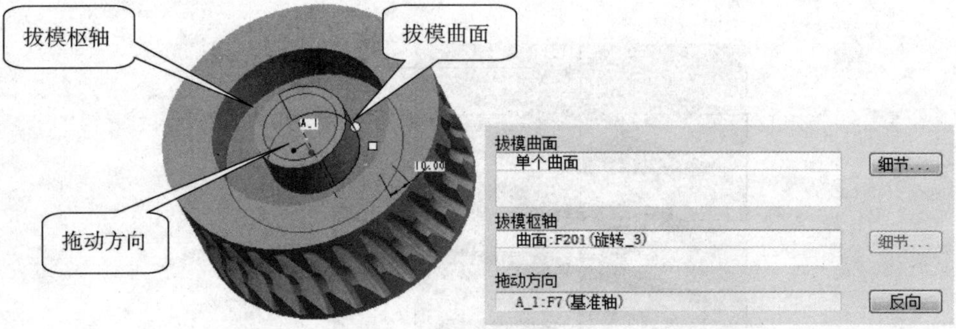

图 2-164　完成拔模参照

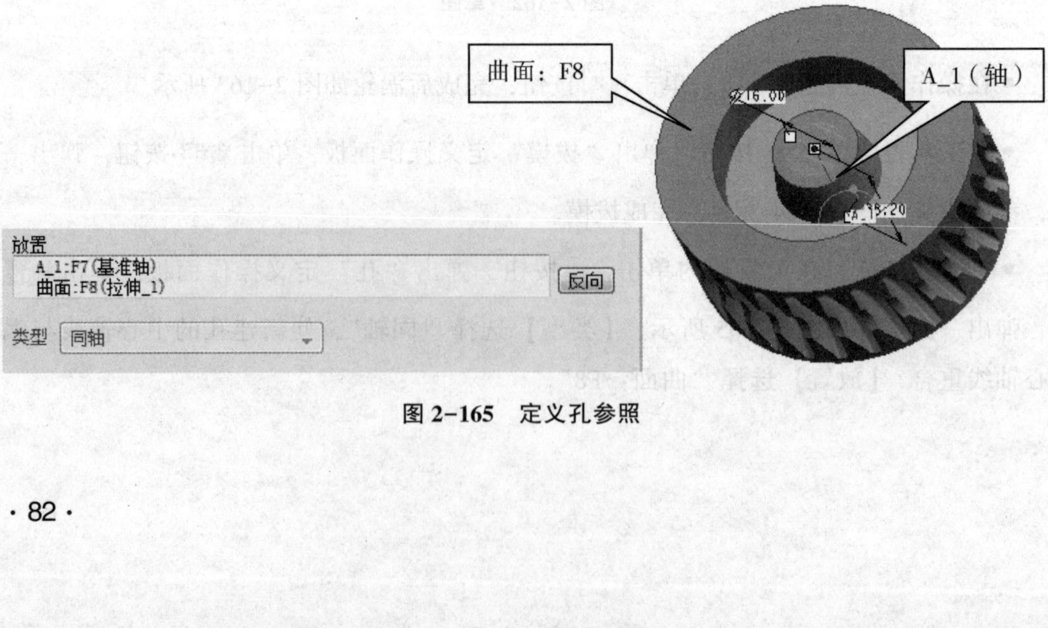

图 2-165　定义孔参照

• 在操作面板内，输入孔直径“16”，深度通孔，单击按钮，完成孔的创建。

• 进入草绘平面，绘制如图 2-166 所示草图。

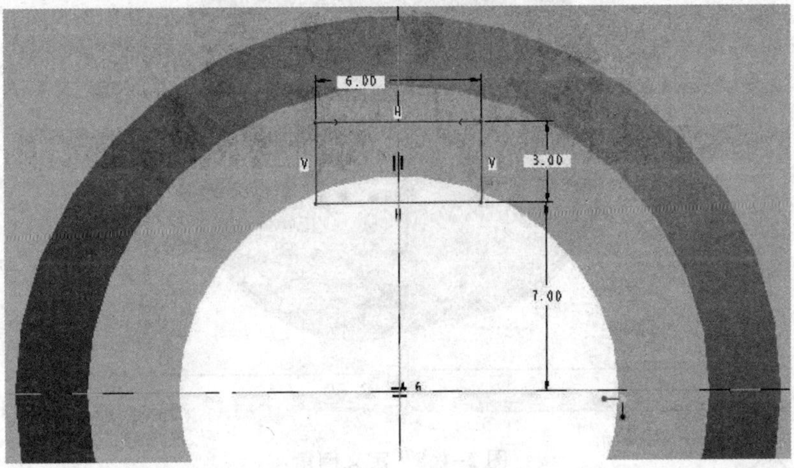

图 2-166　草图

• 在【拉伸】操作面板内，选择去材，通孔，单击按钮，完成键槽的创建，如图 2-167 所示。

• 在工具栏内单击按钮，弹出【倒角】定义操作面板，定义内容如图 2-168 所示，然后在操作面板内，单击按钮完成。

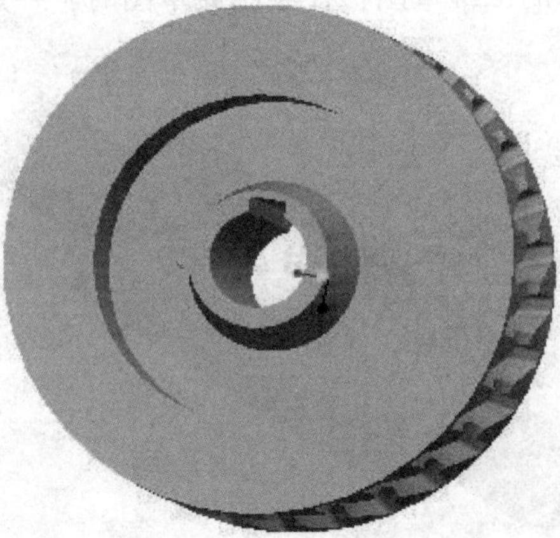

图 2-167　创建键槽

图 2-168 定义倒角

5. 蜗杆

1）蜗杆的建模步骤

（1）创建阶梯轴。

（2）创建轮齿。

2）蜗杆的建模过程

（1）创建如图 2-169 所示的阶梯轴。

• 绘制如图 2-170 所示的二维草图，在绘制此草图时，一定要绘出中心线。

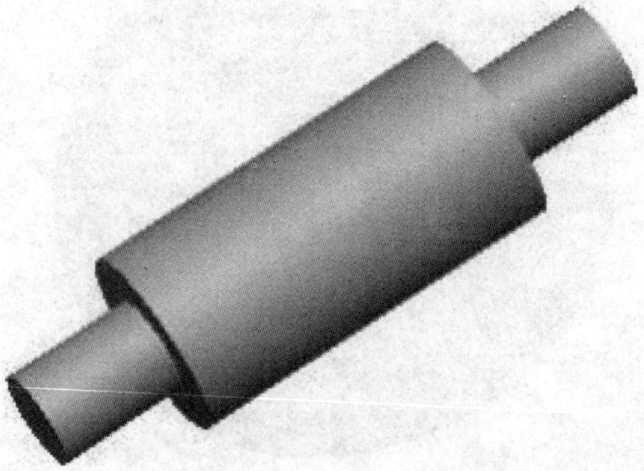

图 2-169 创建阶梯轴

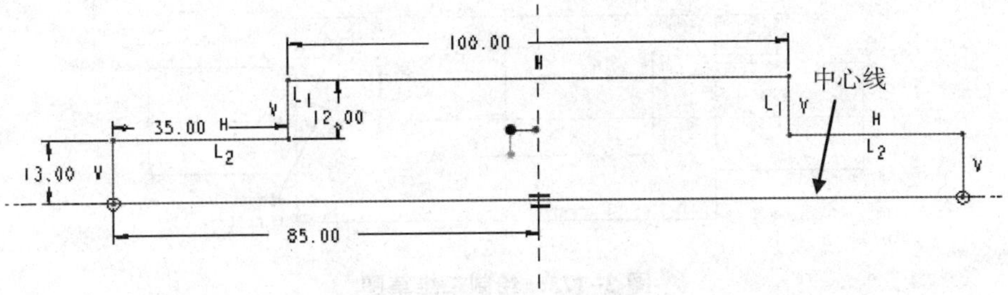

图 2-170　绘制二维草图

• 草绘完成后，旋转创建阶梯轴。

（2）创建轮齿。

• 在主菜单中选择【插入】→【螺旋扫描】→【伸出项】，出现如图 2-171 所示的属性定义对话框。

• 按图 2-171 所示选择【可变的】→【穿过轴】→【右手定则】→【完成】，出现如图 2-172 所示的菜单管理器。

图 2-171　【属性】菜单对话框

图 2-172　【设置草绘平面】菜单管理器

• 在绘图区内单击“top”面作为绘图平面，依次单击【正向】→【缺省】进入绘图平面。绘制如图 2-173 所示的二维草图，单击 ✔ 完成扫描轨迹。在绘制此草图时，一定要绘出中心线。

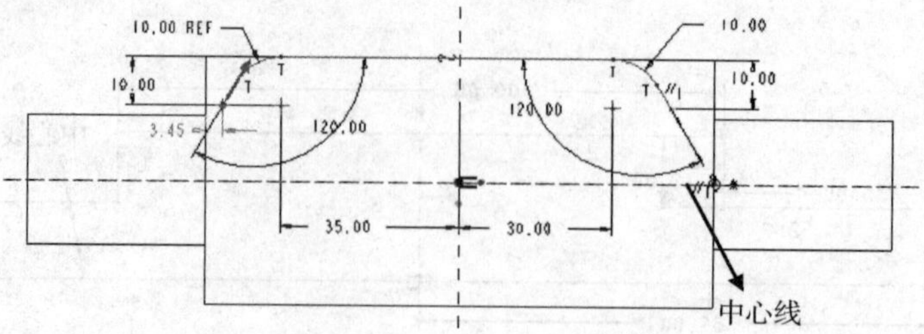

图 2-173　绘制二维草图

- 在操控板中，输入螺距“11”，并按回车键，系统进入绘制截面状态。
- 绘制如图 2-174 所示的二维草图。

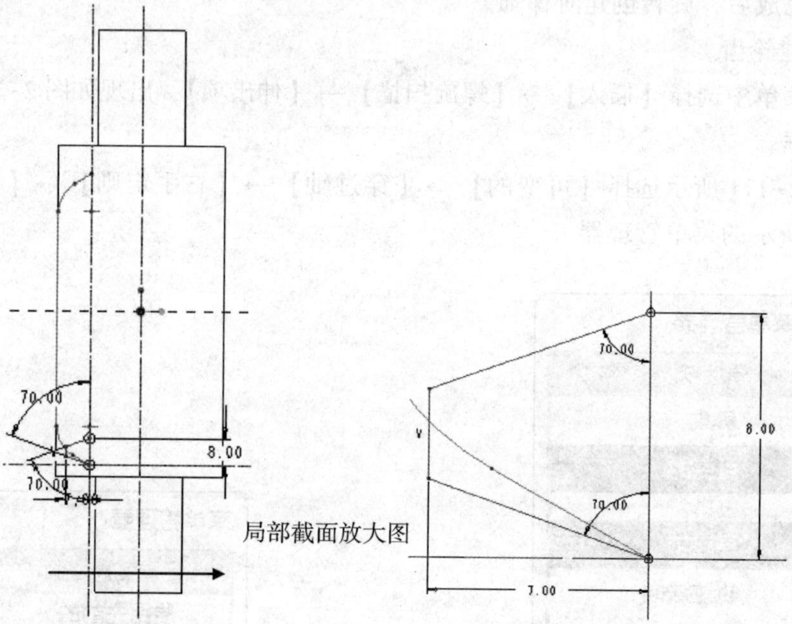

图 2-174　绘制二维草图

- 在如图 2-175 所示的【伸出项：螺旋扫描】对话框中选择【预览】预览完成后的模型，然后单击【完成】完成蜗杆的建模，如图 2-176 所示。

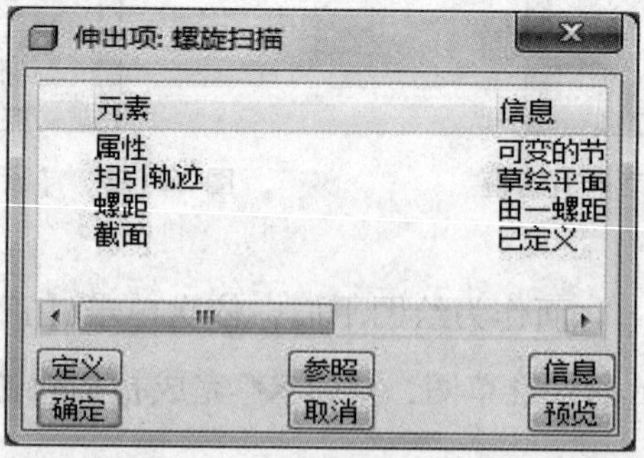

图 2-175　【伸出项：螺旋扫描】对话框

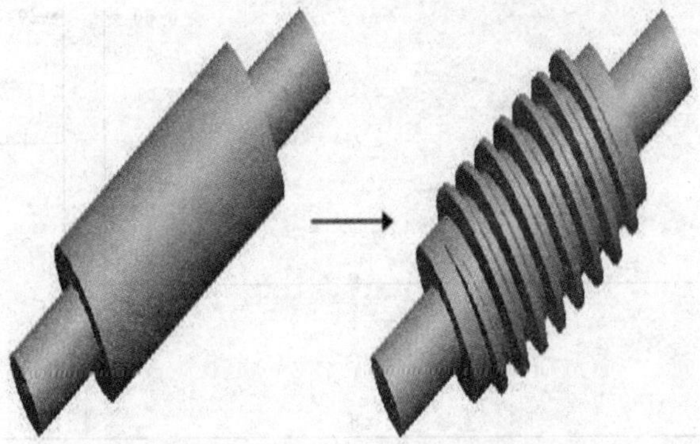

图 2-176　创建完成的蜗杆

2.2.2　装配体建模与装配

虎钳是用来夹持工件的通用夹具。它装置在工作台上，用以夹稳加工工件，为钳工车间必备工具。转盘式的钳体可旋转，使工件旋转到合适的工作位置。

它的结构由钳体、底座、导螺母、丝杠和钳口体等组成。活动钳身通过导轨与台虎钳固定钳身的导轨作滑动配合。丝杠装在活动钳身上，可以旋转，但不能轴向移动，并与安装在固定钳身内的丝杠螺母配合。当摇动手柄使丝杠旋转时，就可以带动活动钳身相对于固定钳身作轴向移动，起夹紧或放松的作用。弹簧借助挡圈和开口销固定在丝杠上，其作用是当放松丝杠时，可使活动钳身及时地退出。在固定钳身和活动钳身上，各装有钢制钳口，并用螺钉固定。钳口的工作面上制有交叉的网纹，使工件夹紧后不易产生滑动。钳口经过热处理淬硬，具有较好的耐磨性。固定钳身装在转座上，并能绕转座轴心线转动，当转到要求的方向时，扳动夹紧手柄使夹紧螺钉旋紧，便可在夹紧盘的作用下把固定钳身固紧。转座上有三个螺栓孔，用以与钳台固定。

现在介绍底座、导螺母、螺杆、活动钳身、螺钉、虎口板、垫圈的建模以及最后的装配过程。

1. 底座建模

• 选择“top”面作为草绘平面，选取“right”面作为参照平面，参照方向“右”，单击【草绘】进入草绘环境；绘制如图 2-177 所示的二维草图，在工具栏内单击 ✔ 按钮，完成草图的绘制。

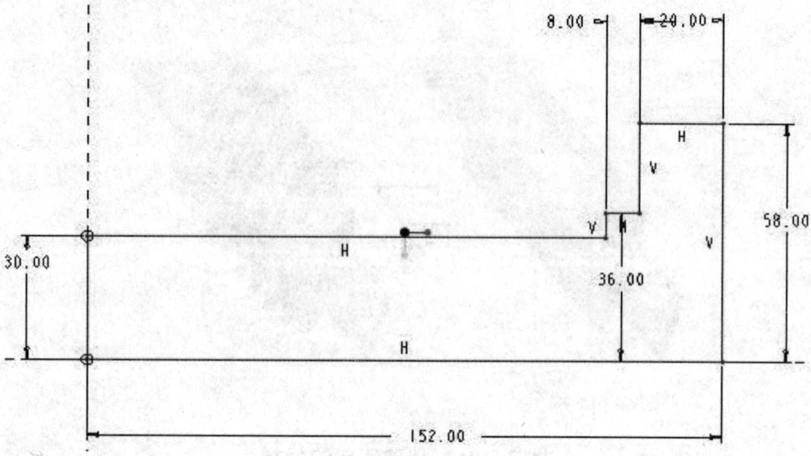

图 2-177　绘制二维草图

• 【拉伸】定义对话框中，【拉伸到指定深度值】输入“74.00”，如图 2-178 所示，然后单击按钮，完成特征的创建，如图 2-179 所示。

图 2-178　【拉伸】定义对话框

图 2-179　拉伸特征创建

• 选择拉伸特征底面为草绘平面，绘制如图 2-180 所示的二维草图后，选择【拉伸】，单击按钮，然后单击去除材料按钮，再单击按钮，完成特征的创建。

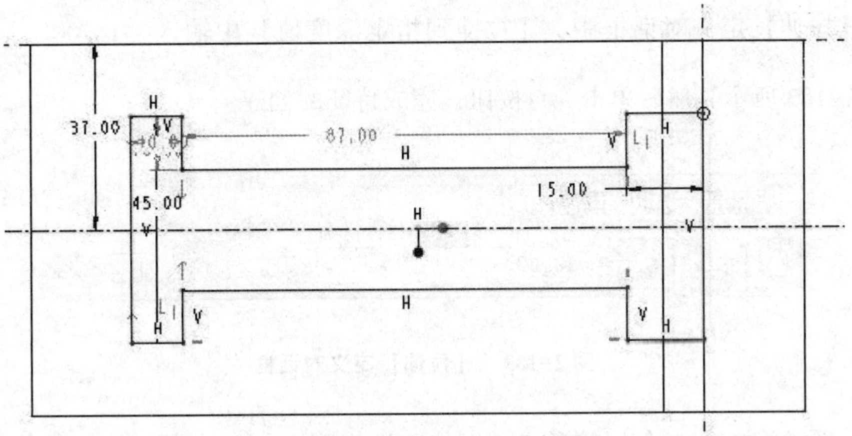

图 2-180　绘制二维草图

• 再次选择底面为草绘平面，如图 2-181 所示，绘制如图 2-182 所示的二维草图。

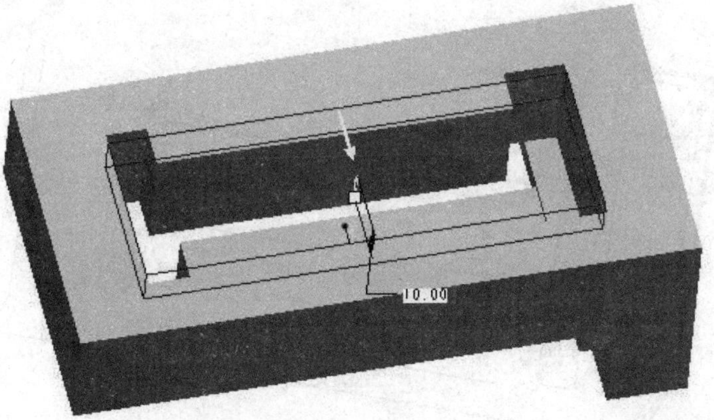

图 2-181　定义草绘平面

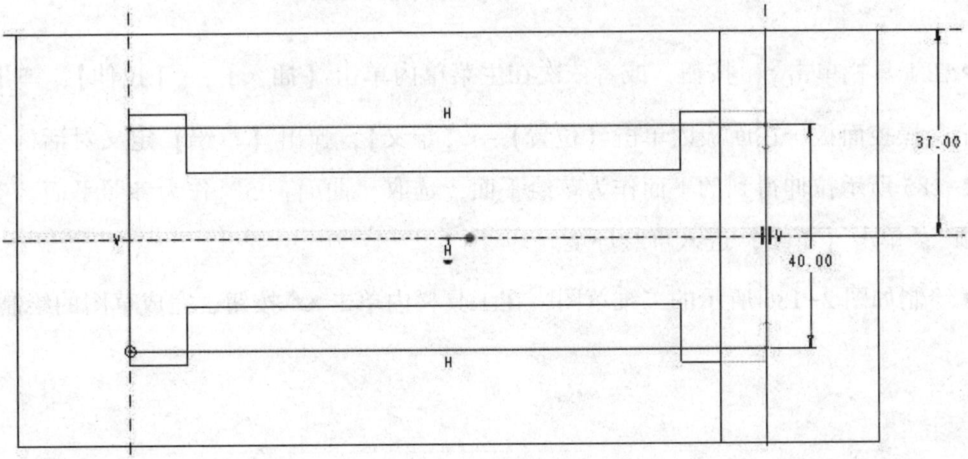

图 2-182　绘制二维草图

• 在【拉伸】定义对话框中，【拉伸到指定深度值】中输入“10.00”，单击按钮，如图 2-183 所示，然后单击按钮，完成特征的创建。

图 2-183 【拉伸】定义对话框

• 在工具栏单击按钮，按住 Ctrl 键依次选取图 2-184 中模型外侧各条边，在面板内输入圆角半径“35.00”，单击按钮，完成圆角的创建。

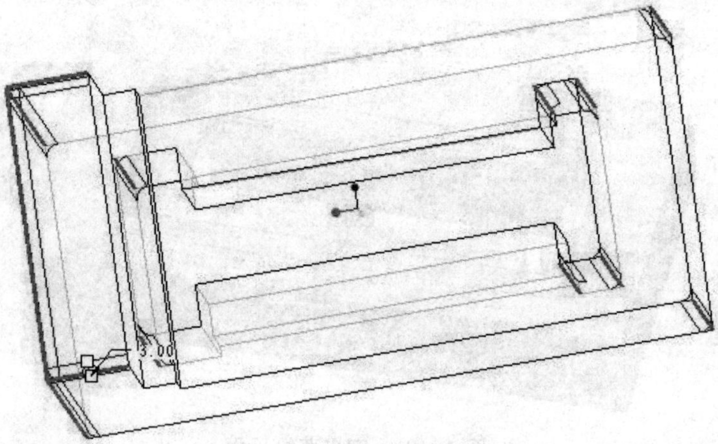

图 2-184 所要倒圆角的边

• 在工具栏单击按钮，或者依次在主菜单内单击【插入】→【拉伸】，弹出【拉伸】定义操控面板，在面板内单击【位置】→【定义】，弹出【草绘】定义对话框。选择如图 2-185 所示拉伸得到的平面作为草绘平面，选取“曲面：f5”作为参照平面，参照方向“顶”，单击【草绘】进入草绘环境。

• 绘制如图 2-186 所示的二维草图，在工具栏内单击按钮，完成草图的绘制。

图 2-185　定义草绘平面

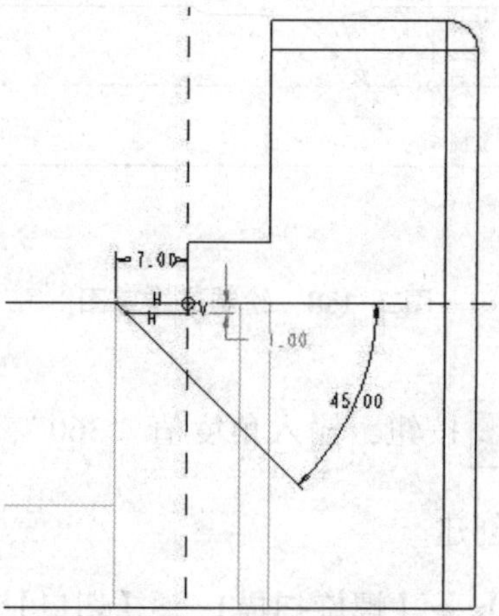

图 2-186　绘制二维草图

• 在操作面板中，单击按钮，然后单击去除材料按钮，再单击按钮，完成特征的创建。

• 在工具栏单击按钮，选取拉伸得到的平面，偏移距离输入“35. 00”，创建得到如图 2-187 所示的平面“dtm1”。

• 在工具栏单击按钮，弹出【旋转】定义操控面板，在面板内单击【位置】【定义】，弹出【草绘】定义对话框，选择“dtm1”面作为草绘平面，选取“right”面作为参照平面，参照方向“右”，单击【草绘】进入草绘环境；绘制如图 2-188 所示的二维草图，一定要绘制中心线，在工具栏内单击按钮，完成草图的绘制。

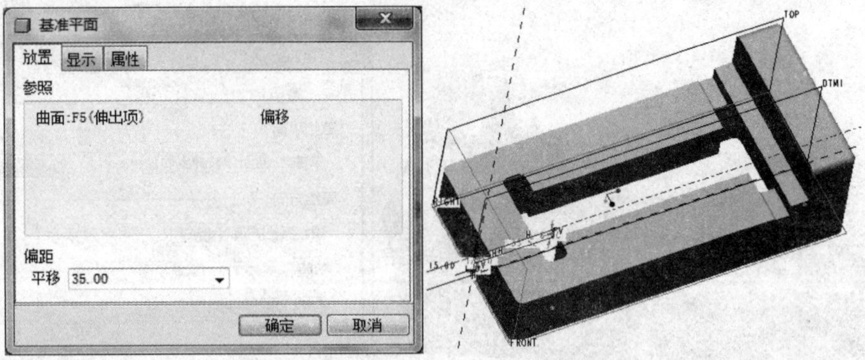

图 2-187　创建平面“dtm1”

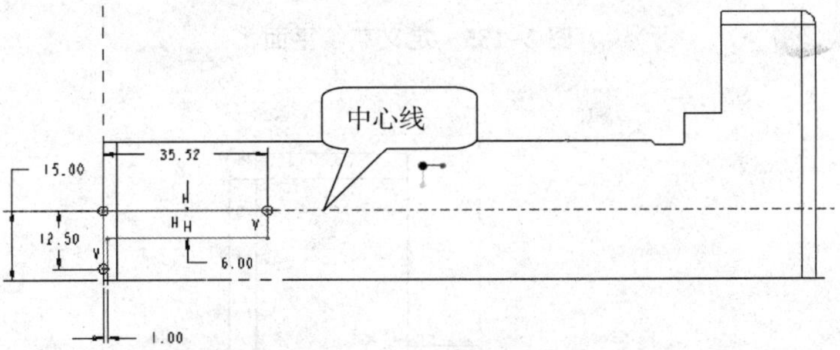

图 2-188　绘制二维草图

• 在操作面板中，单击按钮，输入角度值“360”，然后单击去除材料按钮，再单击按钮，完成特征的创建。

• 在主菜单内单击【插入】→【螺旋扫描】→【切口】，弹出【切口：螺旋扫描】定义操控面板，在面板内单击【属性】→【定义】，单击【完成】，如图 2-189 所示。

图 2-189　螺旋扫描菜单

• 定义扫描轨迹，绘制如图 2-190 所示的一条直线作为扫描轨迹线，单击 按钮，完成轨迹的绘制。

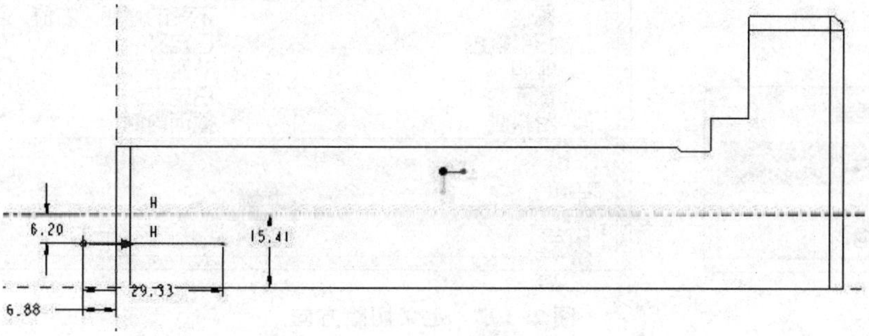

图 2-190　扫描轨迹

• 定义螺距，输入值“1. 50”，单击 按钮，完成螺距的设置。

• 定义扫描截面，绘制如图 2-191 的等边三角形作为扫描截面，单击 按钮，完成轨迹的绘制。

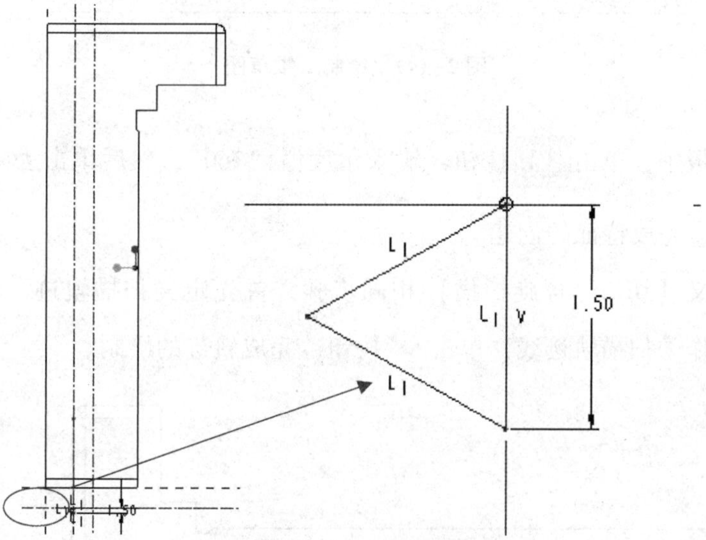

图 2-191　绘制扫描截面

• 定义切除方向，选择“正向”，取“材料侧：截面内侧”，单击【确定】完成螺纹的创建，如图 2-192 所示。

• 选择“dtm1”面作为草绘平面，选取“right”面作为参照平面，参照方向“右”，单击【草绘】进入草绘环境，绘制如图 2-193 所示的二维草图，一定要绘制中心线。

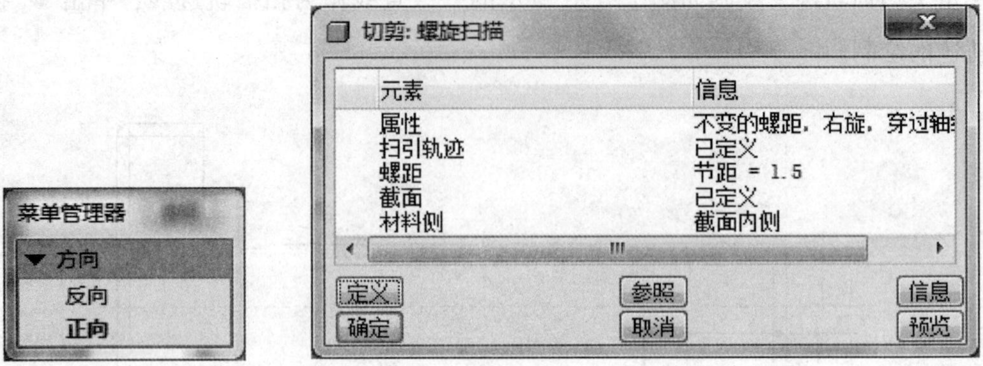

图 2-192　定义切除方向

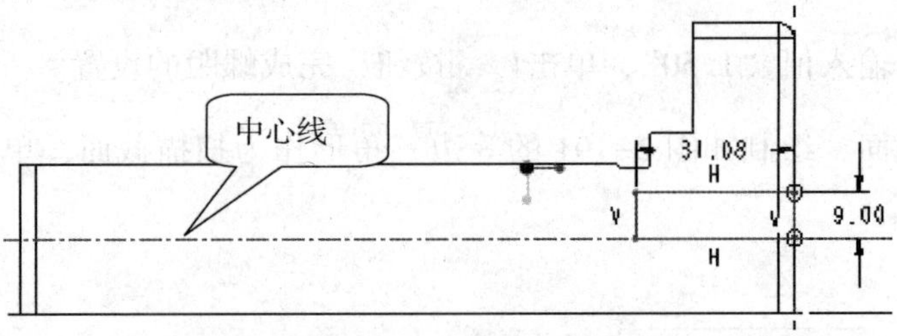

图 2-193　绘制二维草图

• 在操作面板中，单击按钮，输入角度值“360”，然后单击去除材料按钮，再单击按钮，完成特征的创建。

• 同前面定义【切口：螺旋扫描】相同步骤，首先定义扫描轨迹，绘制如图 2-194 所示的一条直线作为扫描轨迹线，单击按钮，完成轨迹的绘制。

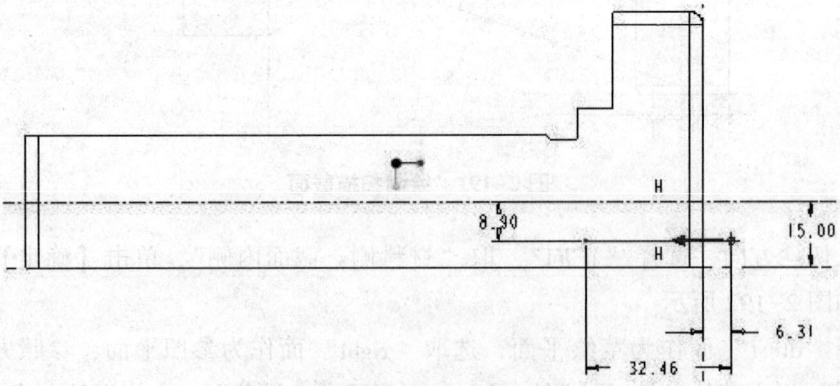

图 2-194　绘制扫描轨迹

• 定义螺距，输入值“2. 00”，单击✓按钮，完成螺距的设置。

• 定义扫描截面，绘制如图 2-195 所示的等边三角形作为扫描截面。

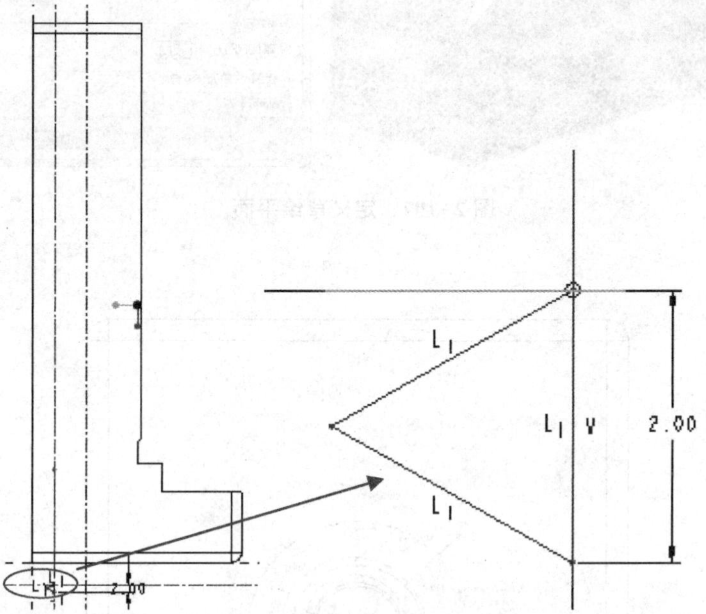

图 2-195　截面草图的绘制

• 定义切除方向，选择“正向”，取“材料侧：截面内侧”，单击【确定】完成螺纹的创建，如图 2-196 所示。

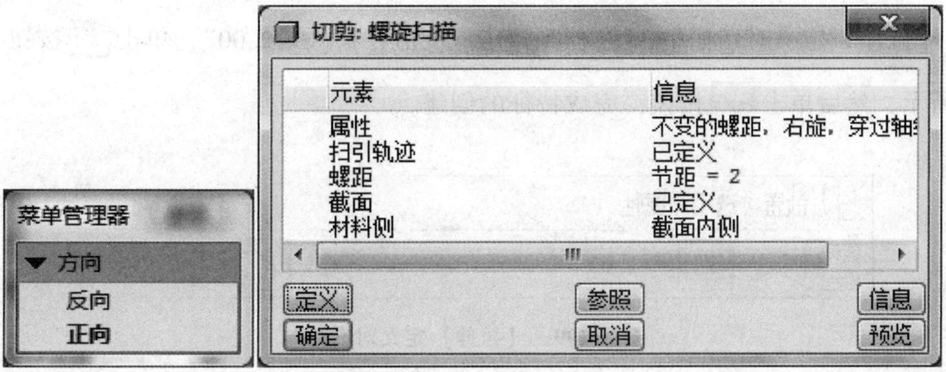

图 2-196　定义切除方向

• 选择如图 2-197 所示拉伸得到的平面作为草绘平面，选取“曲面：f5”作为参照平面，参照方向“右”，单击【草绘】进入草绘环境，绘制如图 2-198 所示的二维草图。

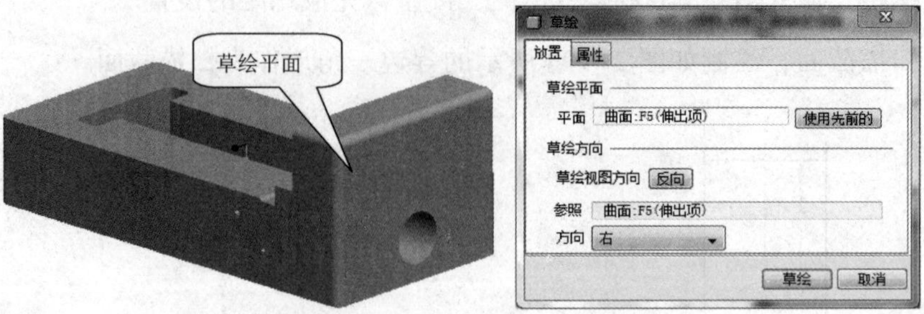

图 2-197 定义草绘平面

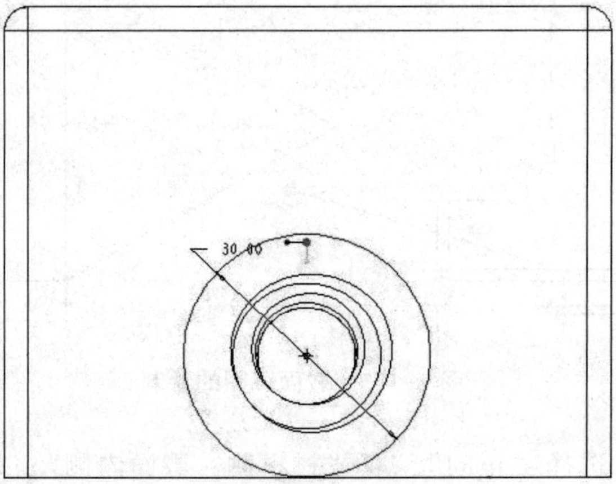

图 2-198 绘制二维草图

• 【拉伸】定义对话框中，【拉伸到指定深度值】输入“2. 00”，单击按钮，如图 2-199所示，然后单击按钮，完成特征的创建。

图 2-199 【拉伸】定义对话框

• 选择“front”面作为草绘平面，选取“right”面作为参照平面，参照方向“顶”，单击【草绘】进入草绘环境，绘制如图 2-200 所示的二维草图，其中首先绘制两条中心线，左边的图形可以通过“镜像”得到，然后在工具栏内单击按钮，完成草图的绘制。

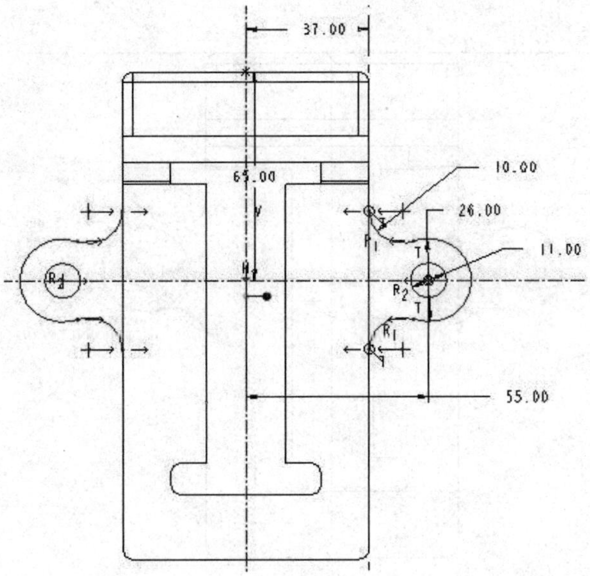

图 2-200　绘制二维草图

• 在【拉伸】定义对话框中，【拉伸到指定深度值】输入“14.00”，如图 2-201 所示，然后单击 按钮，完成特征的创建。

图 2-201　【拉伸】定义对话框

• 在工具栏单击 按钮，在【拉伸】定义操控面板中单击【位置】→【定义】，弹出【草绘】定义对话框，选取“曲面：f5”面作为参照平面，参照方向“顶”，单击【草绘】进入草绘环境，如图 2-202 所示。绘制如图 2-203 所示的二维草图。

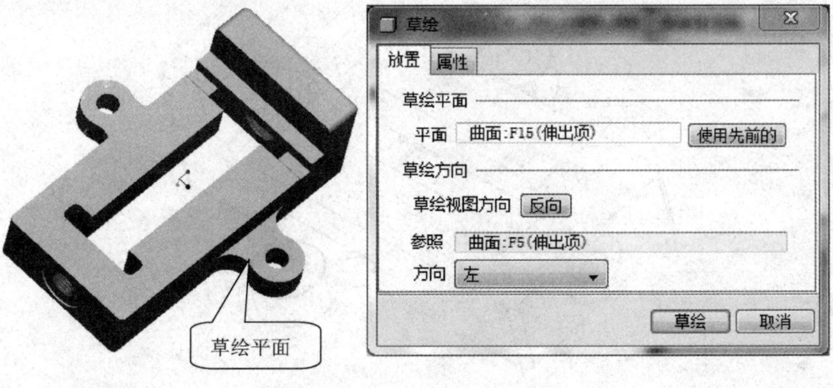

图 2-202　定义草绘平面

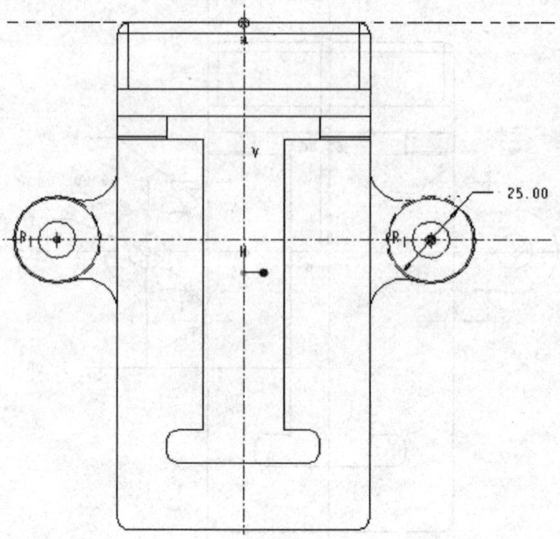

图 2-203　绘制二维草图

• 在【拉伸】定义对话框中,【拉伸到指定深度值】输入“1.00”，单击按钮，如图 2-204 所示，然后单击按钮，完成特征的创建。

图 2-204　【拉伸】定义对话框

最后得到底座的模型如图 2-205 所示。

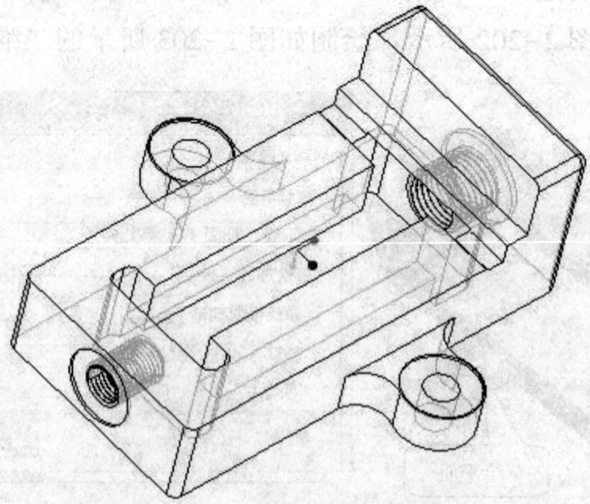

图 2-205　线框显示的底座模型

2. 导螺母建模

• 选择“top”面作为草绘平面，选取“right”面作为参照平面，参照方向“右”，单击【草绘】进入草绘环境，绘制如图 2-206 所示的二维草图。

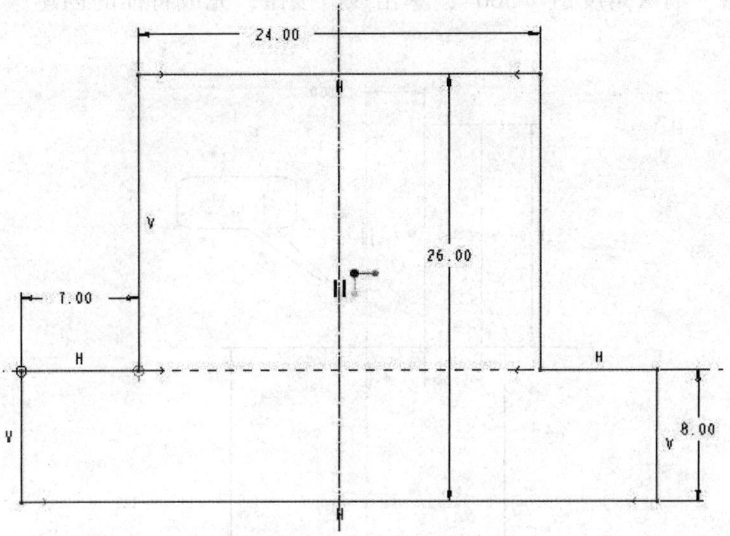

图 2-206　绘制二维草图

• 在【拉伸】定义对话框中，【拉伸到指定深度值】输入“30”，单击按钮，完成特征的创建。

• 在工具栏单击按钮，选取拉伸得到的平面如图 2-207，偏移距离输入“15”，单击【确定】，完成“dtm1”创建。

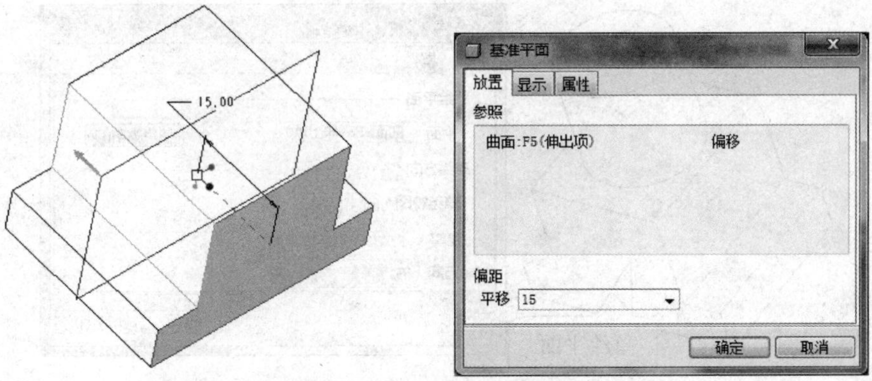

图 2-207　创建平面“dtm1”

• 在工具栏单击 按钮，在面板内单击【位置】→【定义】，弹出【草绘】定义对话框，选择“dtm1”面作为草绘平面，选取“right”面作为参照平面，参照方向“右”，单击【草绘】进入草绘环境，绘制如图 2-208 所示的二维草图，一定要绘制中心线，然后单击 按钮，输入角度值“360”，单击 按钮，完成特征的创建。

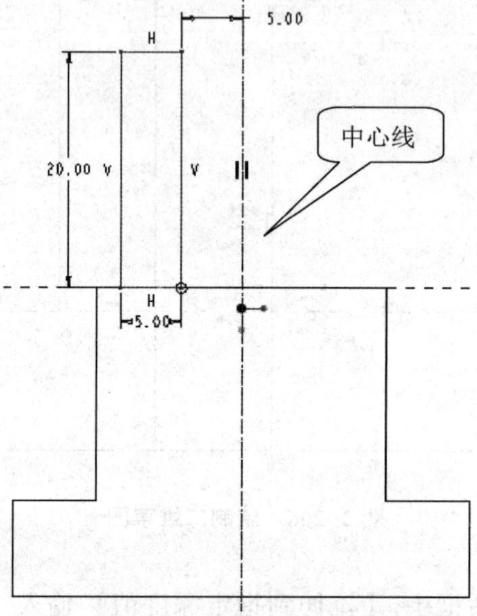

图 2-208　绘制二维草图

• 选择如图 2-209 所示的实体平面作为草绘平面，选取“right”面作为参照平面，参照方向“右”，单击【草绘】进入草绘环境，绘制如图 2-210 所示的二维草图。

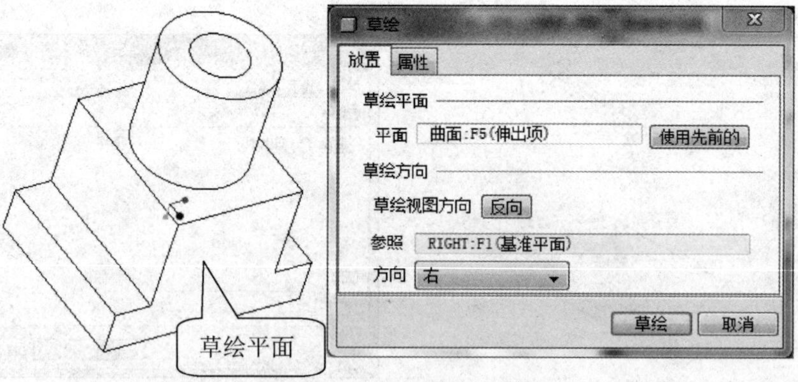

图 2-209　定义草绘平面

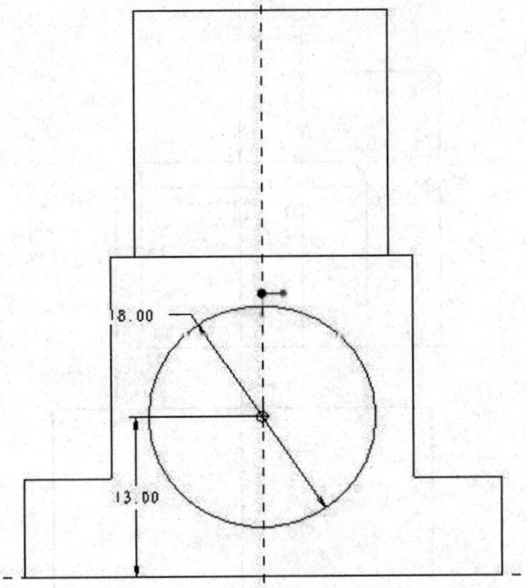

图 2-210　绘制二维草图

• 在【拉伸】定义对话框中，单击按钮，然后单击去除材料按钮，再单击按钮，完成特征的创建。

• 按如图 2-211 所示选择边进行倒圆角，半径为“2.00”。

图 2-211　倒圆角

• 同前面定义【切口：螺旋扫描】的步骤，首先定义扫描轨迹，在“dtm1”中绘制如图 2-212 所示的一条直线作为扫描轨迹线，并选取起始点。

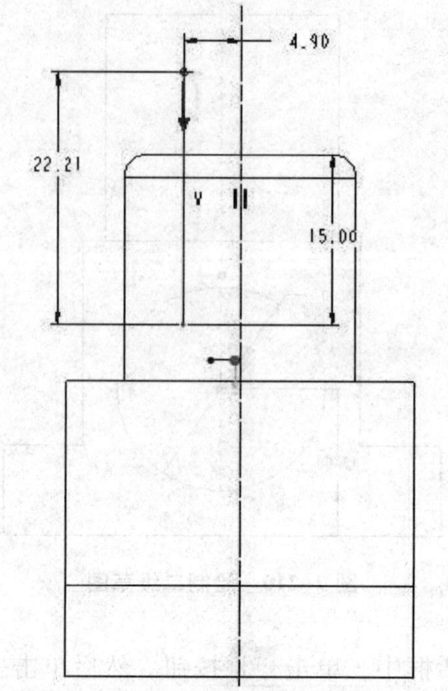

图 2-212　定义扫描轨迹

- 定义螺距，输入值“1.50”，单击 按钮，完成螺距的设置。
- 定义扫描截面，绘制如图 2-213 所示的等边三角形作为扫描截面。

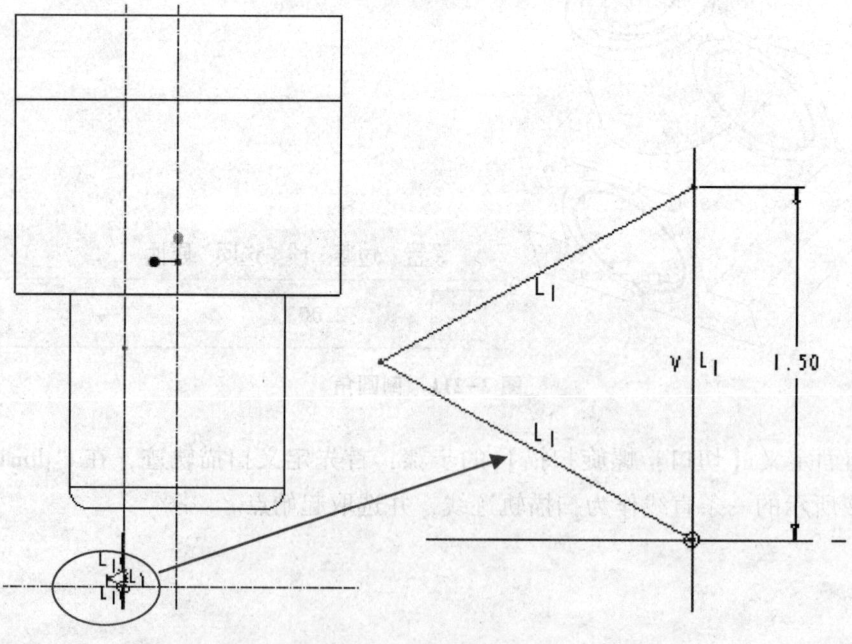

图 2-213　绘制截面草图

● 定义切除方向，选择“正向”，取“材料侧：截面内侧”，单击【确定】完成螺纹的创建，如图 2-214 所示。

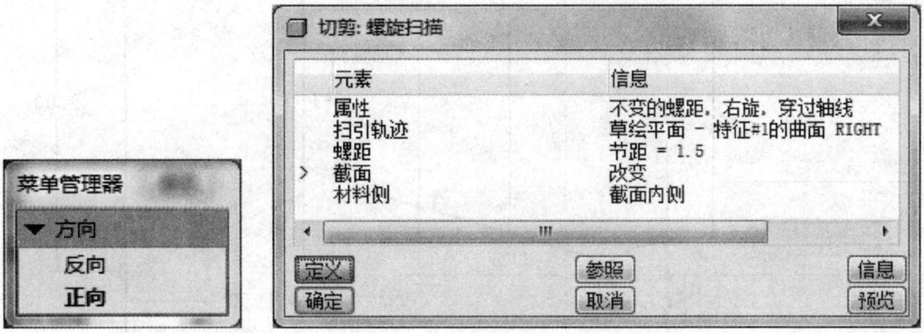

图 2-214　定义切除方向

● 同前面定义【切口：螺旋扫描】的步骤，定义扫描轨迹，在“dtm1”中绘制如图 2-215 所示的一条直线作为扫描轨迹线，并选取起始点，单击✔按钮，完成轨迹的绘制。

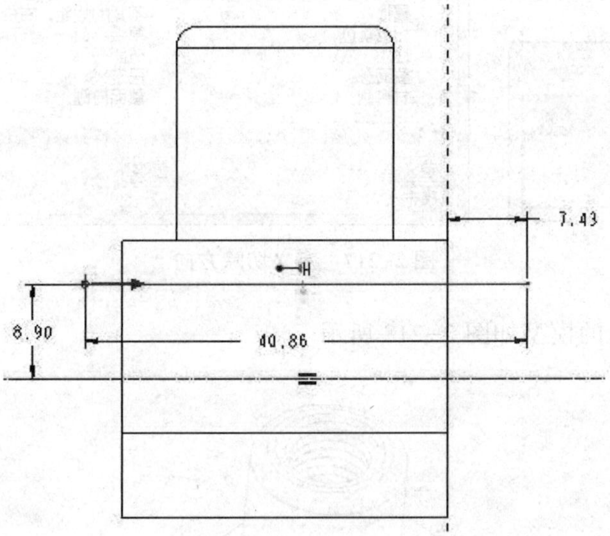

图 2-215　定义扫描轨迹

● 定义螺距，输入值“4.00”，单击☑按钮，完成螺距的设置。

● 定义扫描截面，绘制如图 2-216 所示的等边梯形作为扫描截面。

● 定义切除方向，选择“正向”，取“材料侧：截面内侧”，单击【确定】完成螺纹的创建，如图 2-217 所示。

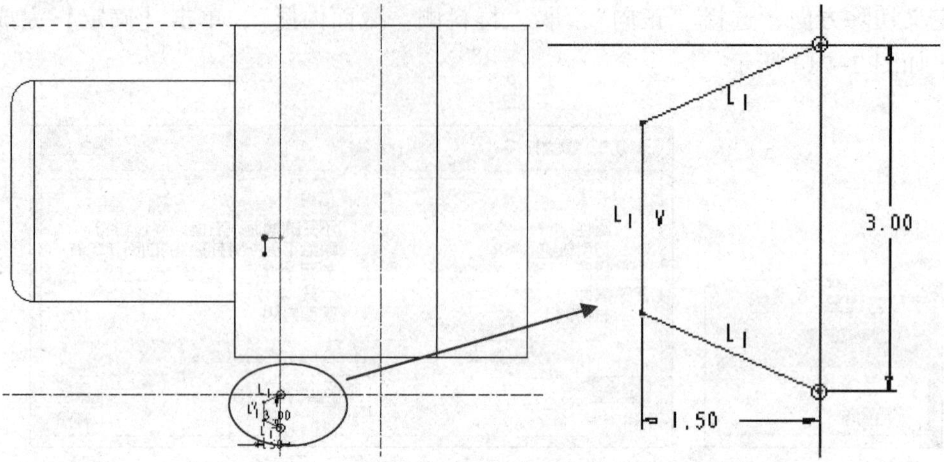

图 2-216　绘制截面草图

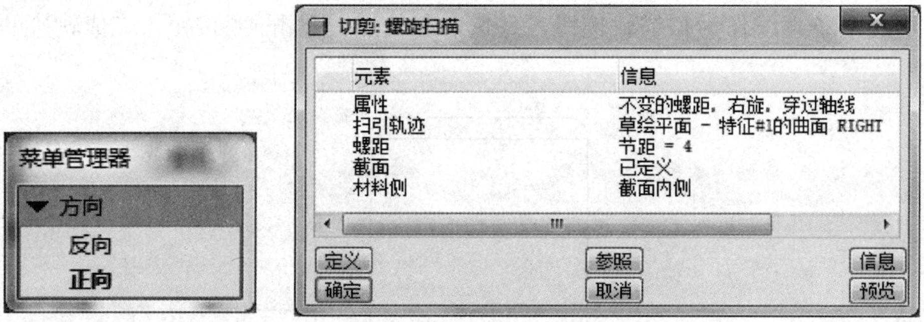

图 2-217　定义切除方向

最后得到导螺母的模型如图 2-218 所示。

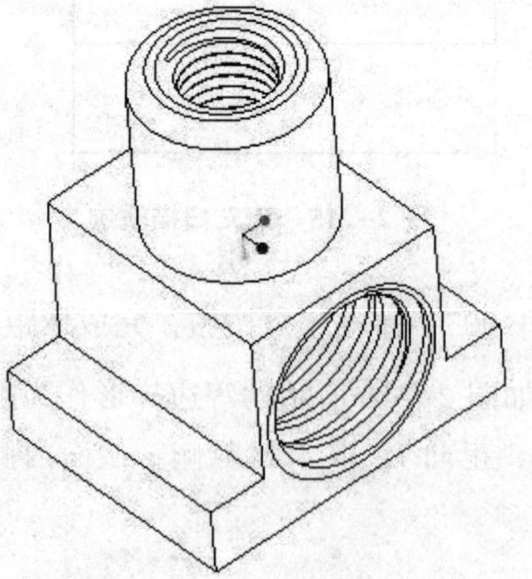

图 2-218　导螺母模型

3. 螺杆建模

● 选择“top”面作为草绘平面，选取“right”面作为参照平面，参照方向“右”，单击【草绘】进入草绘环境，绘制如图 2-219 所示的二维草图。

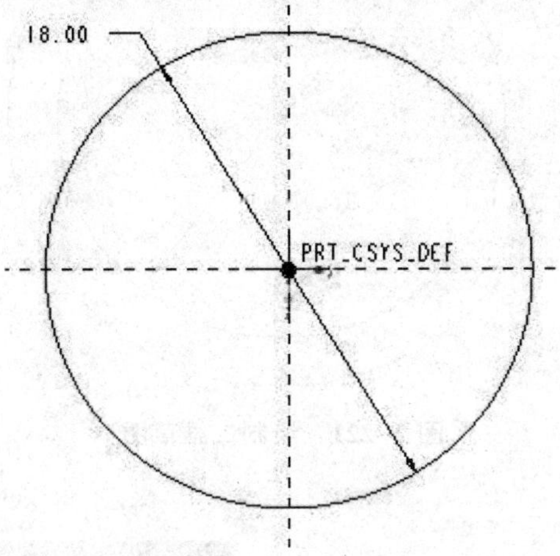

图 2-219　绘制二维草图

● 拉伸草绘至深度 28。

● 在工具栏单击按钮，在【拉伸】定义操控面板，单击【位置】→【定义】，弹出【草绘】定义对话框，选择“曲面：f5”面作为草绘平面，选取“right”面作为参照平面，参照方向“左”，单击【草绘】进入草绘环境，如图 2-220 所示，绘制如图 2-221 所示的二维草图。

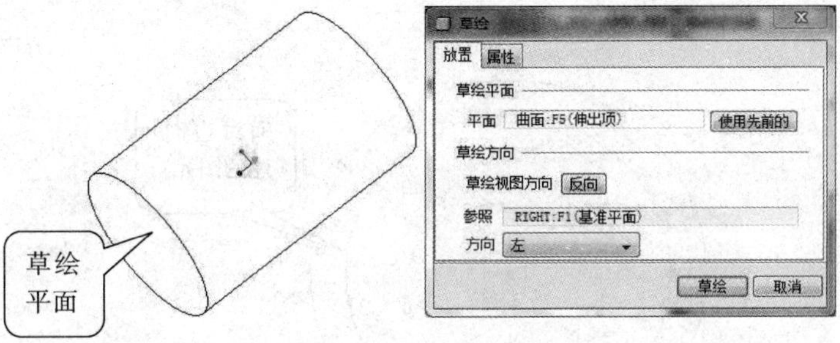

图 2-220　定义草绘平面

● 拉伸草绘至深度 10。

● 在工具栏单击按钮，单击【位置】→【定义】，弹出【草绘】定义对话框，选择“曲面：f6”面作为草绘平面，选取“right”面作为参照平面，参照方向“底部”，单击【草绘】进入草绘环境，如图 2-222 所示，单击按钮，依次选中前面步骤建立的实体边缘，在工具栏内单击按钮，完成草图的绘制，如图 2-223 所示。

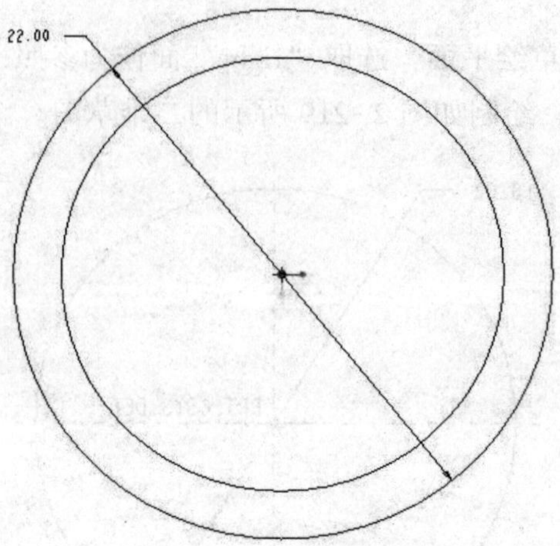

图 2-221　绘制二维草图

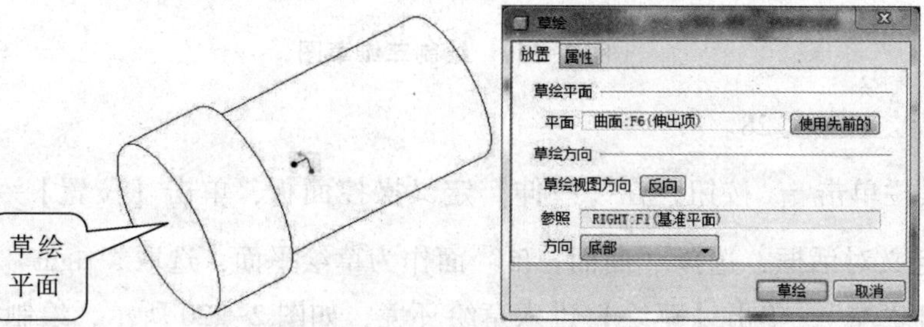

图 2-222　定义草绘平面

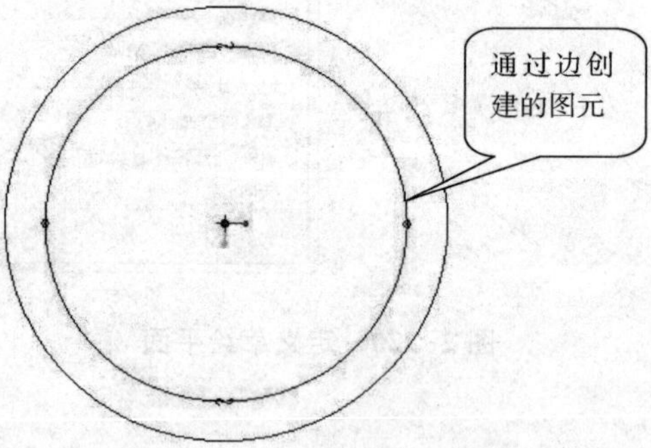

图 2-223　绘制二维草图

- 拉伸草绘至深度 32。

- 在工具栏单击按钮，单击【位置】→【定义】，弹出【草绘】定义对话框，选择“曲面：f6”面作为草绘平面，选取“right”面作为参照平面，参照方向“底部”，单击【草绘】进入草绘环境，如图 2-224 所示，绘制如图 2-225 所示的二维草图。

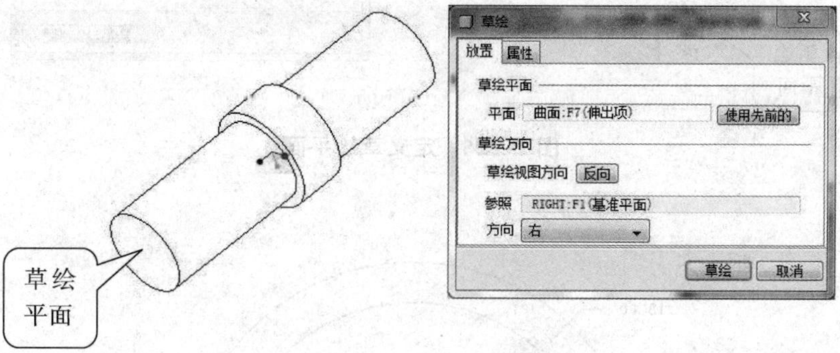

图 2-224　定义草绘平面

- 在工具栏内单击按钮，完成草图的绘制。

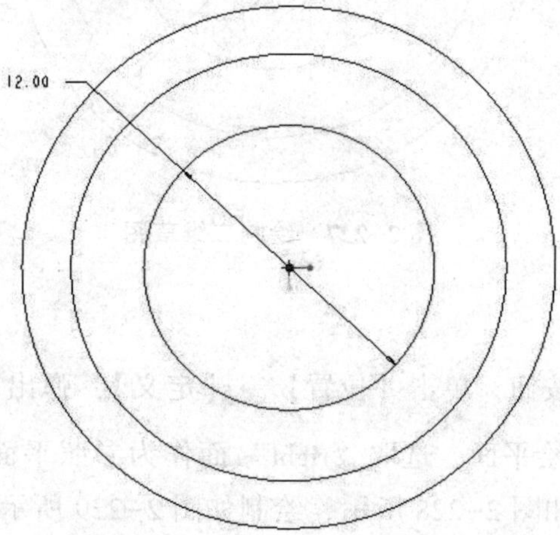

图 2-225　绘制二维草图

- 拉伸草绘至深度 32。

- 在工具栏单击按钮，单击【位置】→【定义】，弹出【草绘】定义对话框，选择“曲面：f8”面作为草绘平面，选取“right”面作为参照平面，参照方向“右”，单击【草绘】进入草绘环境，如图 2-226 所示，绘制如图 2-227 所示的二维草图。

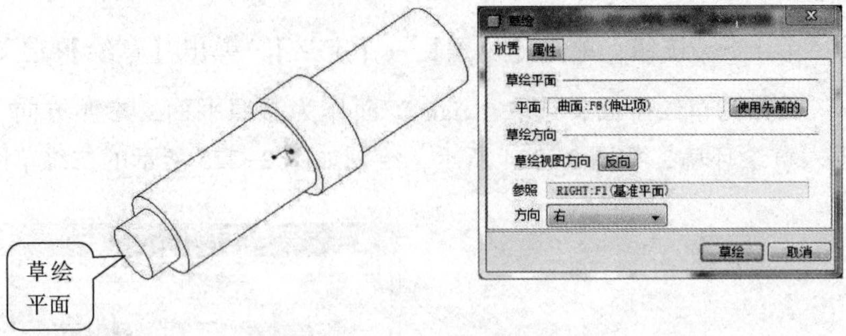

图 2-226　定义草绘平面

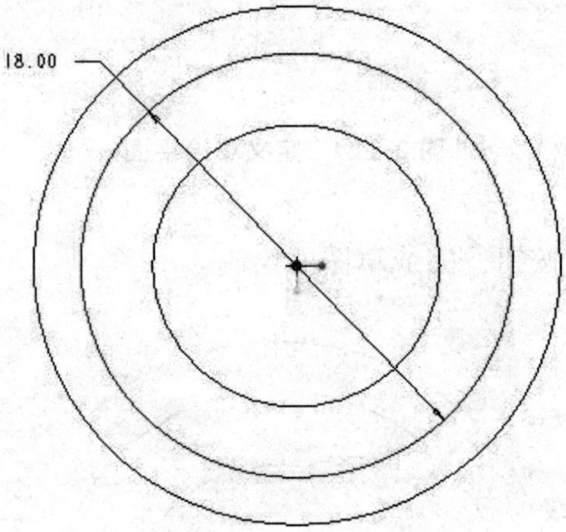

图 2-227　绘制二维草图

• 拉伸草绘至深度 96。

• 在工具栏单击按钮，单击【位置】→【定义】，弹出【草绘】定义对话框；选择“曲面：f9”面作为草绘平面，选取“right”面作为参照平面，参照方向“顶”，单击【草绘】进入草绘环境，如图 2-228 所示，绘制如图 2-229 所示的二维草图。

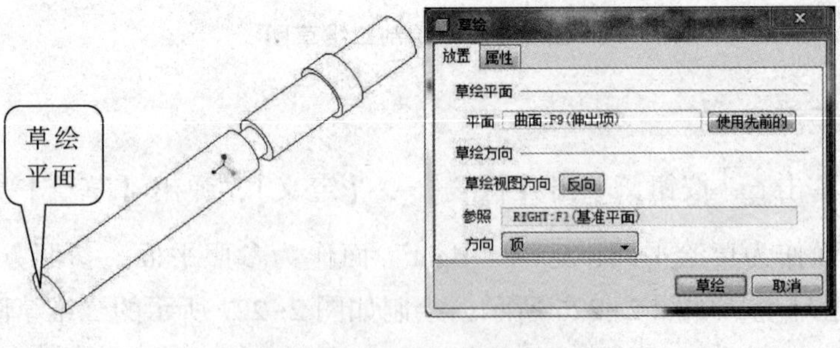

图 2-228　定义草绘平面

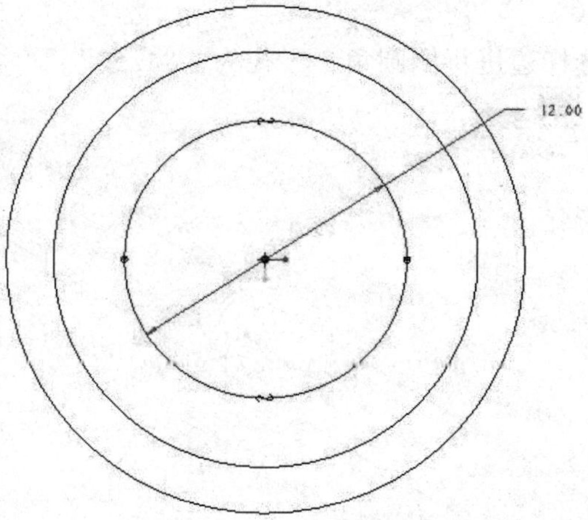

图 2-229　绘制二维草图

- 拉伸草绘至深度 96。
- 在工具栏单击按钮，单击【位置】→【定义】，弹出【草绘】定义对话框，选择“曲面：f10”面作为草绘平面，选取“right”面作为参照平面，参照方向“右”，单击【草绘】进入草绘环境，如图 2-230 所示，绘制如图 2-231 所示的二维草图。

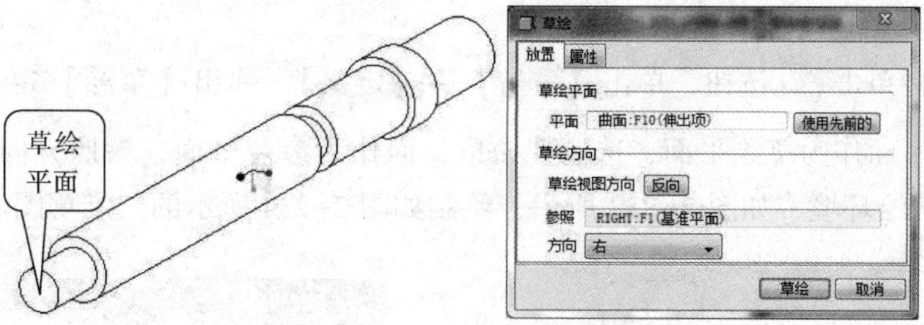

图 2-230　定义草绘平面

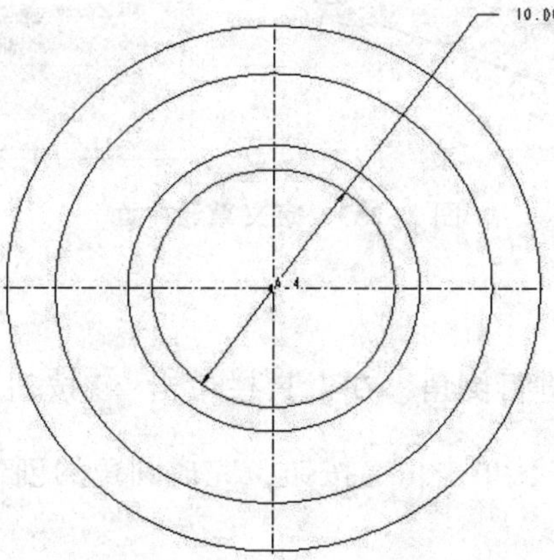

图 2-231　绘制二维草图

●拉伸草绘至深度 16。

●按图 2-232 所示选择边进行倒圆角，半径为："1. 50"。

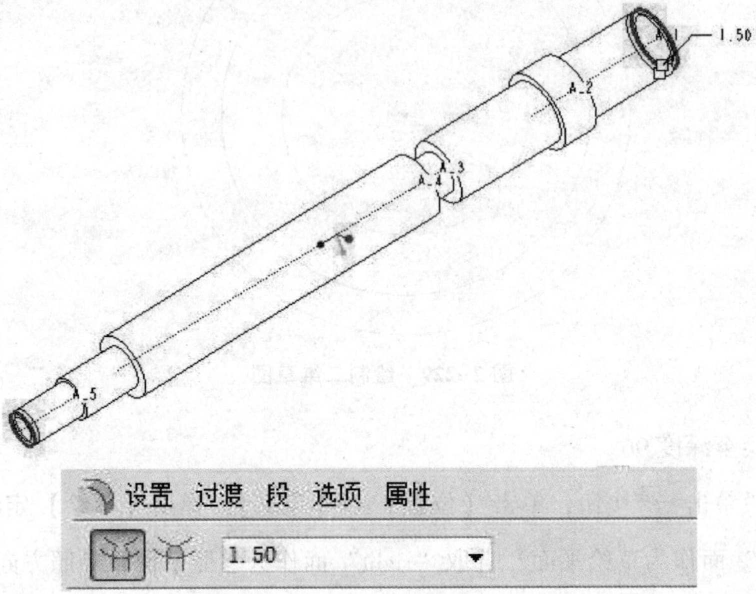

图 2-232　倒圆角

●在工具栏单击按钮，单击【位置】→【定义】，弹出【草绘】定义对话框，选择"曲面：f5"面作为草绘平面，选取"right"面作为参照平面，参照方向"左"，单击【草绘】进入草绘环境，如图 2-233 所示，绘制如图 2-234 所示的二维草图。

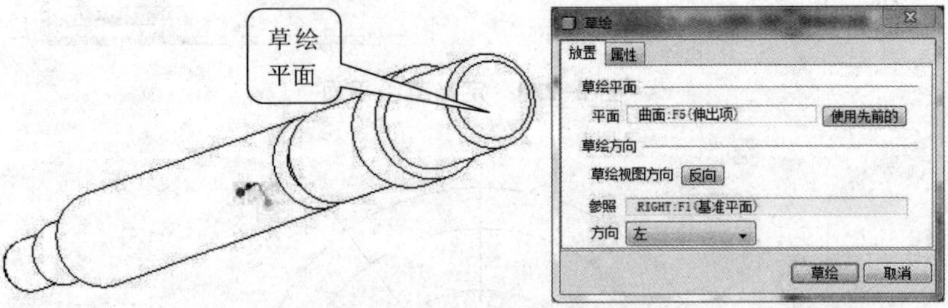

图 2-233　定义草绘平面

●拉伸草绘至深度 22。

●按图 2-235 所示对边进行倒角，在工具栏单击按钮，【倒角】定义操控面板内选择"D×D"输入值"3. 00"，单击按钮，完成圆角的创建。

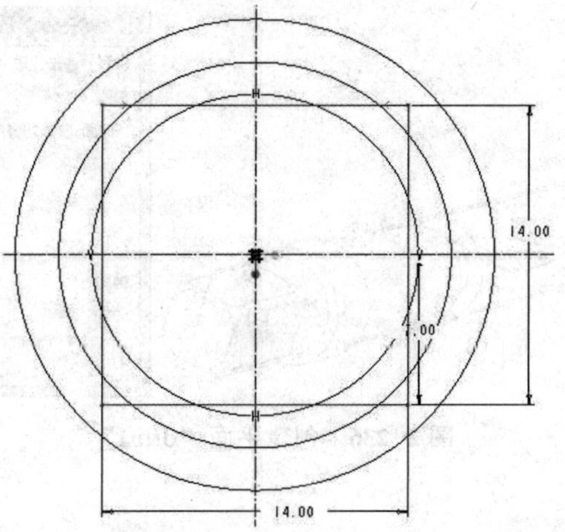

图 2-234　绘制二维草图

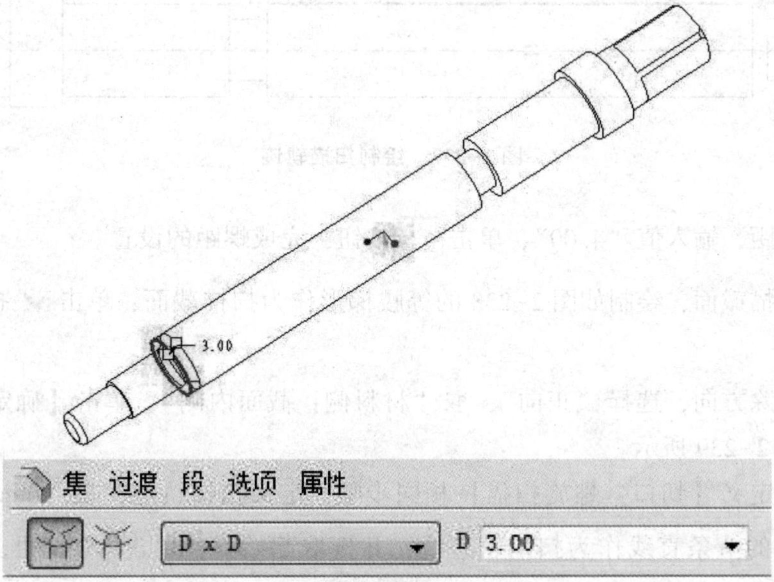

图 2-235　倒角

• 同前面定义【切口：螺旋扫描】相同步骤，在工具栏单击 按钮，选取拉伸得到的平面如图 2-236 所示，偏移距离输入“7.00”，单击【确定】，完成“dtm1”创建。

• 定义扫描轨迹，在“dtm1”中绘制如图 2-237 所示的一条直线作为扫描轨迹线，并选取起始点，单击 按钮，完成轨迹的绘制。

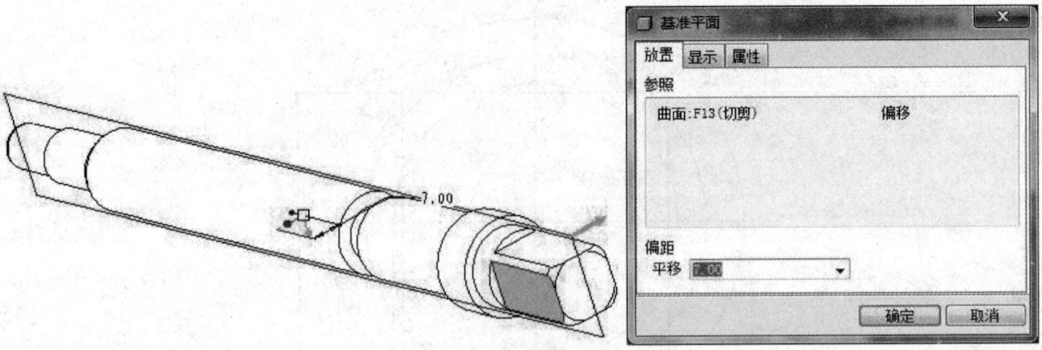

图 2-236　创建平面“dtm1”

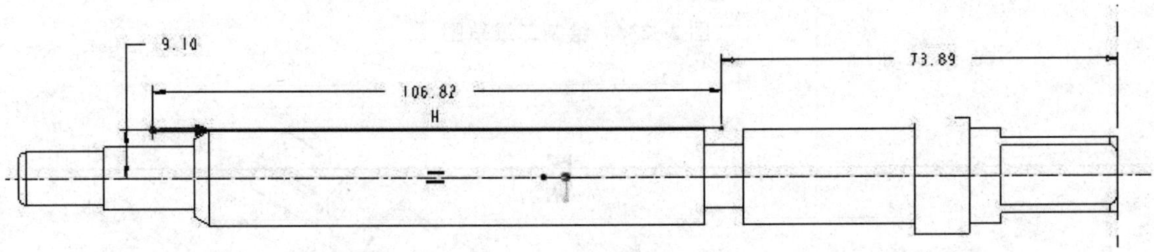

图 2-237　绘制扫描轨迹

• 定义螺距，输入值“4.00”，单击按钮，完成螺距的设置。

• 定义扫描截面，绘制如图 2-238 的等腰梯形作为扫描截面，单击按钮，完成轨迹的绘制。

• 定义切除方向，选择“正向”，取“材料侧：截面内侧”，单击【确定】完成螺纹的创建，如图 2-239 所示。

• 同前面定义【切口：螺旋扫描】相同步骤，定义扫描轨迹，在“dtm1”中绘制如图 2-240 所示的一条直线作为扫描轨迹线，并选取起始点，单击按钮，完成轨迹的绘制。

• 定义螺距，输入值“1.50”，单击按钮，完成螺距的设置。

• 定义扫描截面，绘制如图 2-241 所示的等边三角形作为扫描截面，单击按钮，完成轨迹的绘制。

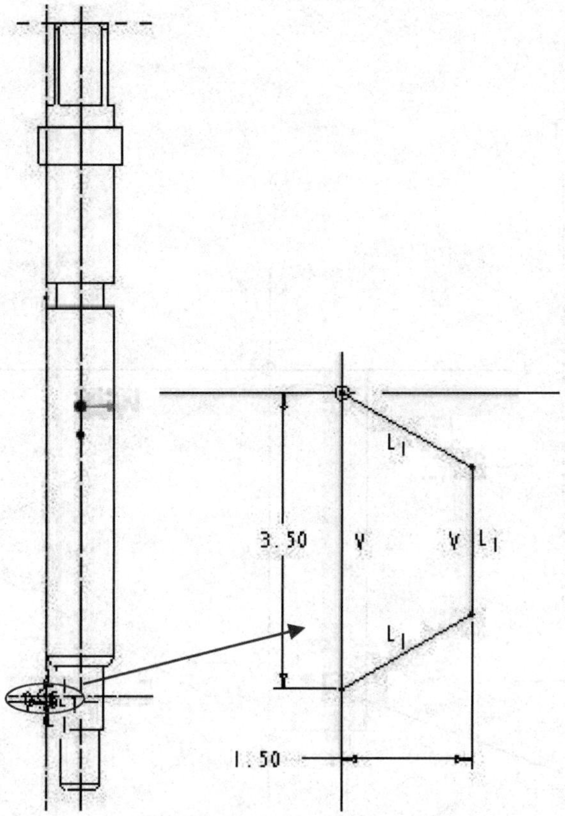

图 2-238　绘制截面草图

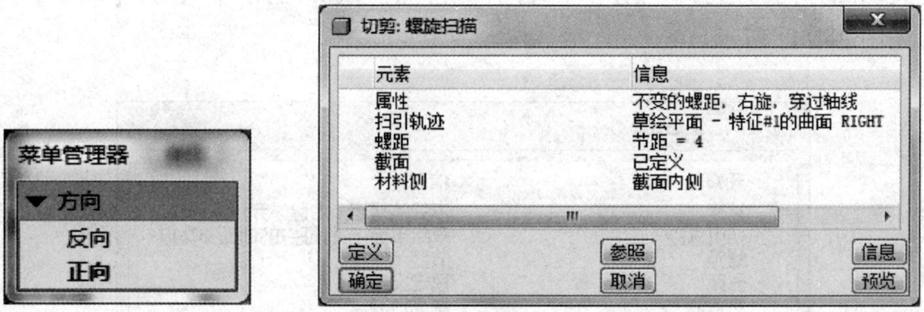

图 2-239　定义切除方向

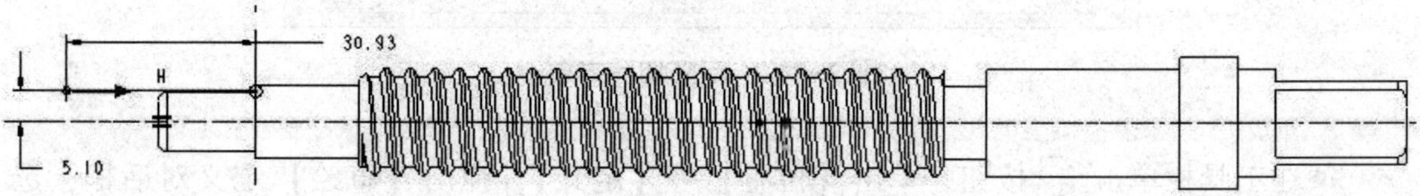

图 2-240　绘制扫描轨迹

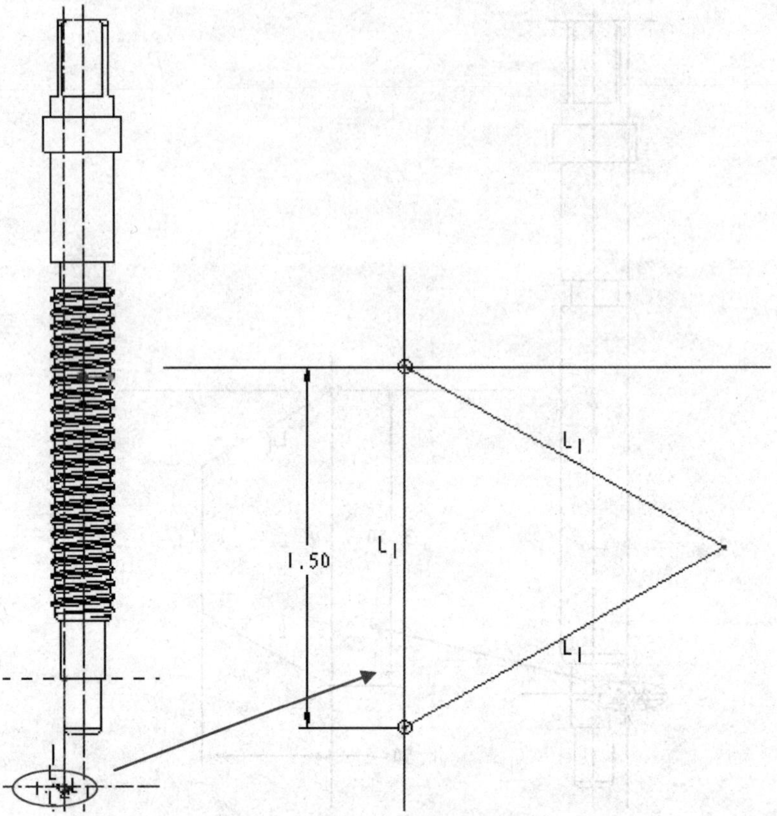

图 2-241　绘制截面草图

• 定义切除方向，选择“正向”，取“材料侧：截面内侧”，单击【确定】完成螺纹的创建，如图 2-242 所示。

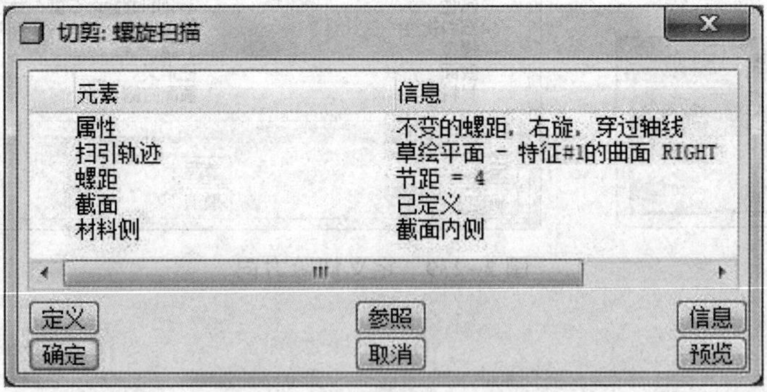

图 2-242　定义切除方向

• 在工具栏单击按钮，单击【位置】→【定义】，弹出【草绘】定义对话框，选择“dtm1”面作为草绘平面，选取“right”面作为参照平面，参照方向“右”，单击【草绘】进入草绘环境，绘制如图 2-243 所示的二维草图。

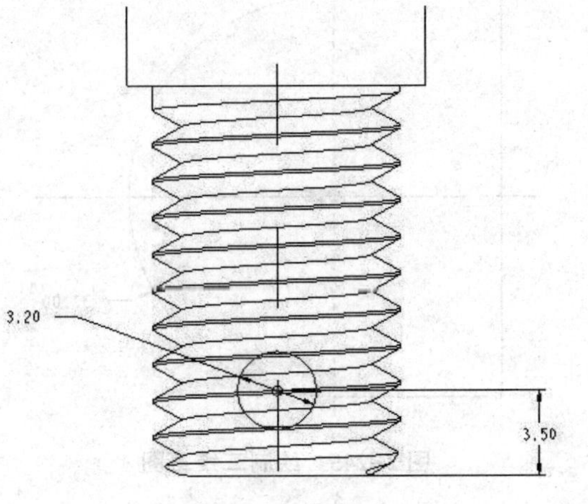

图 2-243　绘制二维草图

• 在【拉伸】操作面板中，单击按钮，然后单击去除材料按钮，再单击按钮，完成特征的创建。

最后得到螺杆的模型如图 2-244 所示。

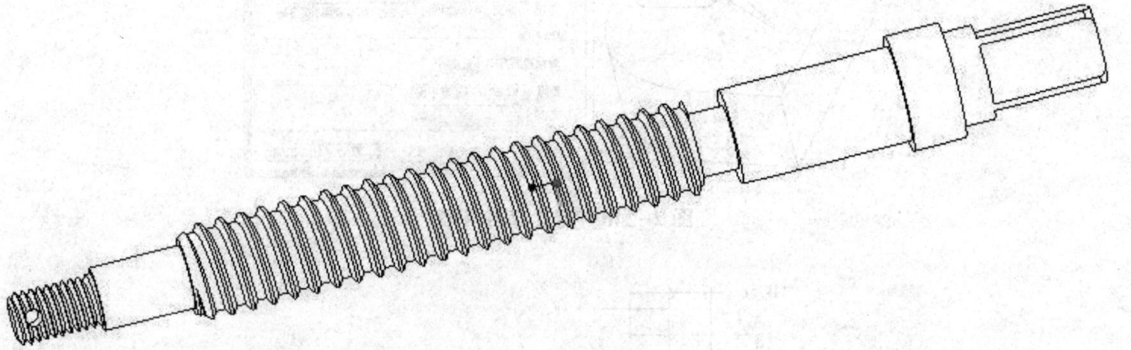

图 2-244　螺杆模型

4. 活动钳身建模

• 选择“top”面作为草绘平面，选取“right”面作为参照平面，参照方向“右”，单击【草绘】进入草绘环境，绘制如图 2-245 所示的二维草图。

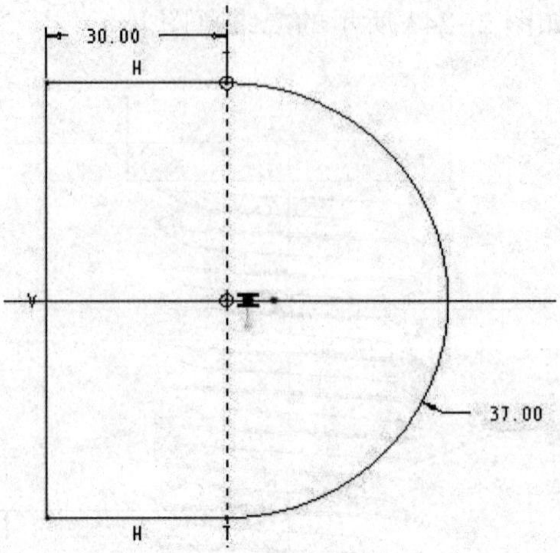

图 2-245　绘制二维草图

• 拉伸草绘至深度 28。

• 在工具栏单击 按钮，单击【位置】→【定义】，弹出【草绘】定义对话框，选择“曲面：f5”面作为草绘平面，选取“right”面作为参照平面，参照方向“右”，单击【草绘】进入草绘环境，如图 2-246 所示，绘制如图 2-247 所示的二维草图。

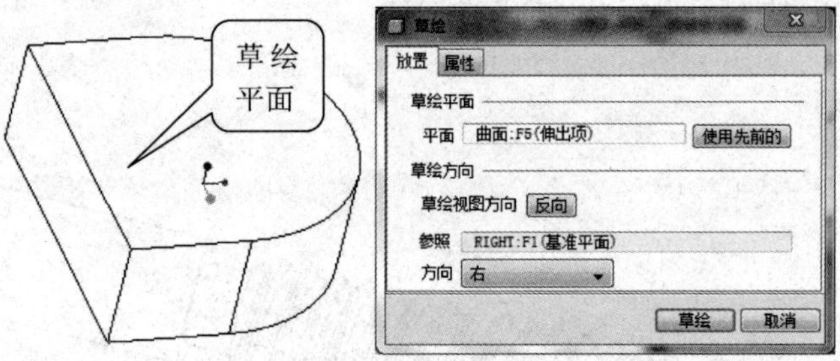

图 2-246　定义草绘平面

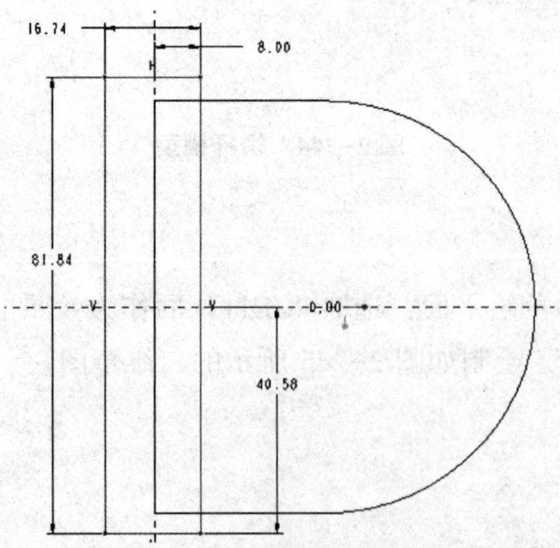

图 2-247　绘制二维草图

• 在【拉伸】操作面板中，在“拉伸到指定深度值”输入“22.00”，单击按钮，如图 2-248 所示，然后单击按钮，完成特征的创建。

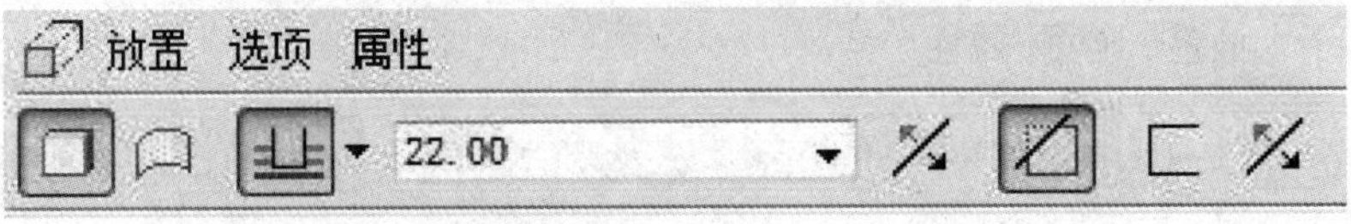

图 2-248　【拉伸】定义对话框

• 在工具栏单击按钮，单击【位置】→【定义】，弹出【草绘】定义对话框，选择“曲面：f5”面作为草绘平面，选取“right”面作为参照平面，参照方向“右”，单击【草绘】进入草绘环境，如图 2-249 所示，绘制如图 2-250 所示的二维草图。

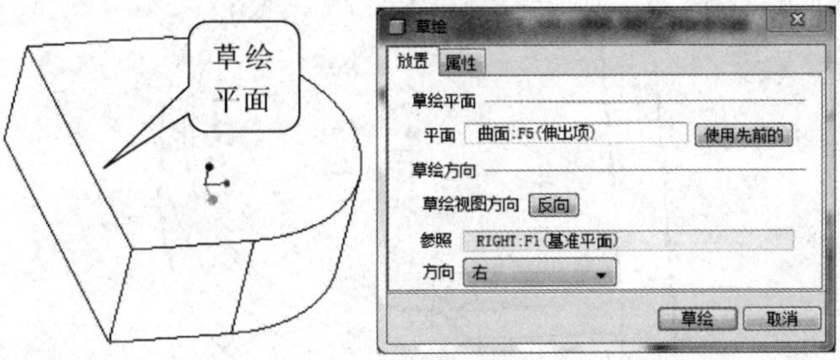

图 2-249　定义草绘平面

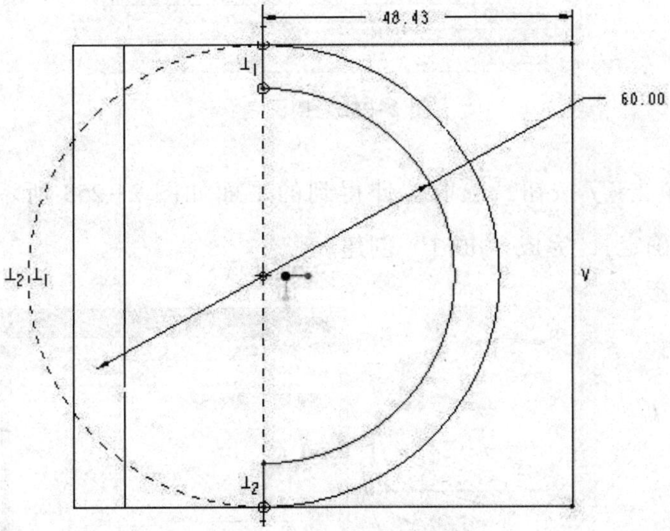

图 2-250　绘制二维草图

• 在【拉伸】定义对话框中，在【拉伸到指定深度值】输入“10.00”，单击按钮，如图 2-251 所示，然后单击按钮，完成特征的创建。

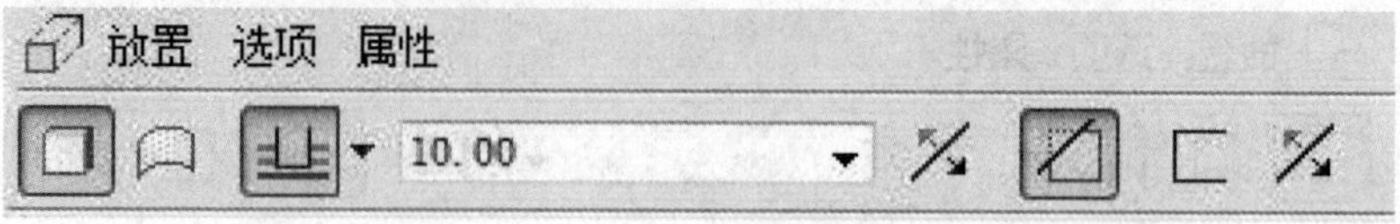

图 2-251 【拉伸】定义对话框

• 按图 2-252 所示对边倒圆角，半径为“3.00”。

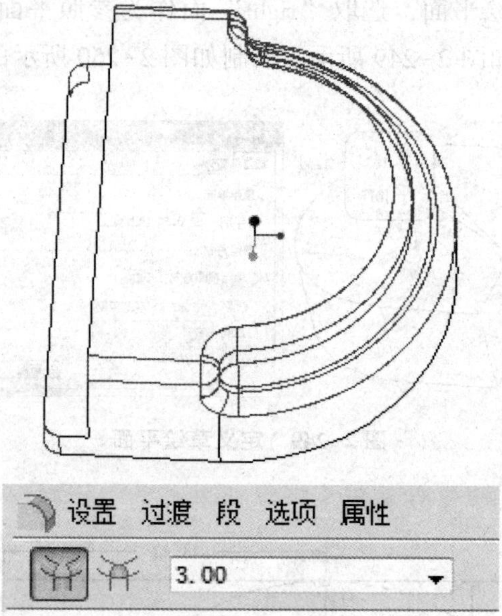

图 2-252 倒圆角

• 在工具栏单击按钮，选取拉伸得到的平面如图 2-253 所示，偏移距离输入“37.00”，单击【确定】，完成“dtm1”创建。

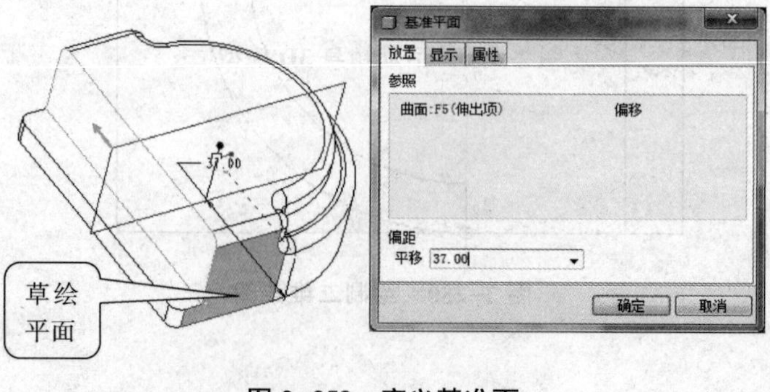

图 2-253 定义基准面

• 绘制如图 2-254 所示的二维草图，一定要绘制中心线，在工具栏内单击 按钮，完成草图的绘制。

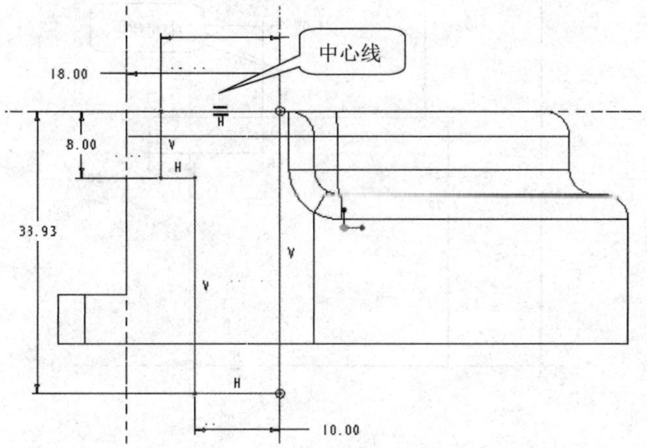

图 2-254　绘制二维草图

• 在操作面板中，单击 按钮，输入角度值“360”，然后单击去除材料 按钮，再单击 按钮，完成特征的创建。

最后的活动钳身 3D 模型如图 2-255 所示。

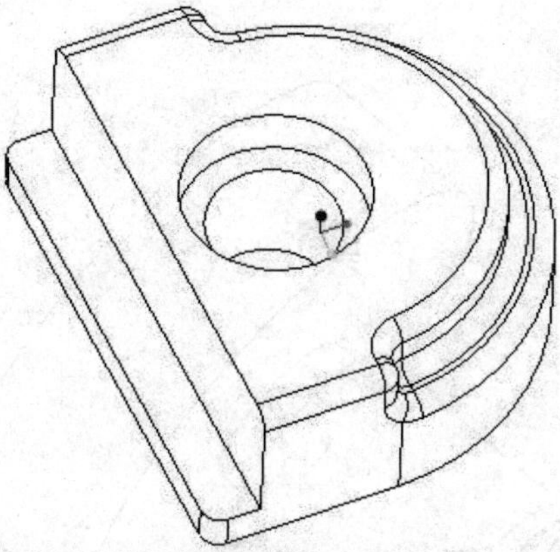

图 2-255　活动钳身 3D 模型

5. 螺钉建模

• 选择“top”面作为草绘平面，选取“right”面作为参照平面，参照方向“右”，单击【草绘】进入草绘环境，绘制如图 2-256 所示的二维草图，一定要绘制中心线，在工具栏内单击 按钮，完成草图的绘制。

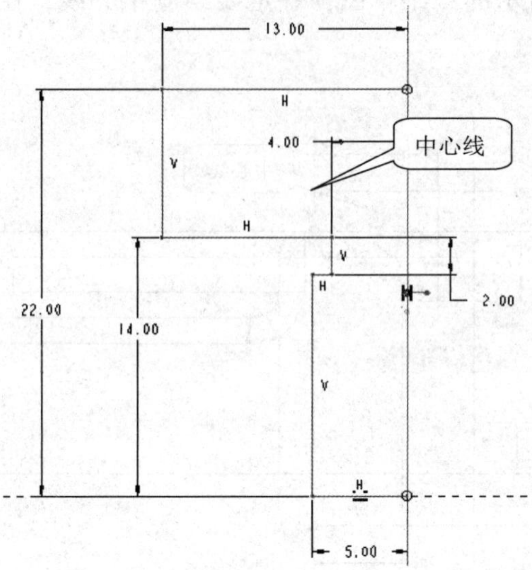

图 2-256　绘制二维草图

• 在操作面板中，单击 按钮，输入角度值“360”，再单击 按钮，完成特征的创建。

• 按图 2-257 所示进行边倒角，面板内选择“45×D”输入值“1.00”，单击 按钮，完成圆角的创建。

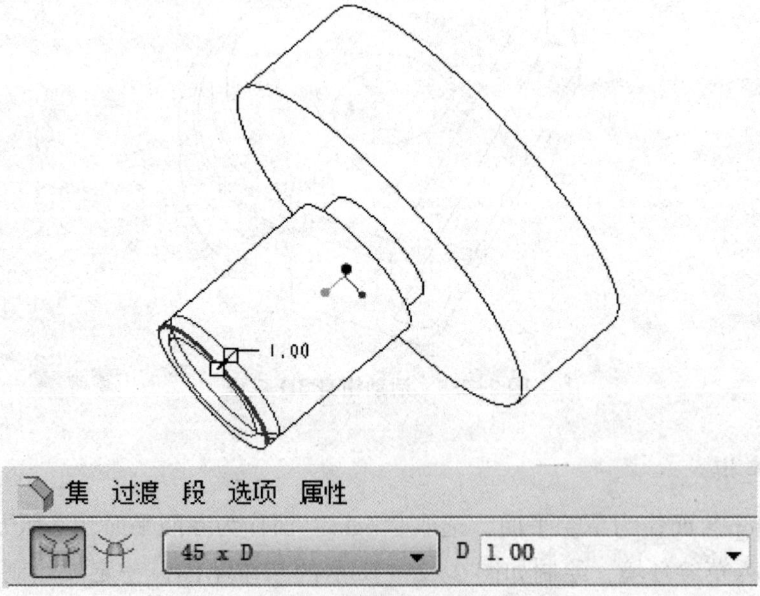

图 2-257　倒角

● 按图 2-258 所示进行边倒角，面板内选择“45×D”输入值“1. 50”，单击 ✔ 按钮，完成圆角的创建。

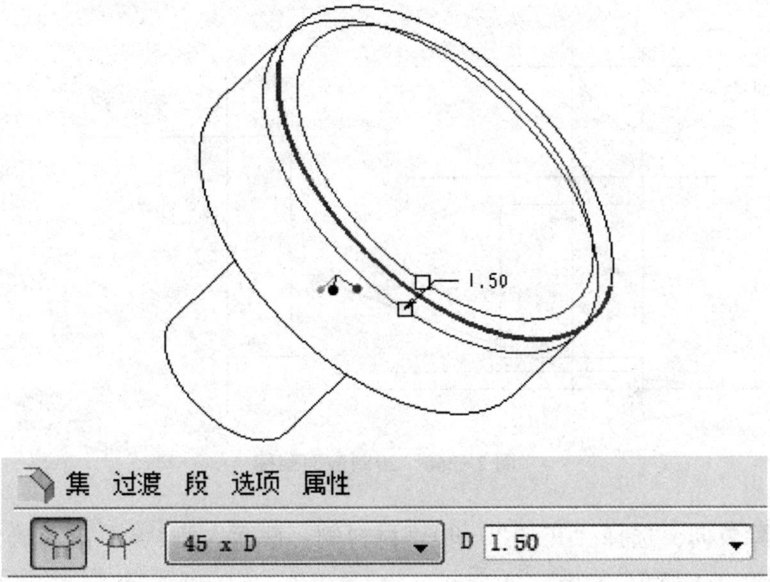

图 2-258　倒角

● 同前面定义【切口：螺旋扫描】的步骤，定义扫描轨迹，在“top”中绘制如图 2-259 所示的一条直线作为扫描轨迹线，并选取起始点，单击 ✔ 按钮，完成轨迹的绘制。

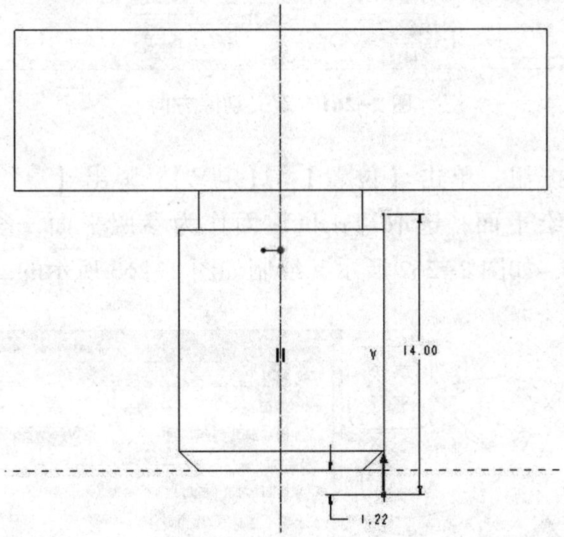

图 2-259　绘制扫描轨迹

• 定义螺距，输入值“1.00”，单击按钮，完成螺距的设置。

• 定义扫描截面，绘制如图 2-260 所示的梯形为扫描截面，单击按钮，完成轨迹的绘制。

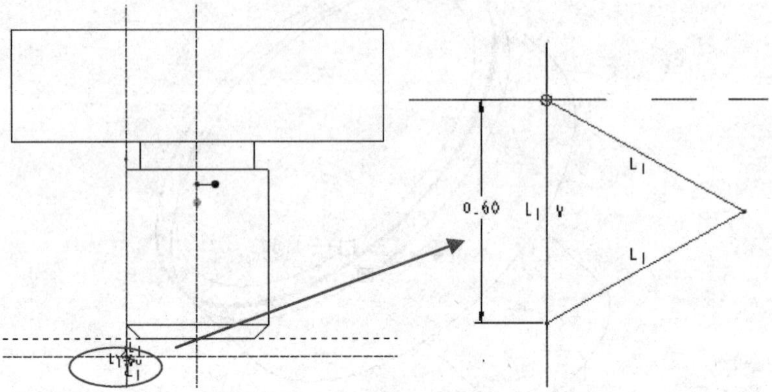

图 2-260　绘制截面草图

• 定义切除方向，选择“正向”，取“材料侧：截面内侧”，单击【确定】完成螺纹的创建，如图 2-261 所示。

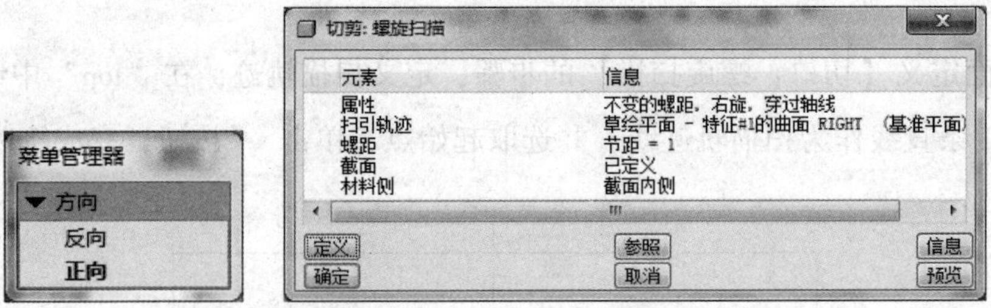

图 2-261　定义切除方向

• 在工具栏单击按钮，单击【位置】【定义】，弹出【草绘】定义对话框，选择“曲面：f5”面作为草绘平面，选取“right”面作为参照平面，参照方向“右”，单击【草绘】进入草绘环境，如图 2-262 所示，绘制如图 2-263 所示的二维草图。

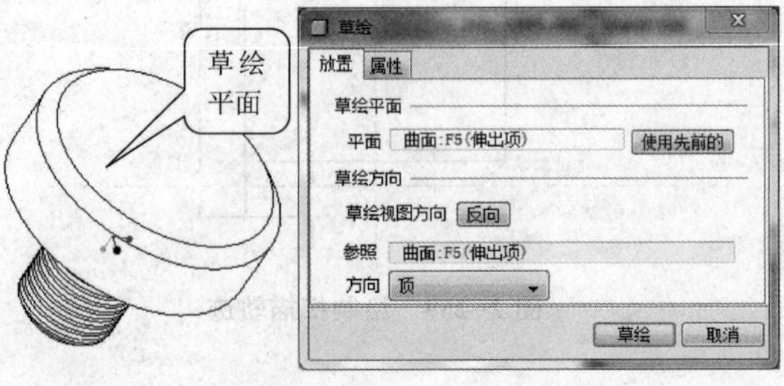

图 2-262　定义草绘平面

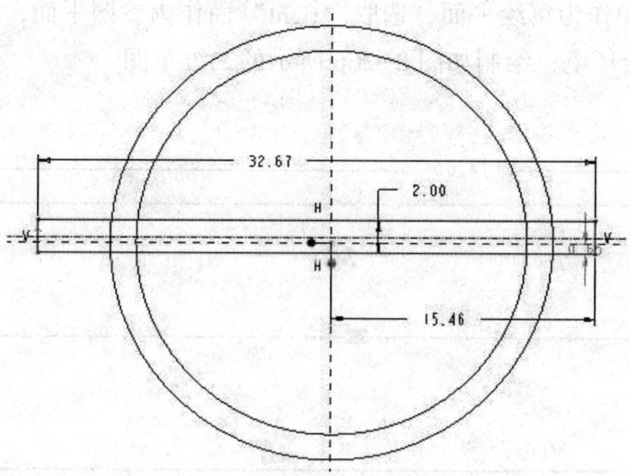

图 2-263　绘制二维草图

• 在操作面板中，在“拉伸到指定深度值”输入“3.00”，单击按钮，如图2-264所示，然后单击按钮，完成特征的创建。

图 2-264　【拉伸】定义对话框

最后的螺钉模型如图 2-265 所示。

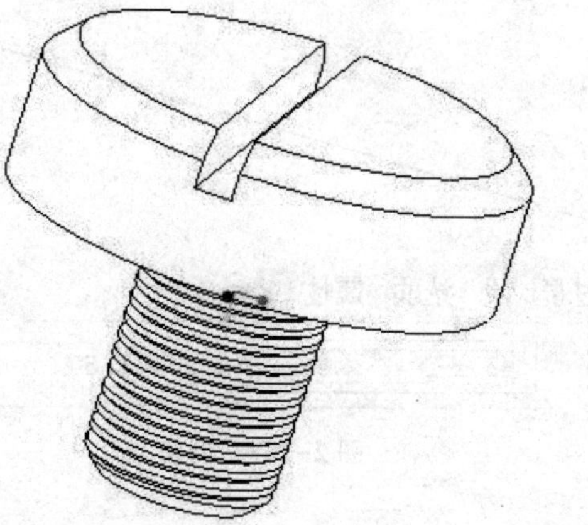

图 2-265　螺钉模型

6. 虎口板建模

• 选择“top”面作为草绘平面，选取“right”面作为参照平面，参照方向“右”，单击【草绘】进入草绘环境，绘制如图 2-266 所示的二维草图。

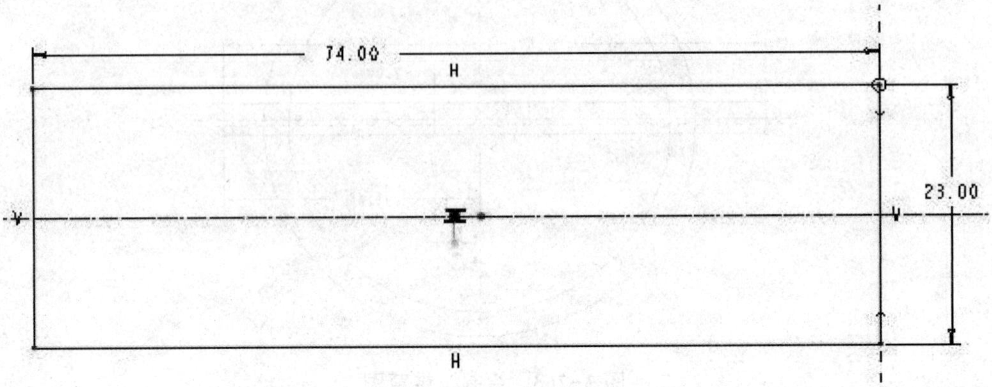

图 2-266　绘制二维草图

• 拉伸草绘至深度 10。

• 按图 2-267 所示进行边倒角，在面板内选择“45×D”输入值“1.00”，单击 按钮，完成圆角的创建。

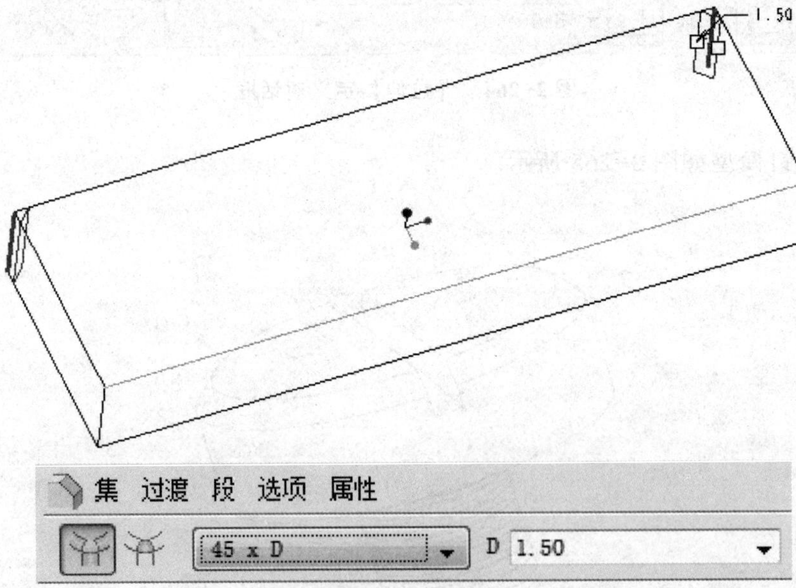

图 2-267　倒角

• 同前面定义【切口：螺旋扫描】相同步骤，定义扫描轨迹，以图 2-268 中上表面作为草绘平面绘制草绘轨迹，在工具栏内单击按钮，完成轨迹的绘制。

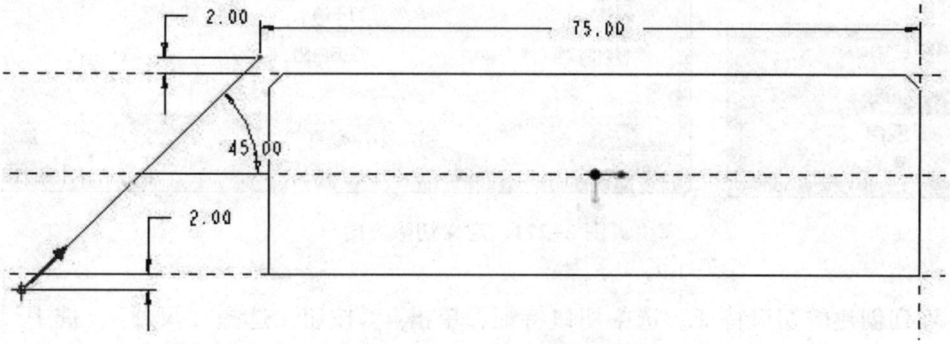

图 2-268　扫描轨迹

• 定义“属性”。选择“自由端点”，如图 2-269 所示，单击【完成】。

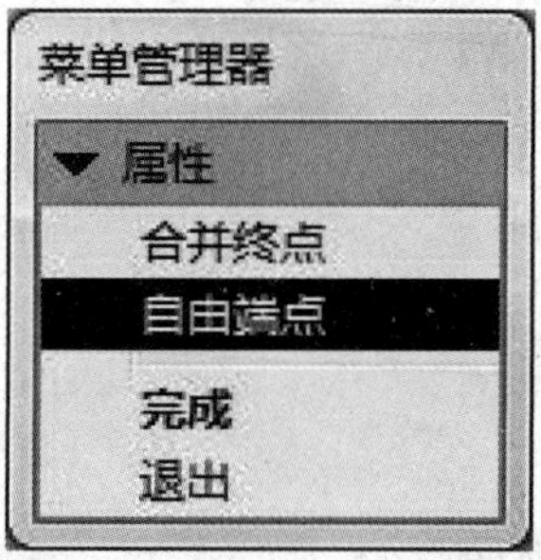

图 2-269　定义“属性”

• 定义扫描截面。绘制如图 2-270 的等边三角形作为扫描截面，单击按钮，完成轨迹的绘制。

图 2-270　绘制扫描截面

• 定义切除方向。选择“正向”，取“材料侧：截面内侧”，单击【确定】，如图 2-271所示。

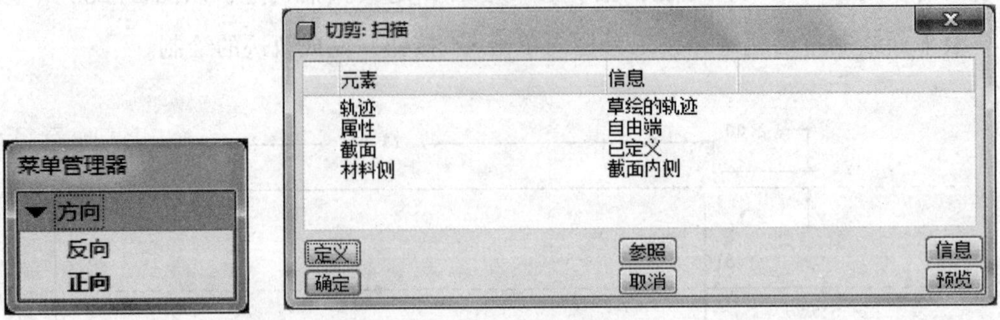

图 2-271　定义切除方向

● 阵列创建的切口特征。选中切口特征，单击按钮，选择“尺寸”，选中尺寸 75，输入阵列数目“25”，单击按钮，如图 2-272 所示。

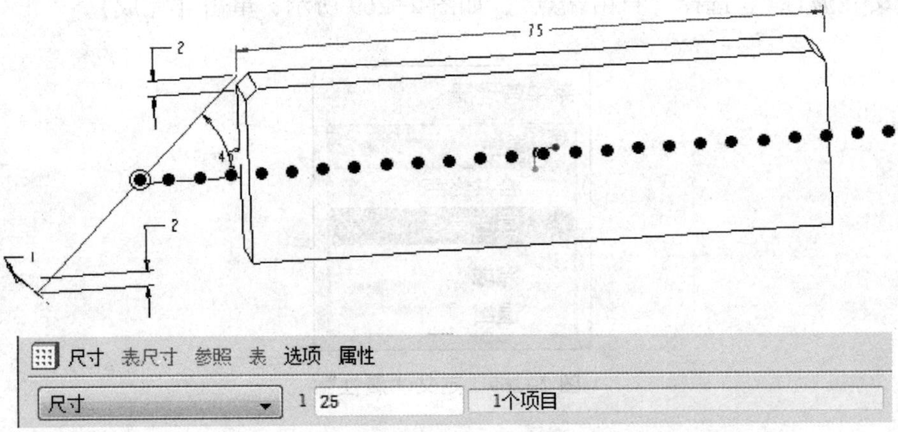

图 2-272　阵列特征

● 在主菜单内单击【插入】→【扫描】→【切口】，弹出【切剪：扫描】定义操控面板，在面板内单击【轨迹】→【定义】，以图 2-273 中上表面作为草绘平面绘制草绘轨迹。

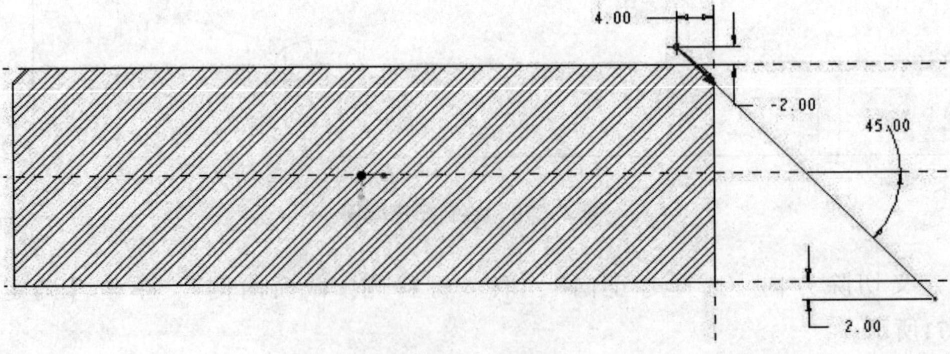

图 2-273　扫描轨迹

• 定义“属性”。选择“自由端点”。

• 定义扫描截面。绘制如图 2-274 所示的边长为 1 的等边三角形作为扫描截面，单击✔按钮，完成轨迹的绘制。

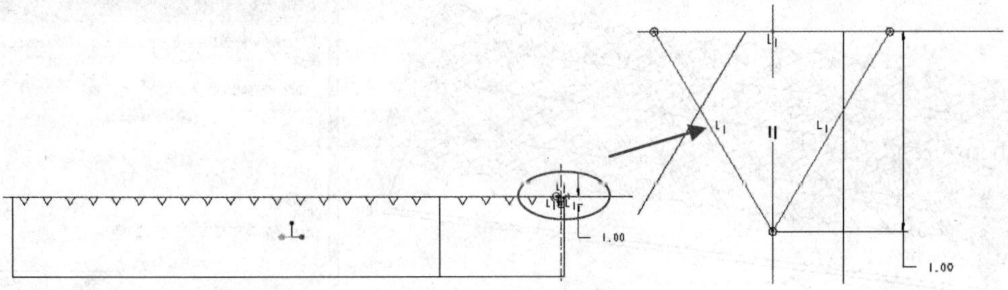

图 2-274　绘制扫描截面

• 定义切除方向。选择“正向”，取“材料侧：截面内侧”，单击【确定】，如图 2-275所示。

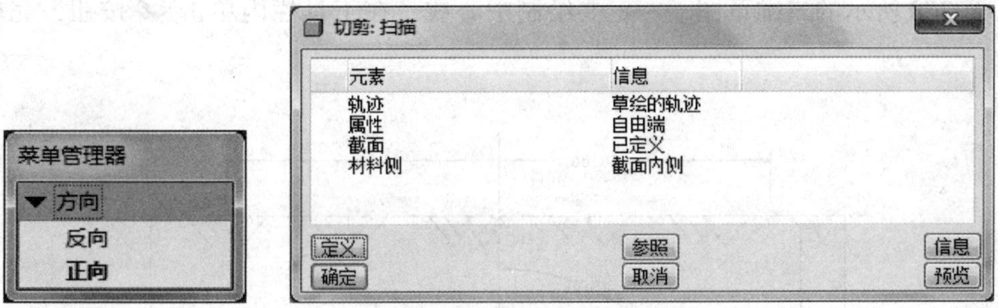

图 2-275　定义切除方向

• 阵列创建的切口特征。选中切口特征，单击阵列按钮，选择“尺寸”，选中尺寸“1”，输入阵列数目“25”，单击✔按钮，如图 2-276 所示。

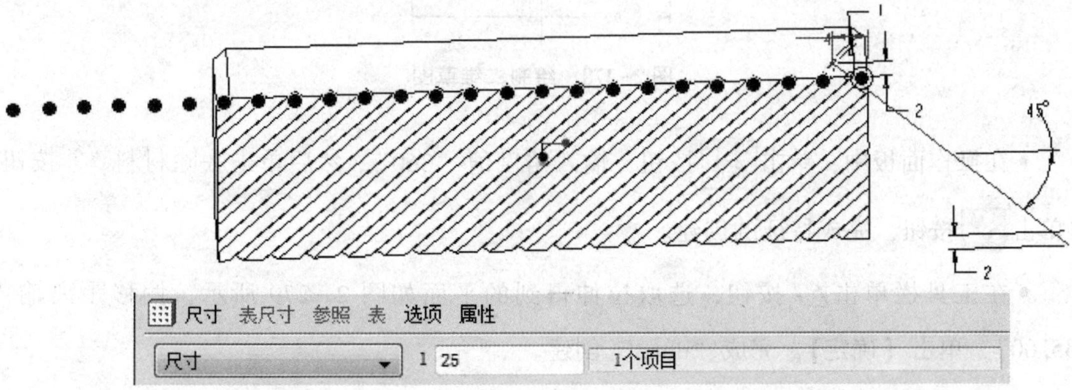

图 2-276　阵列特征

• 在工具栏单击按钮，选取拉伸得到的平面如图 2-277，偏移距离输入“20.00”，单击【确定】，完成“dtm1”创建。

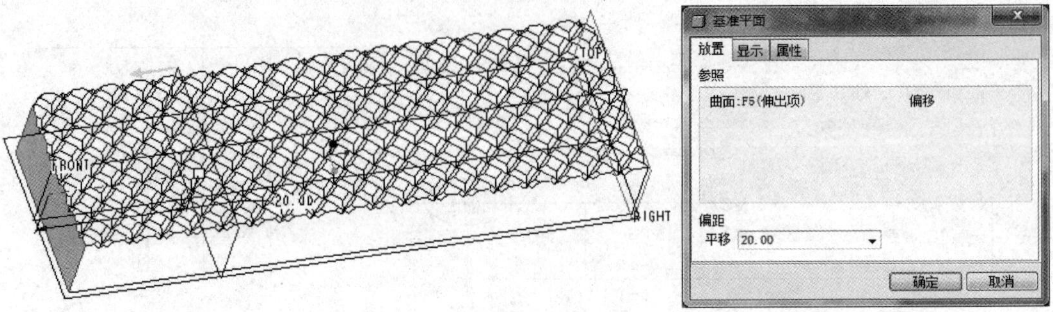

图 2-277　创建平面“dtm1”

• 在工具栏单击按钮，单击【位置】→【定义】，弹出【草绘】定义对话框，绘制如图 2-278 所示的二维草图，一定要绘制中心线，在工具栏内单击按钮，完成草图的绘制。

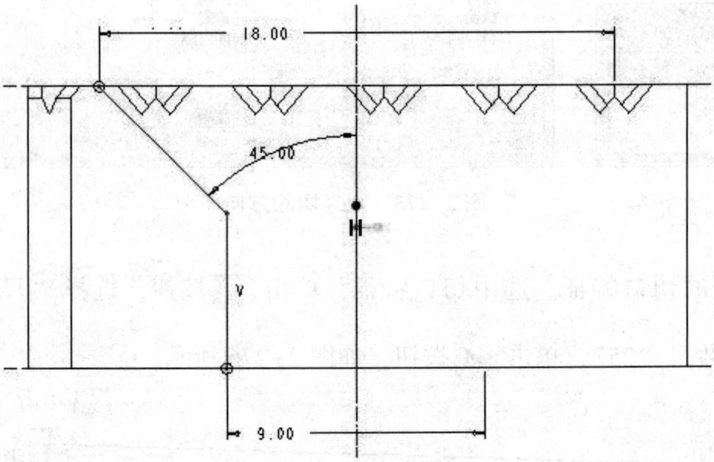

图 2-278　绘制二维草图

• 在操作面板中，单击按钮，输入角度值“360”，然后单击去除材料按钮，再单击按钮，完成特征的创建。

• 在工具栏单击按钮，选取拉伸得到的平面如图 2-279 所示，偏移距离输入“35.00”，单击【确定】，完成“dtm2”创建。

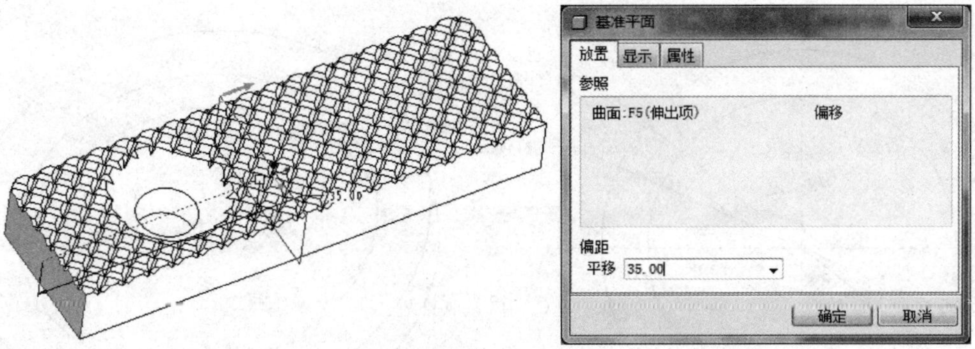

图 2-279　创建平面“dtm2”

● 镜像创建的特征。选中此特征，单击按钮，选择镜像平面“dtm2”，完成特征的创建。

最后的虎口板模型如图 2-280 所示。

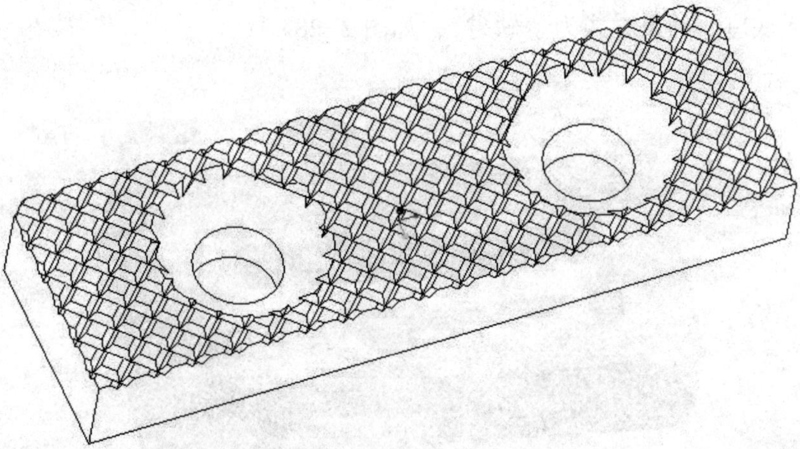

图 2-280　虎口板模型

7. 垫圈建模

● 选择“top”面作为草绘平面，选取“right”面作为参照平面，参照方向“右”，单击【草绘】进入草绘环境，绘制如图 2-281 所示的二维草图。

● 拉伸草绘至深度 3。

最后的垫圈模型如图 2-282 所示。

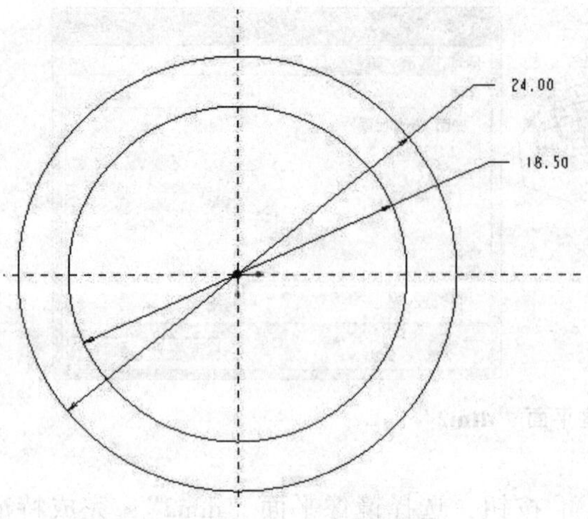

图 2-281　绘制二维草图

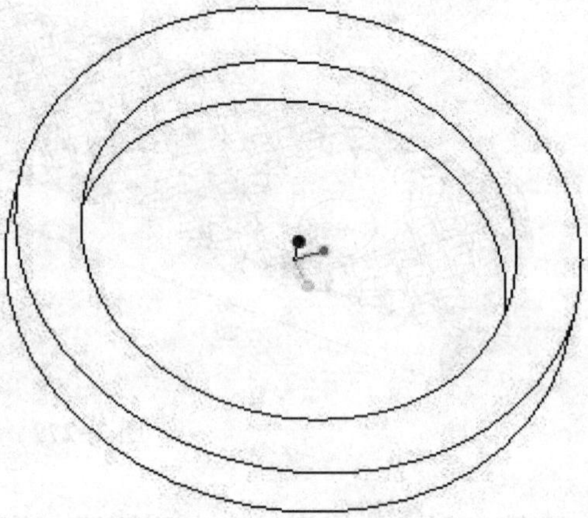

图 2-282　垫圈模型

8. 虎钳的装配

（1）插入底座，约束方式为“缺省”，如图 2-283 所示。

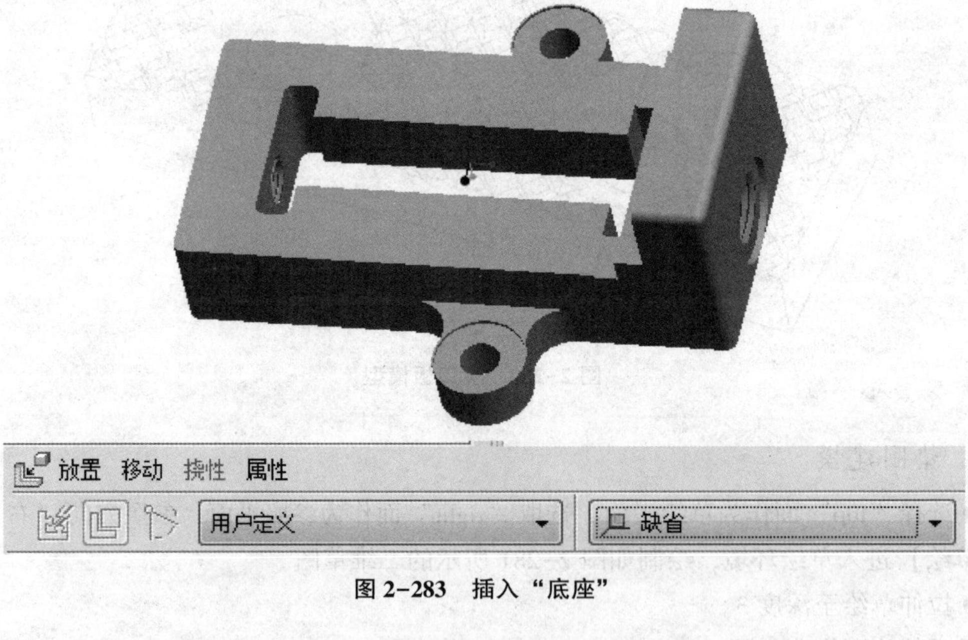

图 2-283　插入“底座”

（2）装配螺杆，约束方式为“对齐”和“匹配”，如图 2-284 所示。

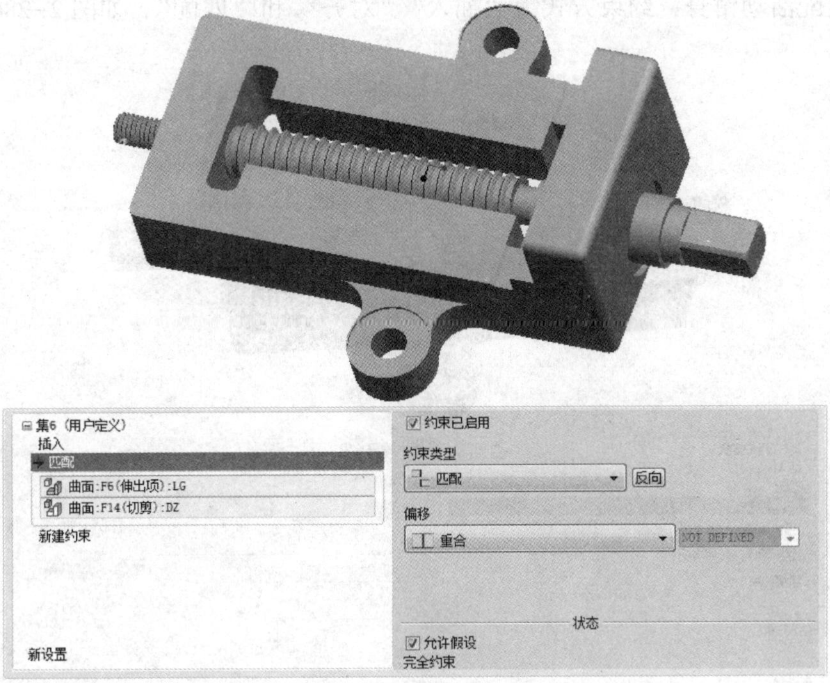

图 2-284　装配螺杆

（3）装配导螺母，约束方式为“对齐”和“匹配”，如图 2-285 所示。

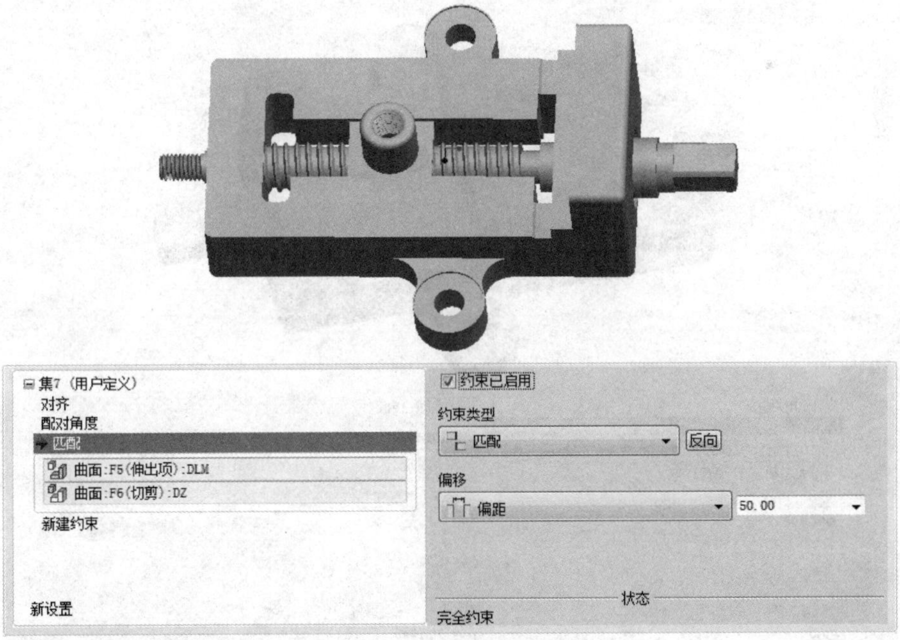

图 2-285　装配导螺母

（4）装配活动钳身，约束方式为“插入”“对齐”和“匹配”，如图 2-286 所示。

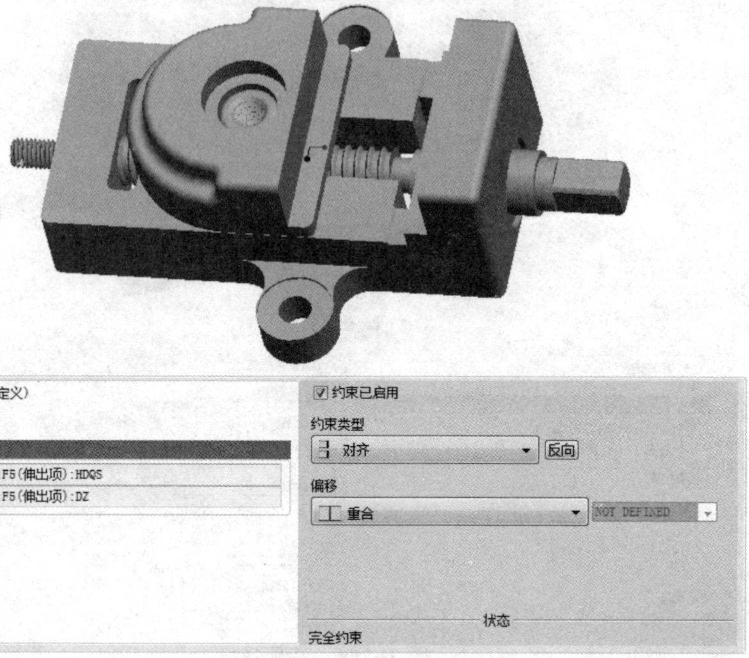

图 2-286　装配活动钳身

（5）装配垫圈，约束方式为“对齐” 和“匹配”，如图 2-287 所示。

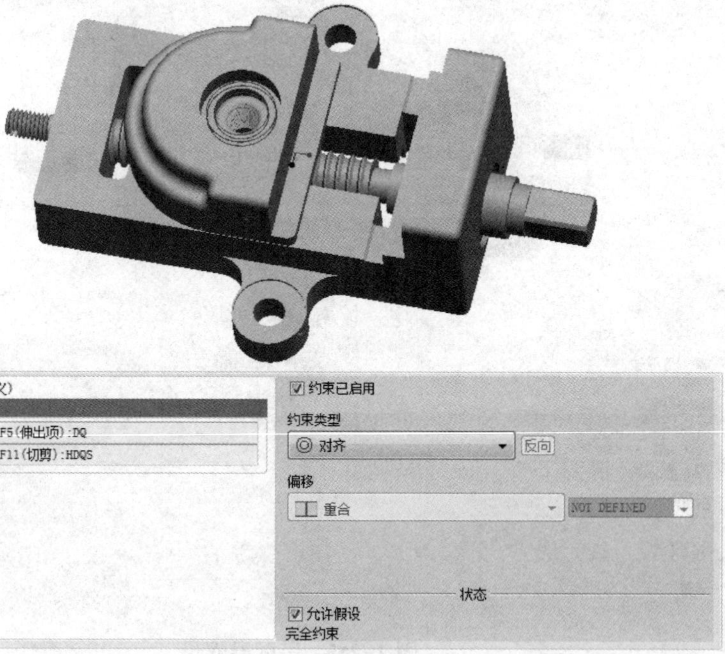

图 2-287　装配垫圈

（6）装配螺钉，约束方式为“对齐”和“匹配”，如图 2-288 所示。

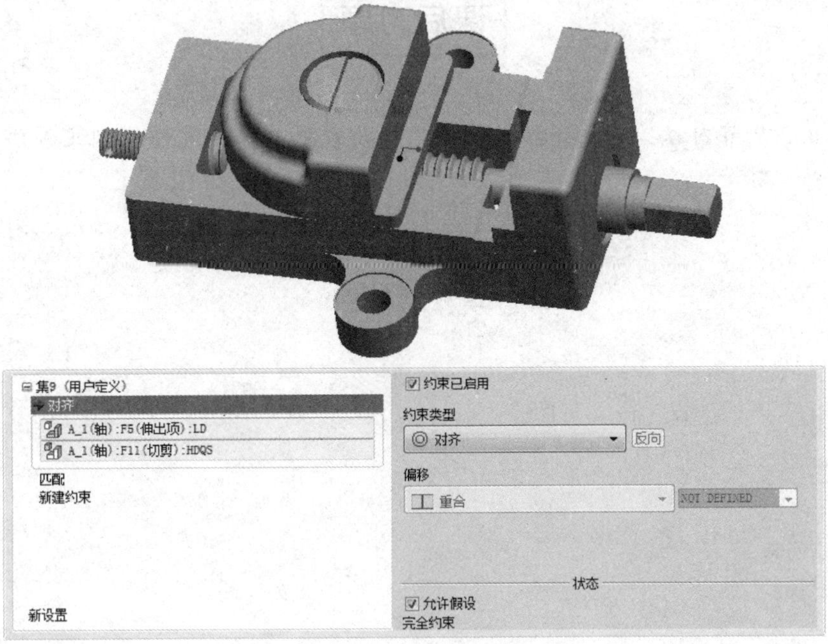

图 2-288　装配螺钉

（7）装配虎口板，约束方式为“对齐”和“匹配”，如图 2-289 所示。

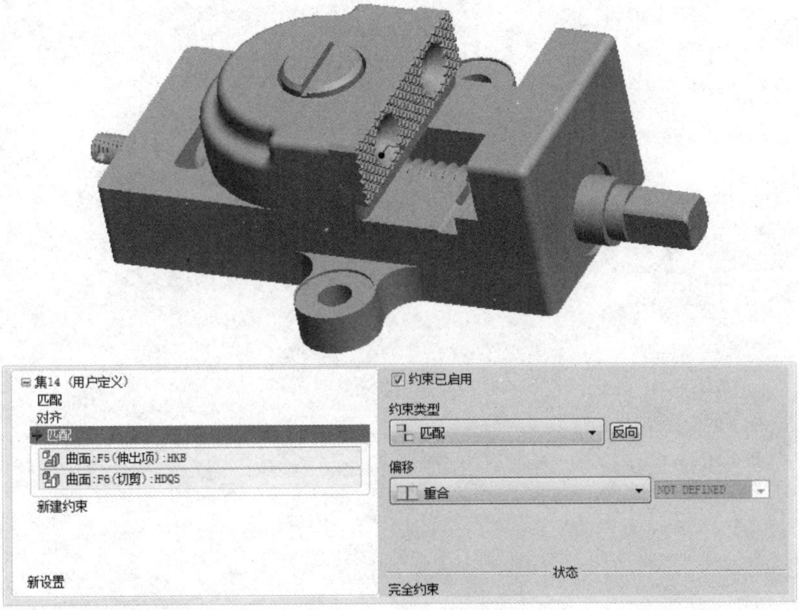

图 2-289　装配虎口板

课后习题

按本章 2.2.2 节内容，完成虎钳的零件建模与装配，保存零件模型文件供后续课程内容使用。

第 3 章　模型数据文件转换

3.1　3D 打印数据文件格式

3D 打印领域有着自己的行业标准文件格式，即 STL（Stereo Lithographic）格式。

STL 格式始于 20 世纪 80 年代，是由美国的 3D System 公司开发的，采用许多空间三角形小面片来逼近原 CAD 实体的数据模型。这种文件格式是将 CAD 模型表面离散化为三角形面片，近似地表示三维模型，如图 3-1 所示。这种小三角形面片的数量越多，就越能逼近原来的 CAD 模型。STL 格式的文件仅仅记录了模型表面的几何位置信息，没有任何表达几何体之间关系的拓扑信息。

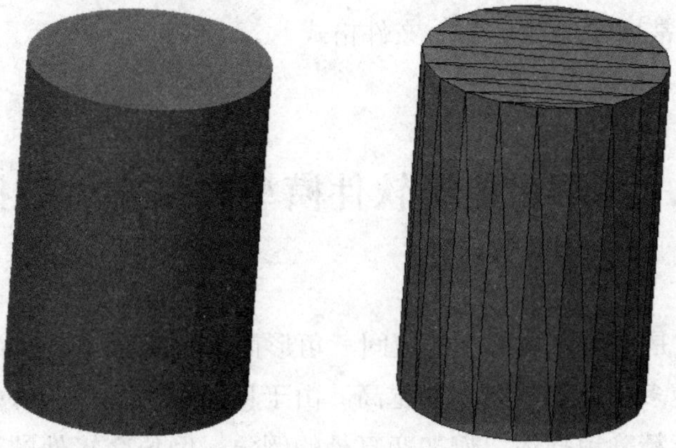

图 3-1　圆柱三维模型与三角形面片网格

STL 文件是由多个三角形面片组成的几何信息，其中每个三角形面片由 4 个数据项表示，即三角形的 3 个顶点坐标和三角形面片的外法线矢量，单个三角面片如图 3-2 所示。它所描述的是一种空间封闭的、有界的、正规的、唯一表达物体的模型，它包含点、线、面的几何信息。STL 格式文件具有简单清晰、易于理解、容易生成、易于分割、数据结构非常简单及与 CAD 系统无关等特点。

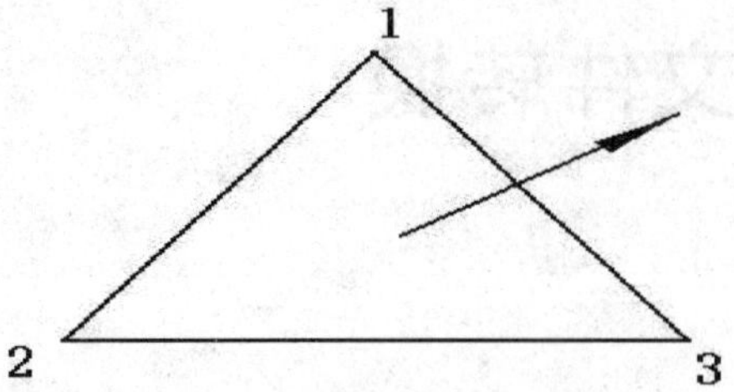

图 3-2　单个三角面片

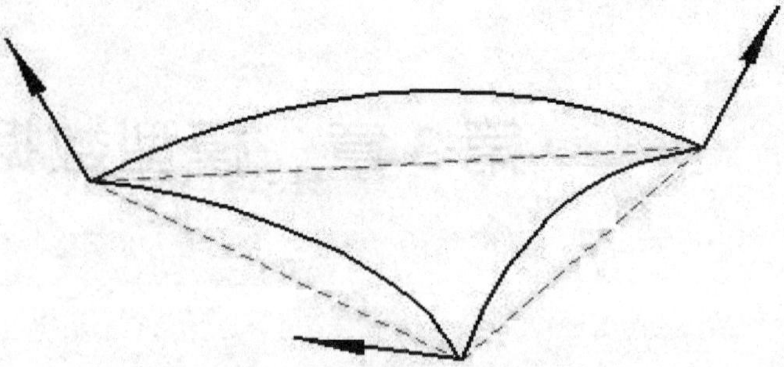

图 3-3　单个曲面三角形面片

由于早期的 3D 打印机只能处理很少的物理细节，STL 文件格式会删除一些设计细节，例如颜色信息和一些细微的设计差异。

但是，随着打印机精度的提高、彩色 3D 打印机的出现及广大用户对细节要求的增加，30 年前的 STL 格式的优势已经成为制约 3D 打印发展的因素之一。如今最好的 3D 打印机正在快速地接近 1μm 的打印分辨率。因此，2011 年 7 月，美国材料与实验学会（ASTM）发布了一种基于 XML（可扩展标记语言）的增材制造文件 AMF（Additive Manufacturing File）格式。AMF 格式可以处理不同类型的材料、颜色、曲面三角形以及复杂的内部中空结构，并且曲面三角形可以更准确、更简洁地描述曲面。单个曲面三角形如图 3-3 所示，但目前 3D 打印领域常用的仍然是 STL 文件格式。

3.2　常用建模软件模型数据文件转换

STL 模型的实质是采用许多细小的空间三角形面来逼近原来的 CAD 实体模型的表面，选取的三角形面片越多，逼近的精度就越高。由于目前有些造型软件的局限性，对于复杂的实体原型往往不能精确地描述，例如变直径的倒角、倒角交接处的形体信息等。在进行模型装换后，STL 文件格式不可避免地会带来误差。STL 模型的边界上有凹凸现象，并且在表面曲率变化较大的分界处，可能会出现锯齿状的小凹坑。此外，还会造成微小特征结构的遗漏，如窄缝、筋条和小的台阶等。图 3-4 说明了平面逼近曲面的情况。

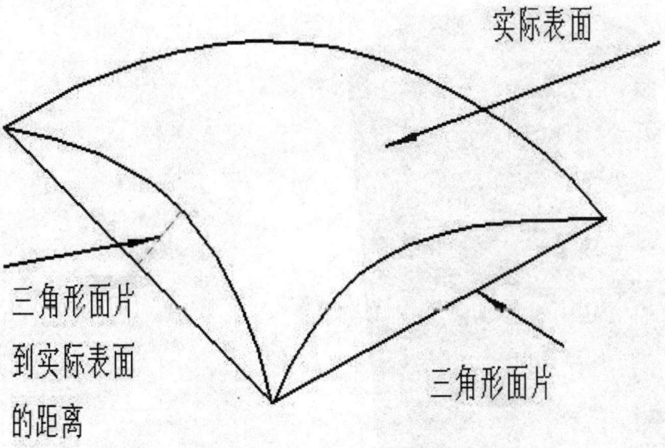

图 3-4　平面逼近曲面示意图

将 CAD 模型经三角形面片化后得到的 STL 格式模式对原实体模型的逼近程度称为 STL 模型的精度。

STL 格式目前已经成为快速原型技术领域最为常见的文件格式和事实上的接口标准，国内外大多数典型的 CAD 系统都能输出以 STL 表示的三维复杂实体模型，如 AutoCAD，Pro/ENGINEER，UG，SolidWorks 和 CAXA 电子图版等。本书主要介绍 Pro/ENGINEER，UG 和 SolidWorks 这 3 种最常见软件的转换参数的设定。

1. Pro/ENGINEER 模型数据文件转换

在 Pro/ENGINEER 中新建一个模型或者导入一个原先建好的模型，转换过程如下：【文件】→【另存为】→【保存副本】→【设置文件名】→选择文件类型为 STL（*.stl）→确定。在进行 STL 转换设置后，跳出如图 3-5 所示的导出 STL 参数框。

参数框主要包括 STL 格式选择（默认为二进制）、三角形面片参数设置、文件名。其中，三角形面片参数设置将直接决定 STL 文件的拟合精度，从而决定快速成型的零件精度。

由图 3-5 可知，在 Pro/ENGINEER 中可以通过弦高、角度控制和步长大小这 3 个参数决定拟合精度。

弦高指的是近似三角形的轮廓边与曲面的径向距离，表示三角形逼近的绝对误差。以一个半径为 10mm 的圆形平面为例，用 m 个三角形来逼近这个圆，如图 3-6 所示。当分别用 5 个、8 个和 12 个三角形面片按图示方式来逼近该圆时，其弦高分别为 δ_1，δ_2 和 δ_3，可以很直观地看到，随着弦高的减小，该圆形平面的逼近程度越高，模型拟合的精度也就越高。因此，从某种角度上可以说，降低弦高能提高 STL 模型的转换精度。

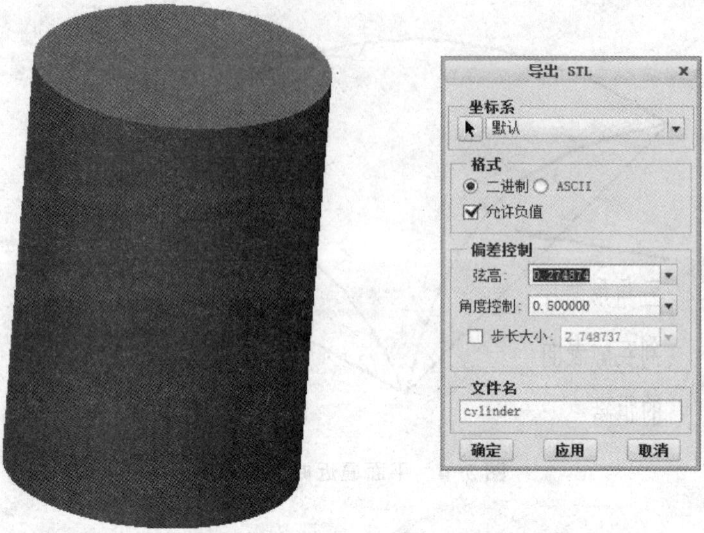

图 3-5　导出 STL 参数框

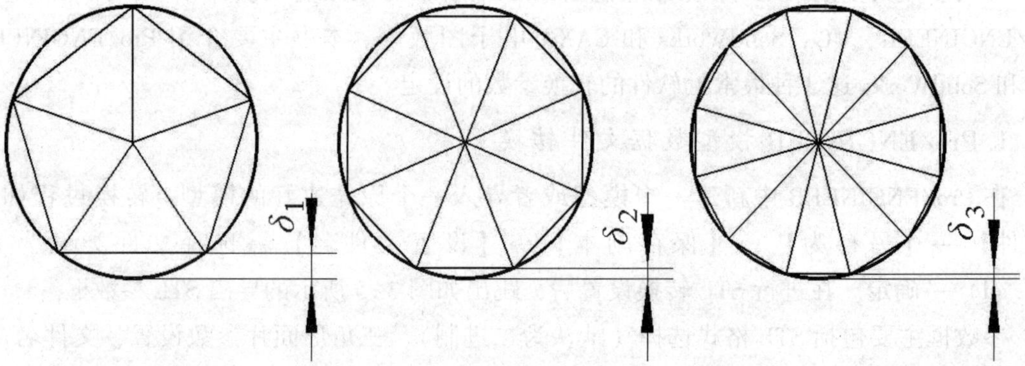

图 3-6　用 *m* 个三角形逼近一个圆

当然，如果原型几何模型完全由直边组成，则 STL 拟合绝对准确，理论上没有任何误差。如图 3-7 所示的正方形平面，均是以平面三角形面片拟合该平面的，并且转换为 STL 文件没有任何误差。

当对多个曲面进行三角形化时，在曲面相交处会出现缝隙、重叠、畸变等错误和缺陷，会影响模型的转换精度。可以通过降低弦高值来增加三角形面片的数量，从而提高模型的转换精度，减小几何误差。

图 3-7　用三角形面片逼近一个正方形

角度控制值是三角形平面与其逼近的曲面切平面夹角的余弦，控制着模型表面的光滑度。如图 3-8 所示，以一个边长为 50mm 倒过圆角的正方体为例。分别对角度控制取值为 0.1°，0.5°和 1°，其他参数为默认值，如此导出的 STL 文件分别如图 3-9～图3-11所示，生成的三角形面片数分别为 60 个、108 个和 84 个。由此三图对比可知：角度控制对三角形面片的数量有影响，并且生成的三角形面片的数量越多，逼近效果越好；在曲面处，三角形面片越多，则逼近的曲面更圆润、细致，逼近的效果更好；在非圆弧曲面的平面处，三角形面片的数量以及分布形式不随着角度控制值的改变而变化。

图 3-8　倒圆角的正方形

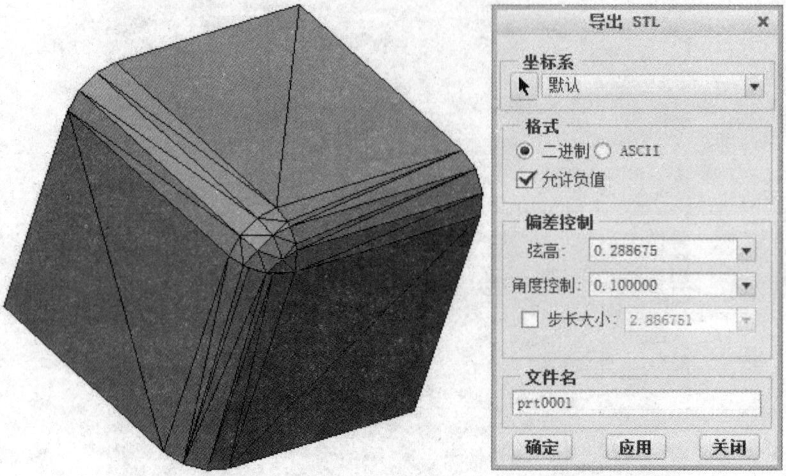

图 3-9　角度控制为 0.1°

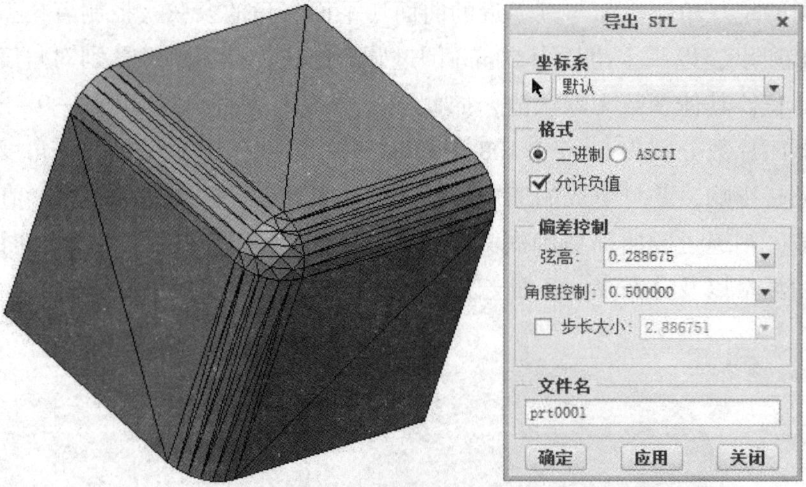

图 3-10　角度控制为 0.5°

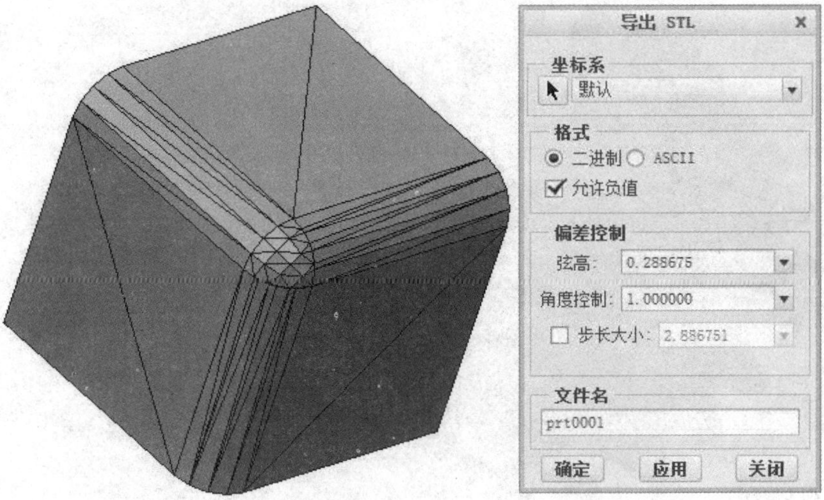

图 3-11　角度控制为 1°

步长大小在单纯形法中是指每次向前推移单纯性的距离。如图 3-12 所示，将步长大小设为 2. 886 751，生成了 3 958 个面片，远比图 3-10 中的 108 个面片多。由此可知，步长大小的设定对生成的三角形数量有影响，合理的设置可以提高 STL 模型的转换精度。

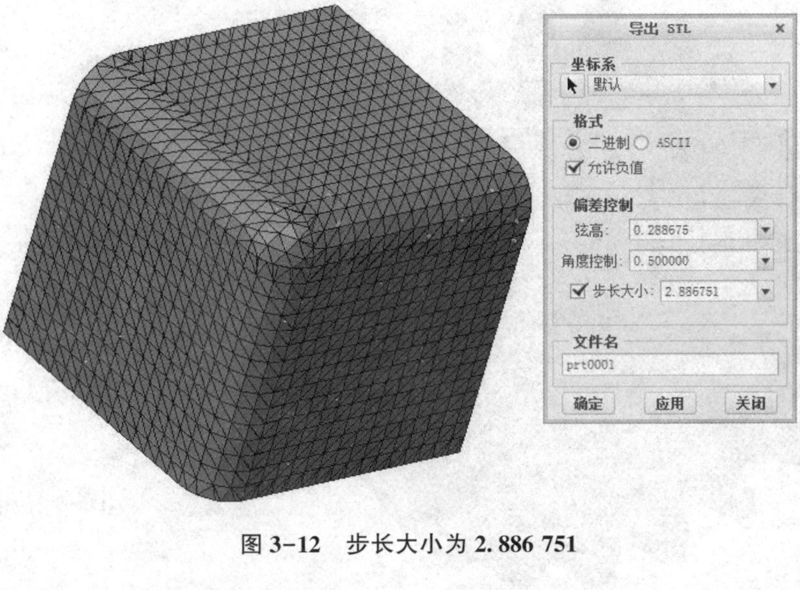

图 3-12　步长大小为 2. 886 751

为了试验这 3 个参数的组合对生成的 STL 文件精度的影响，以一个斜齿轮为试验模型，对其进行不同参数组合的设定，模型如图 3-13 所示。

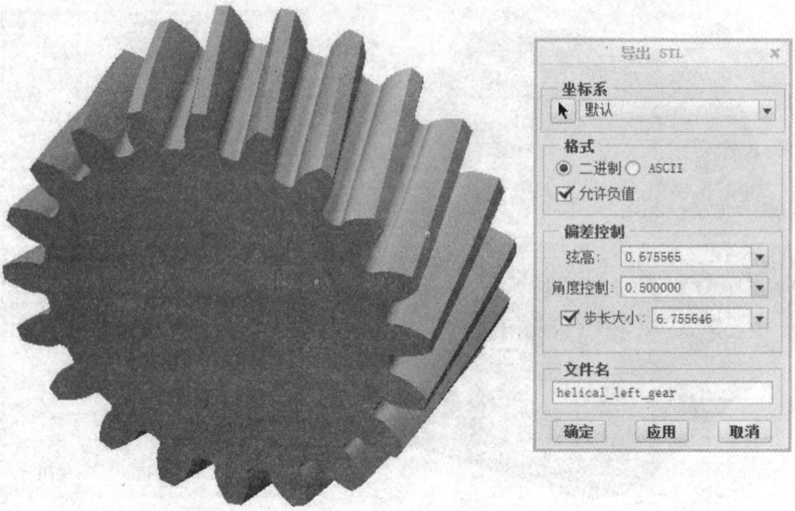

图 3-13　斜齿轮模型

接受默认设置，即弦高 0.675 565mm，角度控制 0.5°，步长 6.755 646。系统提示生成 10 854 个三角形面片，STL 文件的大小为 530KB，如图 3-14 所示，三角形网格比较小，比较精确，数据丢失率较低，逼近的效果也比较好。

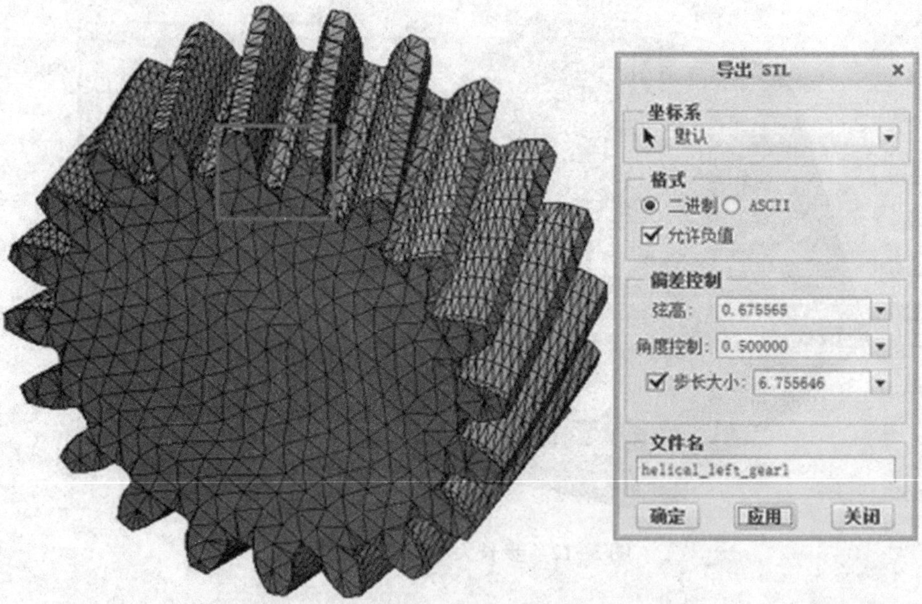

(a)

图 3-14　默认的参数设置及局部放大图

(b)

续图 3-14　默认的参数设置及局部放大图

将弦高改为软件所能接受的最小值 0. 001 600 mm（即在弦高栏输入 0，软件会将其设为所能接受的最小值），其余均为默认值。系统提示生成 296 714 个三角形面片，STL 文件的大小为 14 438KB，如图 3-15 所示。与图 3-14 对比可知，将弦高改小后可以很明显地提高斜齿轮的三角形面片的数量，并且主要提高的是齿廓处的三角形面片数量，可见越是曲面处，其逼近程度就越高。

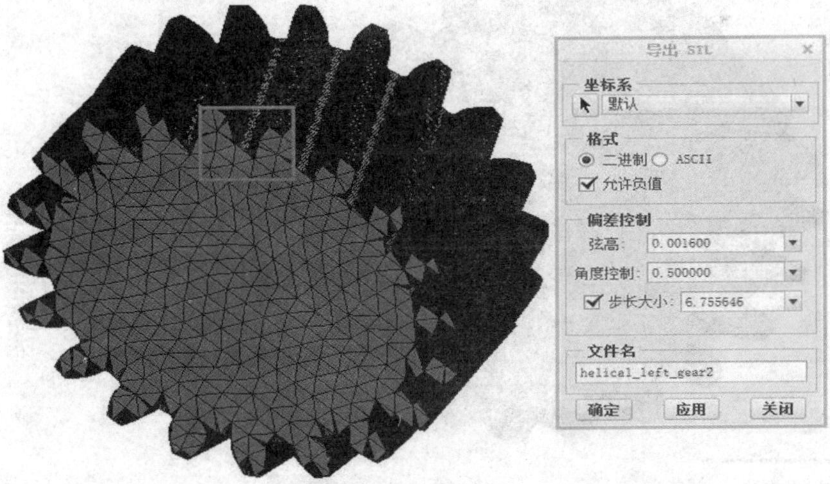

(a)

图 3-15　弦高为 0. 001 600mm 及局部放大图

(b)

续图 3-15　弦高为 0.001 600mm 及局部放大图

将弦高改为软件所能接受的最大值 1mm，其余均为默认值。系统提示生成 9 846 个三角形面片，STL 文件的大小为 480KB，如图 3-16 所示。将弦高改大后可以很明显地减少斜齿轮的三角形面片的数量，并且主要减少的是齿廓处的三角形面片数量。

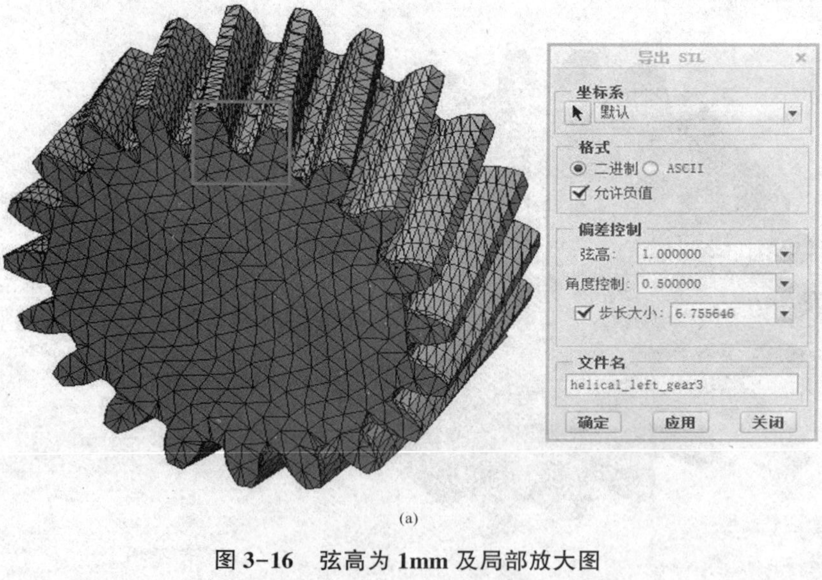

(a)

图 3-16　弦高为 1mm 及局部放大图

(b)

续图 3-16　弦高为 1mm 及局部放大图

将图 3-14、图 3-15 与图 3-16 结合起来可以看出，随着弦高的变小，可以增加三角形面片的数量，提高逼近效果，从而提高 STL 模型的转换精度。故在追求精度的情况下，可将弦高设为系统所能接受的最小值。同时，应注意弦高的取值必须在 0~1mm 之间。

将角度控制改为 0.1°，其余均为默认值。系统提示生成 9 840 个三角形面片，STL 文件的大小为 480KB，如图 3-17 所示。与图 3-14 对比可知，在齿廓处的三角形面片的数量明显变少了，感观上更粗糙了一点。

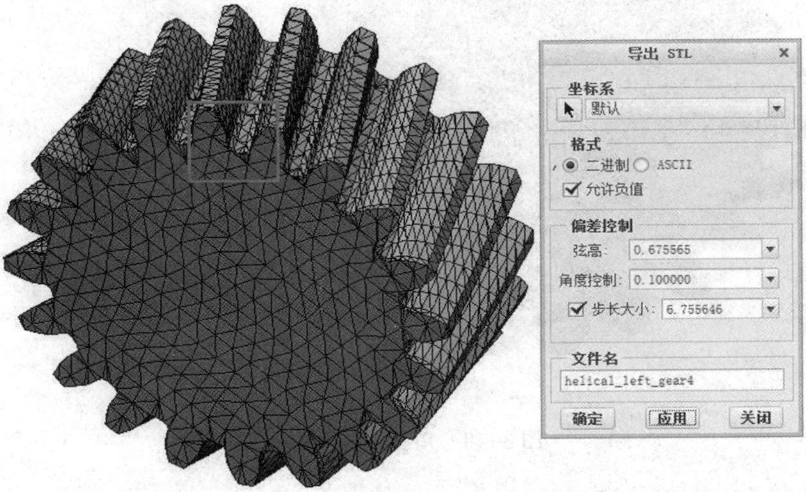

(a)

图 3-17　角度控制为 0.1°及局部放大图

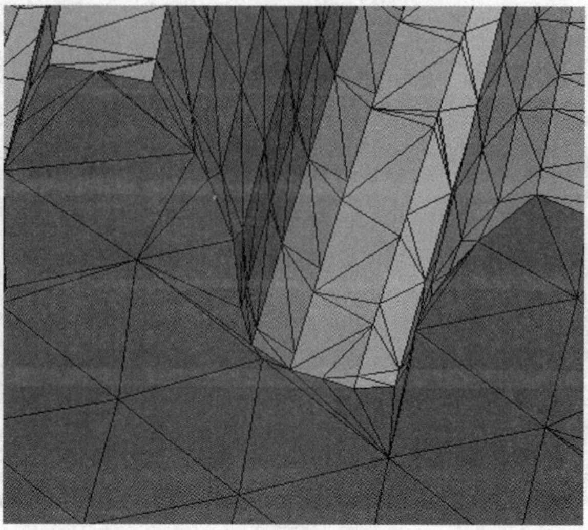

(b)

续图 3-17　角度控制为 0.1°及局部放大图

将角度控制改为 0.9°，其余均为默认值。系统提示生成 13 828 个三角形面片，STL 文件的大小为 675KB，如图 3-18 所示。与图 3-14 对比可知，齿廓处的三角形逼近得更加光滑。

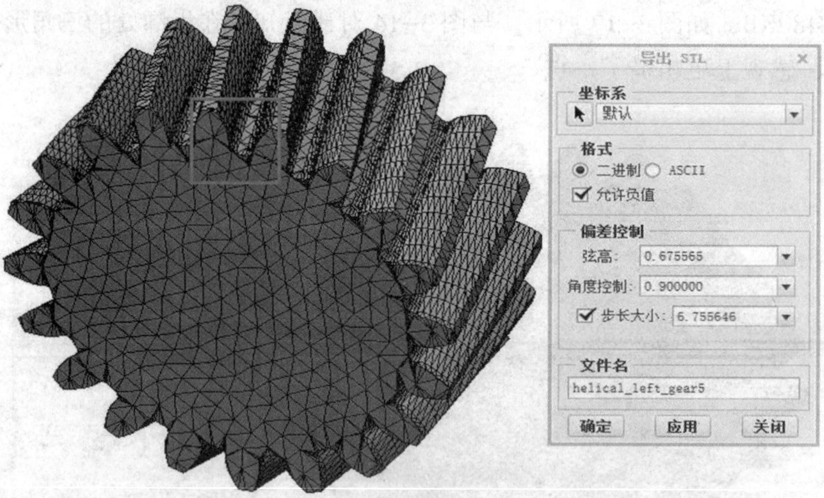

(a)

图 3-18　角度控制为 0.9°

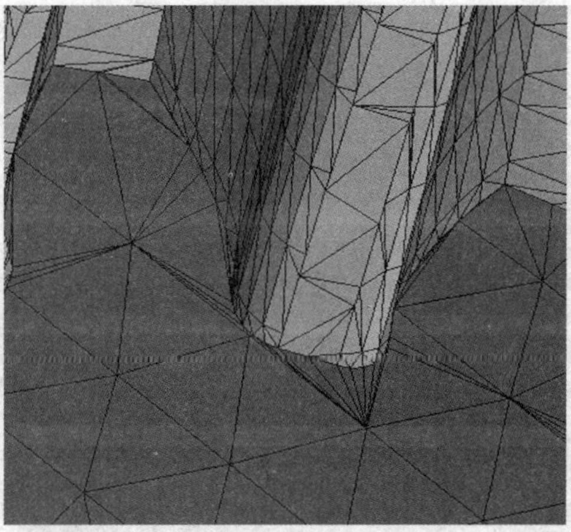

(b)

续图 3-18　角度控制为 0.9°及局部放大图

由前文不同参数对比可知，随着角度控制值的变大，增加三角形面片的数量，可以使曲面处变得更光滑、圆润和细致，从而提高 STL 模型的转换精度。故在追求 STL 文件转换精度的情况下，可适当地提高角度控制值的大小。同时，应注意弦高的取值必须在 0~1 之间。

将步长改为 3，其余均为默认值。系统提示生成 25 204 个三角形面片，STL 文件的大小为 1 229KB，如图 3-19 所示。

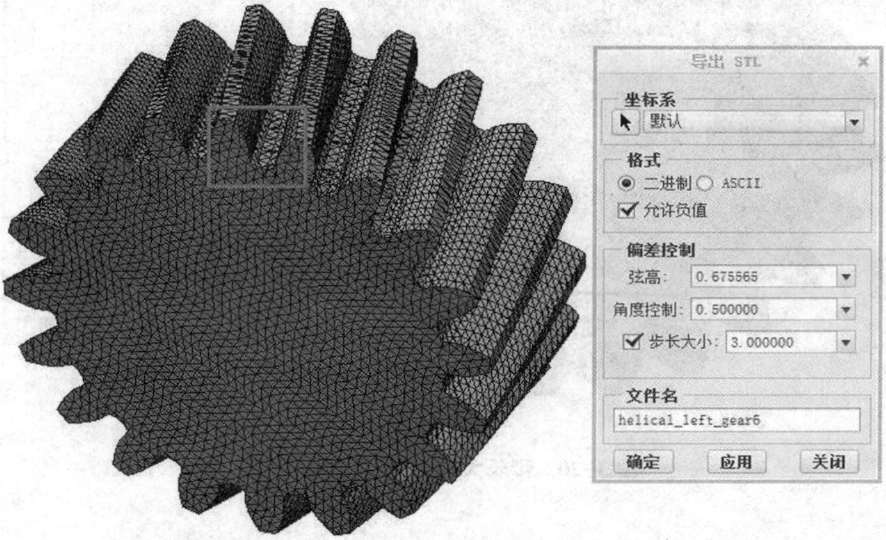

(a)

图 3-19　步长大小为 3 及局部放大图

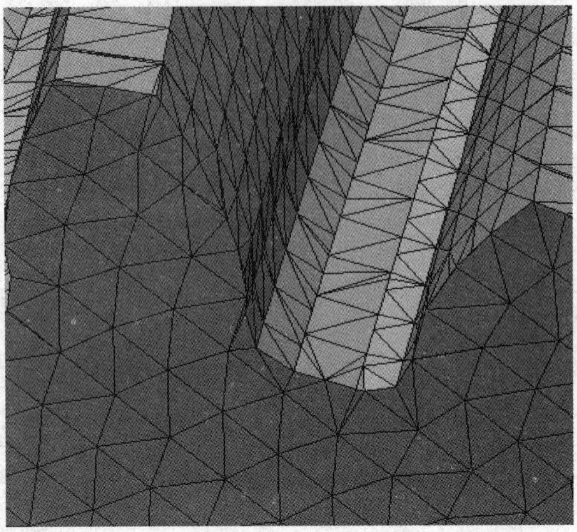

(b)

续图 3-19　步长大小为 3 及局部放大图

将步长改为9，其余均为默认值。系统提示生成7 868 个三角形面片，STL 文件的大小为 384KB，如图 3-20 所示。

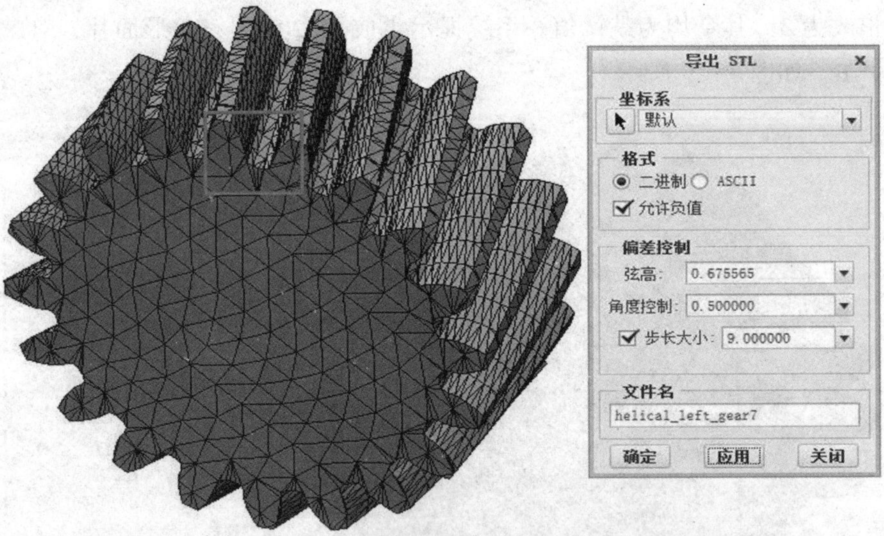

(a)

图 3-20　步长大小为 9 及局部放大图

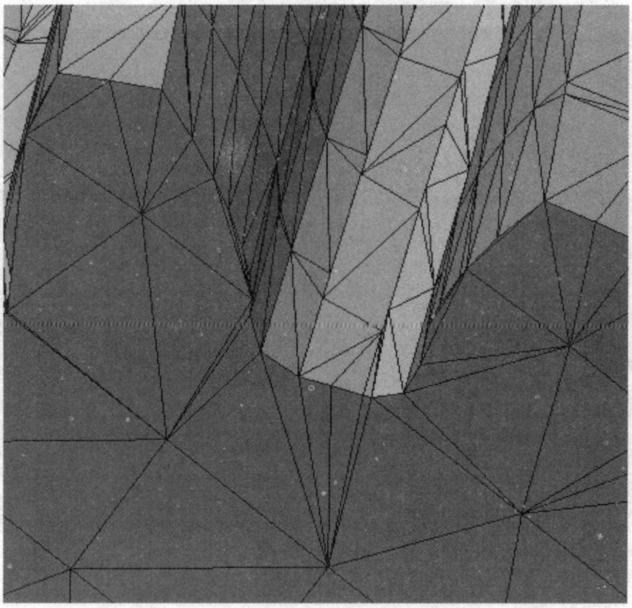

(b)

续图 3-20　步长大小为 9 及局部放大图

可知，随着步长值变大，其网格数量急剧变少，步长大小对 STL 文件的转换精度影响很大。步长值变小，可以起到细化三角形面片的作用，且步长值越小，转换精度越高。若对转换精度要求较高时，可适度地将步长大小取得小一点。

现取弦高为最小值 0. 001 600mm，角度控制为 0. 9°，步长取 3。系统提示生成 403 512 个三角形面片，STL 文件的大小为 19 661KB，如图 3-21 所示，取该组合的参数，三角形面片拟合实体精度可以大幅提高，从而获得逼近程度很高的 STL 文件。

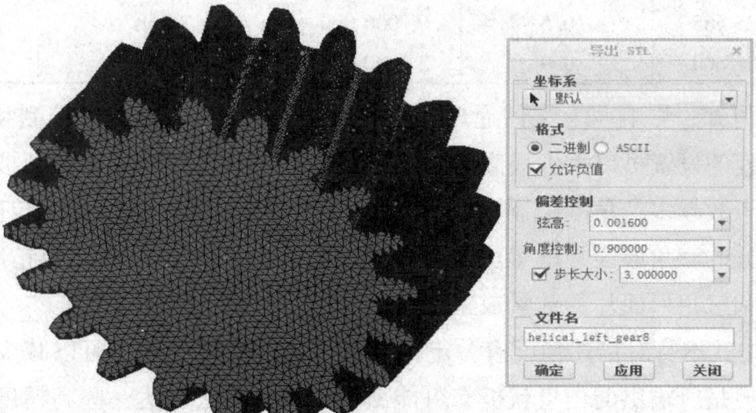

(a)

图 3-21　对比组及局部放大图

(b)

续图 3-21　对比组及局部放大图

将上述各组参数统计，见表 3-1。

表 3-1　STL 导出参数设置数据汇总

序号	弦高/mm	角度控制/(°)	步长大小	三角形面片数/个	STL 文件大小/KB
1	0. 675 565	0. 5	6. 755 646	10 854	530
2	0. 001 600	0. 5	6. 755 646	296 714	14 438
3	1. 000 000	0. 5	6. 755 646	9 846	480
4	0. 675 565	0. 1	6. 755 646	9 840	480
5	0. 675 565	0. 9	6. 755 646	13 828	675
6	0. 675 565	0. 5	3. 000 000	25 204	1 229
7	0. 675 565	0. 5	9. 000 000	7 868	384
8	0. 001 600	0. 9	3. 000 000	403 512	19 661

由表 3-1 可知，影响 STL 文件逼近程度的参数主要是弦高、角度控制和步长大小，通过对其参数合理的设置可以大大提高 STL 文件的转换精度。弦高越小，其拟合实体所产生的三角形面片个数越多；角度控制值越大，曲面过渡越圆润、越细致，转换精度就越高；步长越小，划分的三角形面片的最大尺寸就越小，同样也可以提高转换精度；同时，STL 文件的大小是和三角形面片的数量成正比的。

STL 文件格式本身对描述精度有一定的要求。文件精度过低，可以减少打印时间，减少文件内存，但是所输出的信息就极有可能出现丢失，无法表达一些高精度零件模型的小特征结构，从而极大地影响成型件的质量。文件精度过高，可以有效提高成型件的质量，但是划分三角形面片的数量就越多，文件内存过大，计算机处理数据与快速成型机制造实体零件的时间都较长。所以在 STL 文件格式的输出过程中，要根据不同的实际零件的具体特征情况和复杂程度来对弦高、角度控制和步长大小进行综合选择，既能保证成型件的成型精度，同时也能适当提高成型件的成型速度。

在 STL 文件格式的转换过程中，要把握的关键点就是要确定模型的表面特征和打印精度。若是模型中存在球面、圆柱面、圆弧面等一些曲面，则需要使此处的三角形面片细化一些、光滑一些。若是打印精度要求不高，为提高打印效率，可以适当地降低三角形面片的数量。

很多时候采用缺省值可能不能保证快速成型的制件精度，一般情况下，在生成的三角形面片不出现凹凸变形的情况下，弦高从 0.5mm 开始往下调，最低为软件能接受的默认最小值，角度控制从 0.5°开始往上调，最高值为 1.0°，二者分别调到一个相对较好的水平且不出现表面畸变即可。

2. UG 模型数据文件转换

以一个圆柱为例，将绘制好的三维零件图导入 NX 8.5 中，模型如图 3-22 所示。

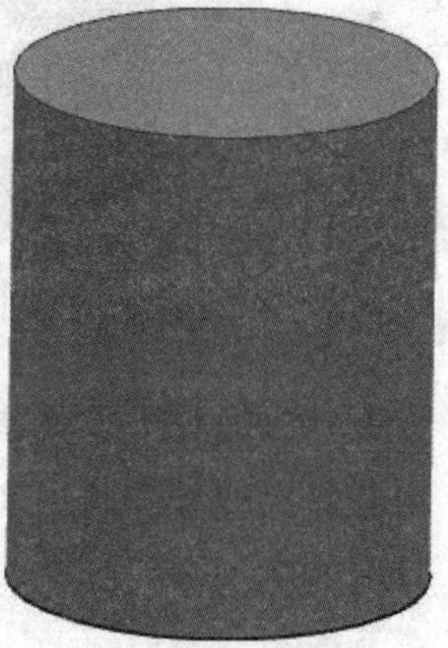

图 3-22　圆柱模型

为模型制作 STL 文件，依次点击【文件】→【导出】→【STL】，如图 3-23 所示。

点开导出 STL 文件后，其显示界面如图 3-24 所示。在“三角公差”和“相邻公差”栏中设定对应的参数值以调节三角形面片的大小和曲面的光滑程度。此处将三角公差设为 0.025，相邻公差设为 0.12，点击【确定】按钮。

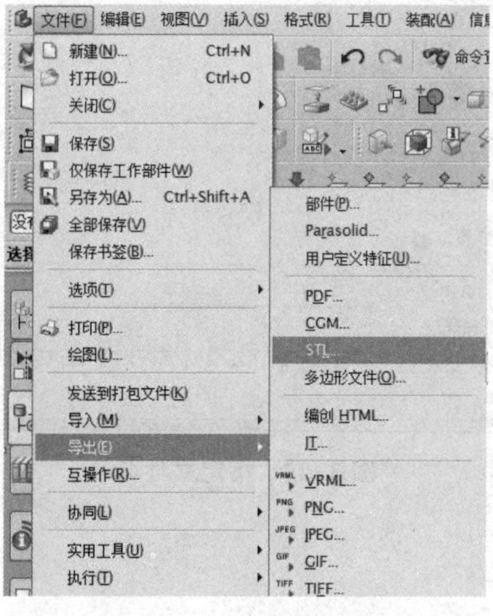

图 3-23　导出 STL 文件

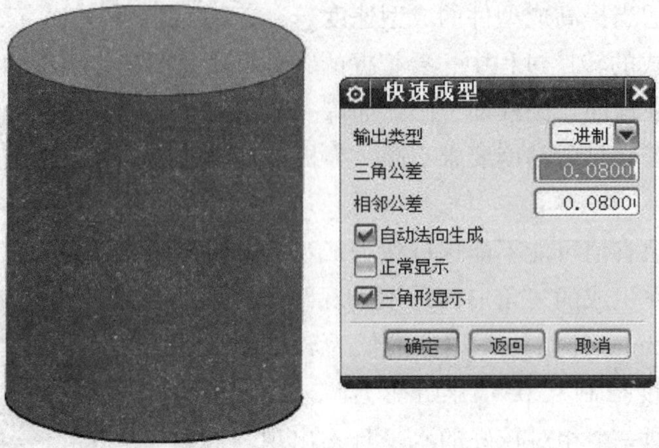

图 3-24　导出 STL 参数设置界面

为要导出的 STL 文件指定文件名，如图 3-25 所示，点击【OK】按钮。

为要导出的文件制定文件头的名称“s01”。此处，可以使用英文或数字及其组合，如图 3-26 所示，点击【确定】按钮。

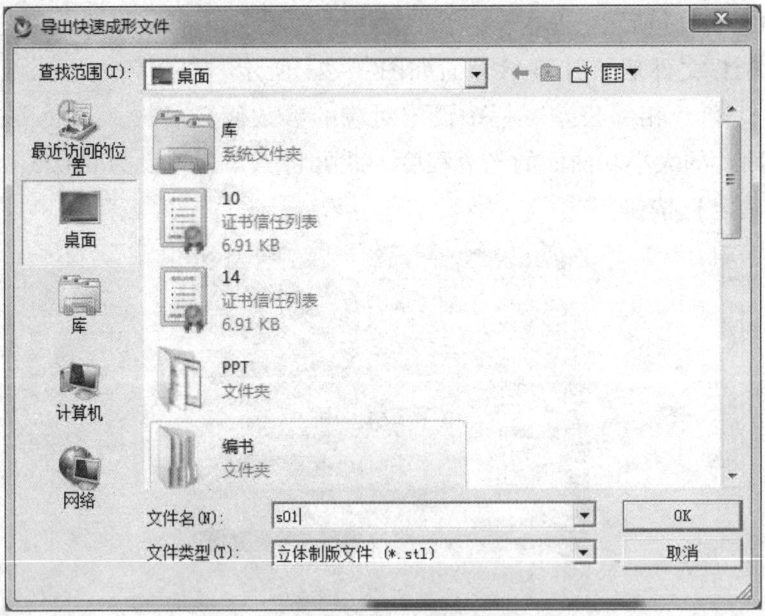

图 3-25　指定文件名

图 3-26　指定文件头的名称

选中需要执行导出的零件，即图 3-27 中的圆柱。

图 3-27　选中所要导出的零件

点击确定后，出现如图 3-28 所示的提示，选择【不连续】。

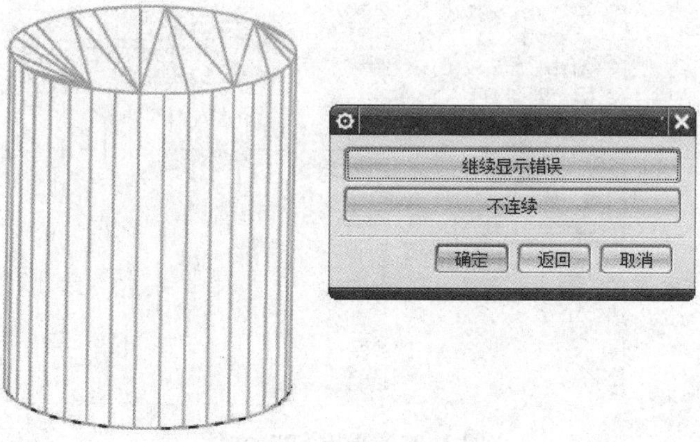

图 3-28　提示选择【不连续】

点击【确定】后，出现如图 3-29 所示的提示，选择【否】。生成的三角形面片如图 3-29所示，点击“确定”按钮，完成模型数据转换。

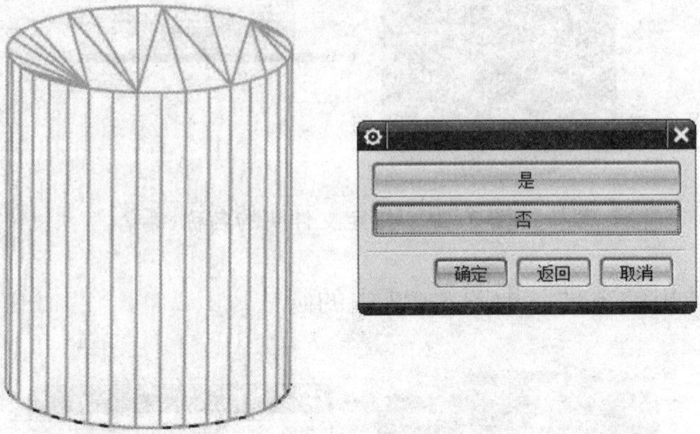

图 3-29　提示选择【否】

3. SolidWorks 模型数据文件转换

以图 3-22 中的圆柱模型为例，将绘制好的三维模型导入 SolidWorks 中。

选择【文件】→【另存为】→【STL 文件】，如图 3-30 所示。

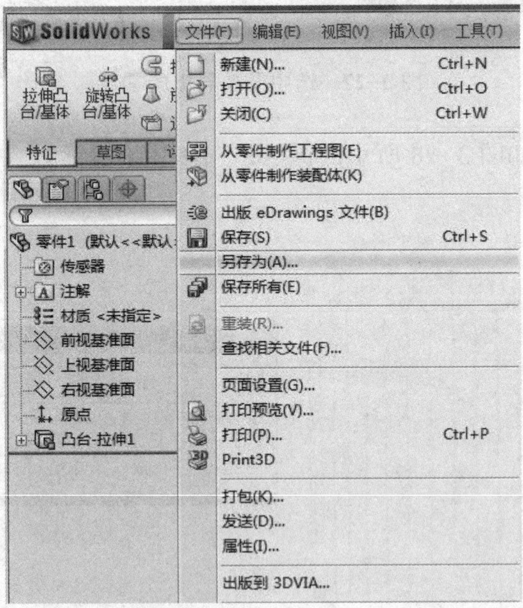

图 3-30　导出 STL 文件

给 STL 文件命名为“零件 1”，如图 3-31 所示。

图 3-31　STL 文件命名

根据要求选择适合的品质，此处选择“粗糙”，如图 3-32 所示。

点击【确定】后，生成如图 3-33 所示的 STL 文件转换模型。同时，据图可知生成的三角形面片的数量和所生成的 STL 文件的文件大小。

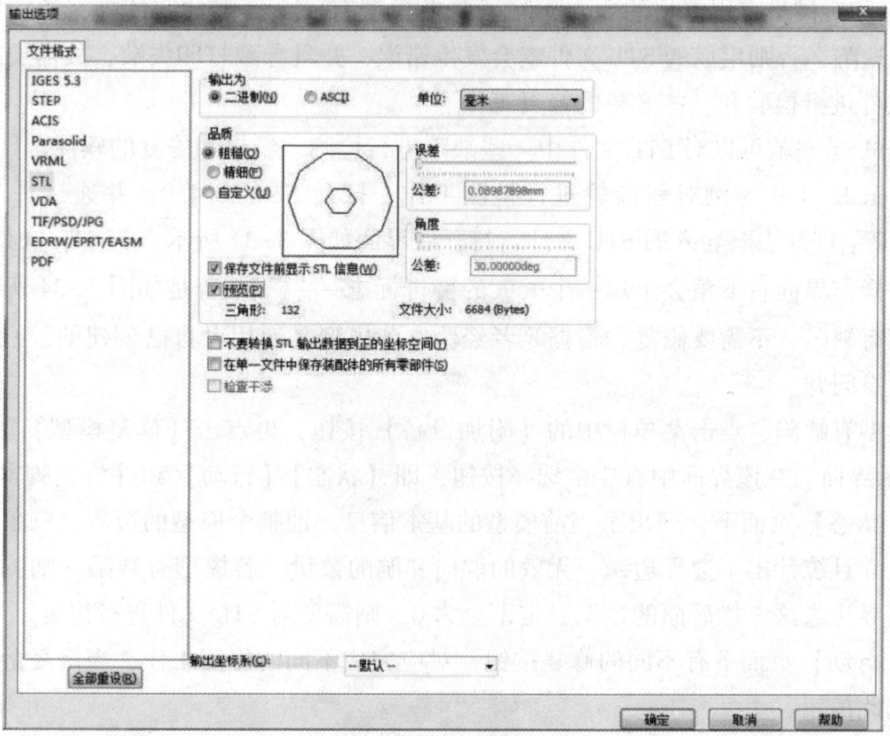

图 3-32　输出选项设置

图 3-33　生成的 STL 文件

3.3　STL 文件修复

3D 打印对模型有很严格的要求，除了要求模型有一个完整的实体外，还需要其表面和内部无缺陷，否则生成的 STL 文件就会发生错误，并且导致打印失败，故需要在打印前对 STL 文件进行检验和一些必要的修复工作。

Netfabb 是一款可以对 STL 文件中一些缺陷进行检测、编辑和修复的软件。

以 Netfabb 4.9 为例对斜齿轮进行检测工作。打开 Netfabb 4.9，并通过【项目】→【打开】菜单打开需要导入的 STL 文件，打开后界面如图 3-34 所示。若 STL 文件有缺陷，则在软件操作界面右下角会出现一个大大的警告标志——⚠，若是如图 3-34 所示，则表示模型没有缺陷，不需要修复。根据笔者经验，若模型是使用者自己创建的，一般其 STL 基本都没有问题。

若模型有缺陷，点击菜单栏中的【附加设备】按钮，再点击【修复模型】，打开如图 3-35 所示界面。在该界面中有 3 个选择按钮，即【状态】【行动】和【修复脚本】。

在【状态】页面下，列出了当前模型的基本信息，即整个模型的边数、三角形面片数和壳数，并且统计出了边界边缘、无效的取向和洞的数量。若模型有缺陷，则洞、无效的取向和边界边缘这三栏后面的数据必定不全为 0，则需要对 STL 文件进行修复。

在【行动】页面下有不同的修复按钮，对应完成不同的修复工作，当修复量大的时候可以点选此按钮。

在【修复脚本】的页面下，可以通过点选添加和编辑按钮，指定自己所需的修复脚本，即可执行批量修复。

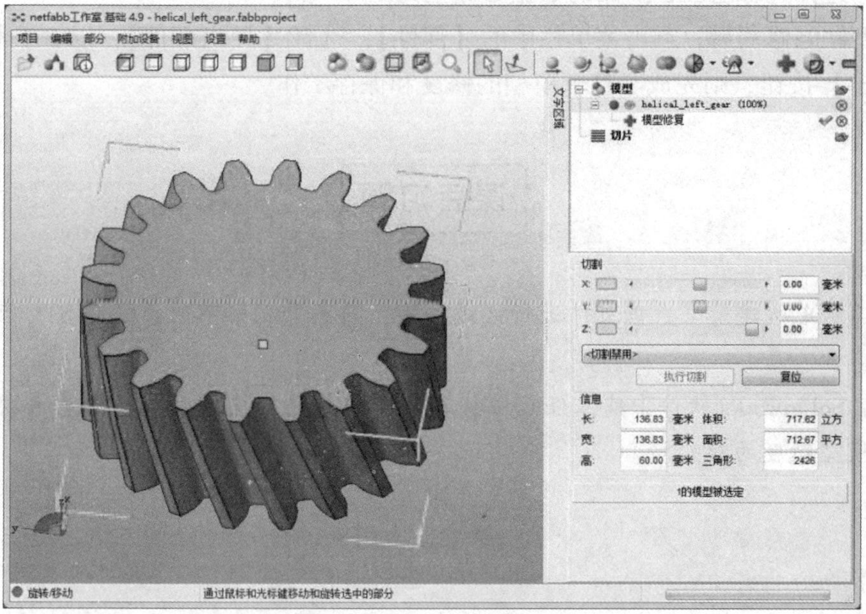

图 3-34　Netfabb 软件操作界面

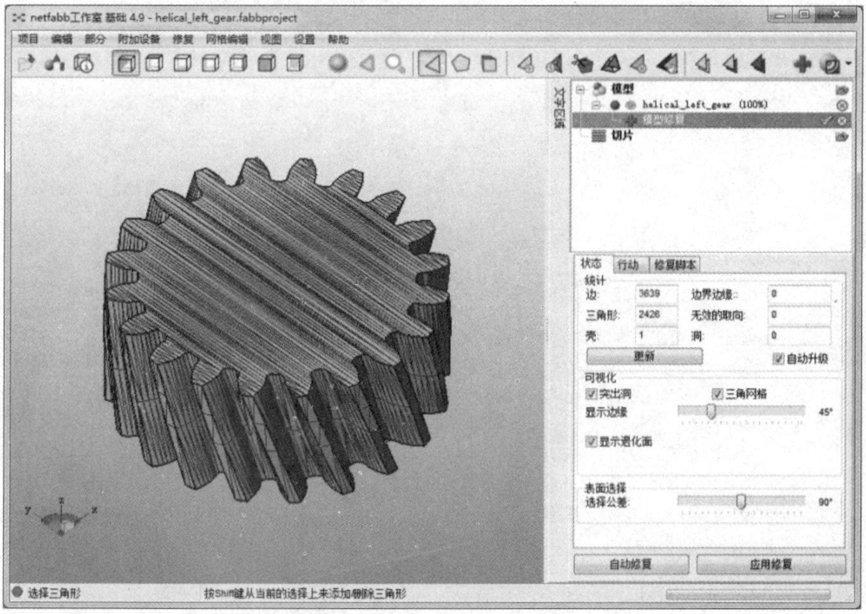

图 3-35　Netfabb 修复功能界面

通常，只需要点选下方的【自动修复】按钮，选择【默认修复】方式，软件可以自动完成对模型的修复工作，若修复满足需要，则点击右方的【应用修复】按钮，此时界面右下角的警告标志消失，说明修复成功，此时模型没有缺陷，并且“状态”栏中的洞、无效的取向和边界边缘这三栏后面的数据必定全为 0。

在模型缺陷修复后，点击菜单栏中的【部件】，选择【导出部件】，以 STL 格式保存，点击【导出】按钮，则完成了整个模型的修复和保存工作。

课后习题

将第二章中所建模型数据文件进行格式转换，熟悉并观察不同参数对 STL 模型精度的影响。

在 UG. SoLidworks 软件中建立任意机械零件模型并进行格式转换，熟悉并观察不同参数对 STL 模型精度的影响。

第 4 章　FDM 3D 桌面打印机操作基础

4.1　FDM 3D 桌面打印机简介

按照打印机的应用层次看，3D 打印机可以分为工业级和桌面级。工业级 3D 打印机主要用于科研和企业生产，但是体积大而价格昂贵。而桌面级 3D 打印机的出现拉低了 3D 打印技术的应用门槛，让这一技术走进教育和生活。桌面级打印机是工业级打印机的简化和小型化版本，价格低廉操作简便，更适用于分布化生产、设计与制造一体化的需求。本节主要介绍桌面级 3D 打印机。

3D 打印机是一种可以“打印”出真实三维物体的一种设备，与传统减材制造的机械加工技术完全不同，而熔融沉积成型（Fused Deposition Modeling，FDM）是快速成型技术中应用最广的工艺之一。常见的桌面式 FDM 3D 打印机有 RepRap 型、Box Bot 型、RepStrap 型和 Upstart 型，如图 4-1～图 4-4 所示。

图 4-1　RepRap 型 3D 打印机

图 4-2　Box Bot 型 3D 打印机

图 4-3　RepStrap 型 3D 打印机

图 4-4　Upstart 型 3D 打印机

FDM 3D 打印机将热熔丝通过供丝机构送至喷头，并在喷头中将其加热融化成一定的状态，喷头底部带有微细喷嘴，材料以一定的压力挤喷出来，同时喷头部分受计算机或运动控制卡控制，可沿 X 轴方向向左、向右移动，沿 Y 轴方向向里、向外移动，有选择地将挤出的材料与前一层面熔结在一起。一个层面沉积完成后，工作台沿 Z 轴方向垂直下降一个层面的厚度，再继续熔融沉积，如此循环，直至完成整个实体造型。FDM 工艺原理如图 4-5 所示。

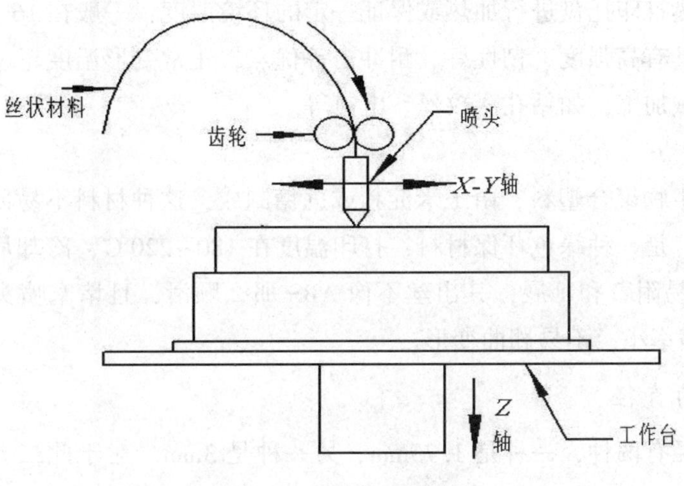

图 4-5　FDM 工艺原理

FDM 的机械结构简单，设计容易，制造成本、维护成本和材料成本也比较低，但是难以精确控制出料的形态与成型效果，同时温度对于成型效果影响非常大，不够稳定，因此基于 FDM 的桌面级 3D 打印机的成品精度通常为 0. 3～0. 2mm，少数高端机型能够支撑 0. 1mm 层厚。此外，大部分的产品边缘都有分层沉积产生的“阶梯效应”，难以达到所见即所得的3D打印效果，所以在对精度要求较高的快速成型领域较少采用FDM工艺。

FDM工艺的优点是材料利用率高，材料成本低，可选材料多，工艺简洁；缺点是精度低，复杂构件不易制造，悬臂件需要支撑，表面质量差。该工艺适合于产品的概念建模及形状功能测试，中等复杂程度的中小原型，不适合制造大型零件。

4.2 FDM 3D打印材料

FDM 3D打印机使用的材料一般多为热塑性材料，如蜡、PC、尼龙、PLA（acrylonitrile butadiene styrene）和ABS（polylactic acid）。但由于ABS和PLA这两种材料能够高精度地还原细节，故此二种材料为FDM工艺最常用的材料。

1. ABS和PLA的特点

1）ABS的特点

ABS是一种非常耐热的热熔材料，可以被打磨、上色和黏合，可溶于丙酮。它耐热、耐冲击，打印温度一般在210~240℃之间；ABS容易打印，一般能很顺利地从喷头里面挤出，不必担心喷头堵塞；ABS打印会产生比较难闻的气味，故应在打印时保持良好的通风；挤出的丝遇冷特别容易收缩，出现翘曲变形现象，当使用ABS材料进行打印时，工作台面需要有可加热打印托盘进行加热或保证一定的环境温度，一般在16~18℃以上为宜。

ABS成型件具有高强度、韧性好、耐冲击等优点，正常变形温度超过90℃，可对其进行一些常见的机械加工，如钻孔、攻丝、电镀等。

2）PLA的特点

PLA是一种生物聚合塑料，由玉米淀粉或蔗糖制成，这种材料不易回收，但适合的情况下可生物降解，是一种绿色环保材料；打印温度在180~220℃，冷却后又非常坚硬；因为PLA熔化后容易附着和延展，其出丝不像ABS那么顺滑，且堵塞喷头的概率也会大于ABS；打印时收缩率小，不易翘曲变形。

2. 热熔丝的直径

热熔丝的直径有两种，一种是1.75mm，另一种是3mm。对于此二者的选择，孰优孰劣，要根据进料头的设计来选择。其实，打印机的使用者对于打印喷头根本没有太多的选择余地，因为在决定购买这台打印机时，打印机喷嘴的直径已经确定了所需热熔丝的直径。故直接根据打印机喷头选择热熔丝的直径即可。

3. 热熔丝的颜色

热熔丝对于FDM 3D打印机相当于墨水对于传统打印机；同样地，这个“墨水”也是可以如喷墨打印机的墨水一般具备多样性，常见的颜色有黑色、白色、红色、绿色、黄色和紫色。尽管有一些高端的桌面机可以彩色打印，但是一般的打印机只能单色打印，故每次打印需根据要求选择热熔丝的颜色。

4. 热熔丝的甄别

FDM 成型技术的关键在于材料，成型材料的相关特性如材料融化后的黏度、熔融温度、黏结性和收缩率等对成型过程及成型精度有很大的影响。FDM 工艺对材料的要求是黏度低、熔融温度低、黏结性好和收缩率低。黏度低的材料流动性好、阻力小，有利于材料的挤出；低的熔融温度可以使材料在较低的温度下挤出，并且可以减少挤出前后的温差和热应力，从而提高成型精度；好的黏结性可以提高模型各层之间的黏结强度，从而提高整个模型的强度；由于喷头挤出丝后会给丝材压力，小的收缩率可以保证挤出的丝的形变不会太大，从而保证了模型的成型精度。

通常热熔丝是以丝状的卷轴丝存在的，如图 4-6 所示。如此，不仅能够便于打印时取用、更换和保存，也不容易形成粉末污染环境，危害人类健康。

图 4-6　热熔丝

由于生产厂家的不同，同一厂家的不同批次，热熔丝的熔化温度、直径和圆度亦会不同。喷头加热温度不匹配熔化温度亦可造成喷嘴出丝不畅，从而影响成型精度。直径和圆度的差异在相同的推进速度下会造成从喷嘴中挤出的热熔丝的量不均匀，影响成型精度，严重者，会致喷头堵塞。圆度误差过大，会不利于进料的控制，故也应控制热熔丝的圆度误差在一定的范围内。同时，应注意观察热熔丝中是否含有细小的气泡和其他杂质等，这些因素均会对成型件造成不利影响。

对于上述的影响因素，可以用下列方法进行筛选。可以通过观察热熔丝中有无气泡、杂质和色差来判断热熔丝的材料是否均匀；取一段长约 2m 的热熔丝，用螺旋测微器测量热熔丝的直径，多取几处测量，要确保所购热熔丝的直径的误差控制在±0.02mm 以内，此法主要是测量其直径的公差是否小且均匀；在同一个采样截面处旋转测量几次热熔丝的直径，如此是为了测量热熔丝的圆度，判断其是否够“圆”。

5. 热熔丝的存储

热熔丝置于空气中，其会吸收空气中的水分，待加热时，空气中的水分会以气泡的形态混杂于熔融状态的热熔丝中，严重影响成型效果。因此，对于不使用的热熔丝不要长时间暴露在潮湿的空气中，最好将其置于密闭的、干燥的环境中。同时应避免阳光直射，以延长热熔丝的使用寿命。对于已开封但长时间未使用的热熔丝可以将其放置于阳光下短期光照，以去除其中水分。

4.3 FDM 3D 打印机软件

在生成了 STL 文件之后，将 STL 文件导入打印机自带的上位机软件，对模型进行层厚、喷头的挤出速度、喷头的扫面速度、喷嘴温度、填充率、有无支撑等参数的设置，然后通过切片软件进行切片，生成 Gcode 代码。Gcode 又称 G 代码，在数控加工中应用非常广泛。将喷头的移动路径、挤出速度、扫描速度、喷嘴温度、填充率、有无支撑等所有信息包含在 Gcode 中，人们通过 Gcode 来告诉 3D 打印机“如何打印”。

现在以 3D Start 软件为例介绍切片的使用，类似的切片软件有很多种，学生掌握其中一种，其他的基本原理一样，使用起来稍加熟悉即可。打开 3D 打印机自带的切片软件，出现如图 4-7 所示的主界面。由图可知，主界面包括：①菜单区；②功能区；③信息区；④面板区；⑤快捷导向；⑥视图区；⑦状态区。

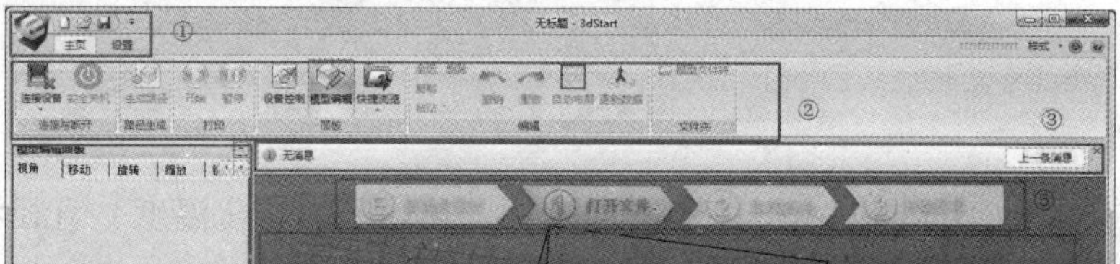

图 4-7　3D Start 软件主界面

1. 菜单区

菜单区主要是用于模型文件的新建、打开及保存，如图 4-8 所示。在右侧有最近使用的文档，若未改变那些文件的存储位置，选中即可直接打开该文件。

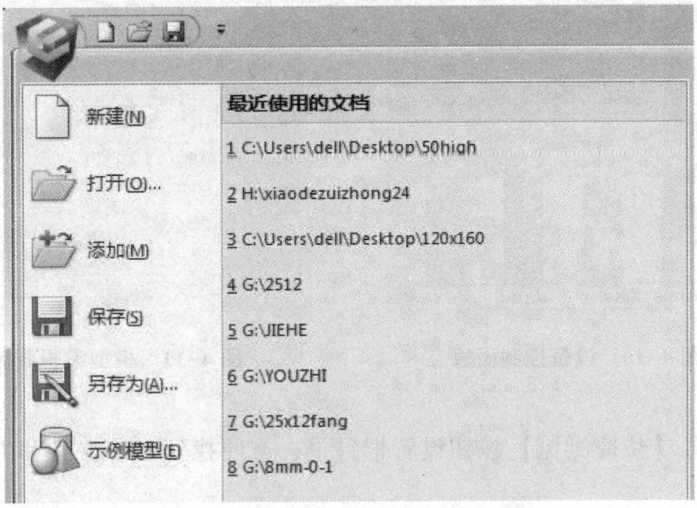

图 4-8　新建、打开和保存

2. 功能区

功能区主要包含两个页面，即【主页】和【设置】。

【主页】的界面如图 4-9 所示。可以通过【连接设备】按钮实现连接或断开打印机。可以 通过【安全关机】按钮实现安全关机；若是联机打印，可以通过【开始打印】按钮实现开始或者停止打印；可以通过【停止打印】按钮实现进行断点打印。

图 4-9　主页界面

点击【设备控制】按钮，获得如图 4-10 所示的设备控制面板，可以对打印机进行运动控制和温度控制。

点击【模型编辑】按钮，获得如图 4-11 所示的模型编辑面板，可以对模型进行视角、移动、旋转、缩放和镜像操作。

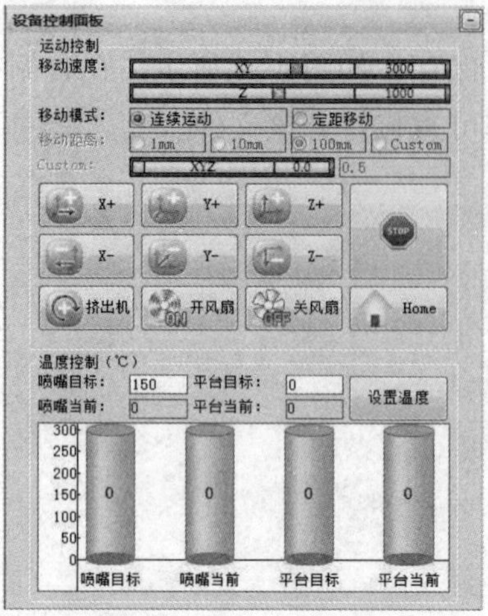

图 4-10　设备控制面板

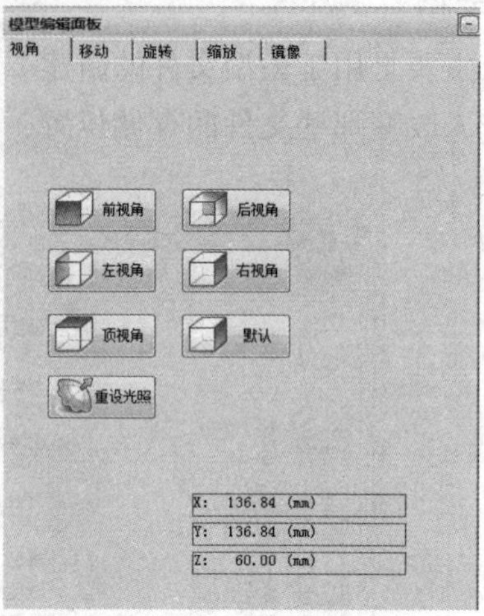

图 4-11　模型编辑面板

可以通过设置【快捷浏览】按钮设置根目录，方便找到 STL 文件和生成的 gsd 格式的文件。

【设置】的界面如图 4-12 所示。可以通过勾选【视图显示控制】中的【状态栏】和【信息栏】来选择是否显示状态栏和信息栏。同时，还可以对模型显示、程序运行、模型打印、硬件等进行控制。

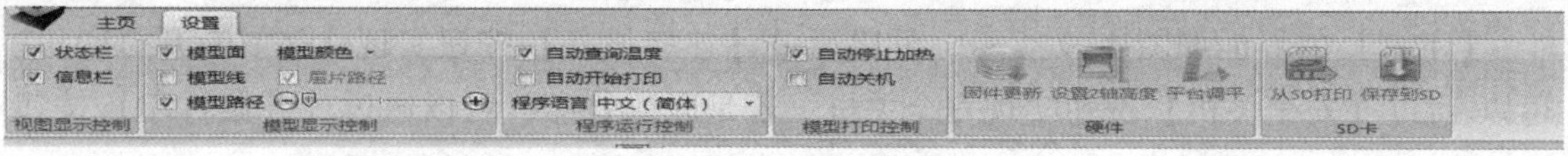

图 4-12　设置界面

3. 信息区

程序运行时会在信息区显示一些提示信息。

4. 面板区

对应的就是功能区中【设备控制】【模型编辑】和【快捷浏览】的显示。

5. 快捷导向

分别点击如图 4-13 所示的【打开文件】和【生成路径】，可以导入 STL 文件和生成 gsd 文件。

图 4-13　快捷导向

6. 视图区

视图区用来显示模型及模型与打印平台的关系。在视图区中可以通过按住鼠标左键，拖动鼠标来改变视图方向。按住中键，拖动鼠标来移动模型，改变模型在视图区中的位置。按住滚轮，上下滚动，可对模型进行缩放。

7. 状态区

状态区用于实时显示目前的运行状态，如图 4-14 所示，在软件底部的左端会出现一些文字提示，如【未连接】【设备就绪】等。

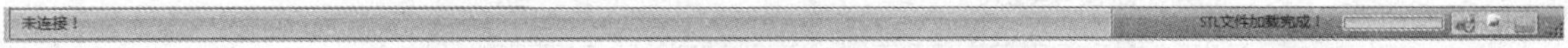

图 4-14　状态区

3D 打印是将三维实体转化为一个个二维平面，分别进行制造的。其中，切片软件起了至关重要的作用，它实现了将模型从三维到二维的转换，切片软件在整个 3D 打印过程中的位置如图 4-15 所示，这是不可或缺的一环。

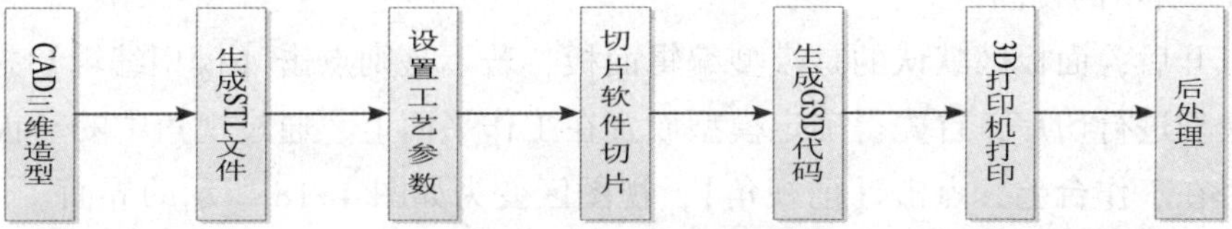

图 4-15　3D 打印流程图

本节以 Einstart-L 型 3D 打印机的上位机软件对斜齿轮模型进行切片处理为例来介绍该软件的使用。

打开 3D Start 软件，其软件界面如图 4-7 所示。点击【快捷浏览】按钮下面的【设置根目录】按钮，设置根目录为 C：\ Users \ dell \ Desktop \ work，如图 4-16 所示，可以将所需的 STL 文件存放在该文件夹下，以后生成的 gsd 文件也会保存到该文件夹下，便于文件的管理和查找。

(a)

图 4-16　设置根目录

(b)

续图 4-16　设置根目录

在快捷导向区中点击【打开文件】，选中要打开的斜齿轮的 STL 文件，点击打开，出现如图 4-17 所示的视图区。

软件打开后，面板区默认的是模型编辑面板，若不是则点击【模型编辑】按钮。

要对模型进行切片，首先得确定模型放置在工作平面上。通过视角中的【前视角】确定模型是否在工作台上，点击【前视角】，视图区变为如图 4-18 所示的界面。

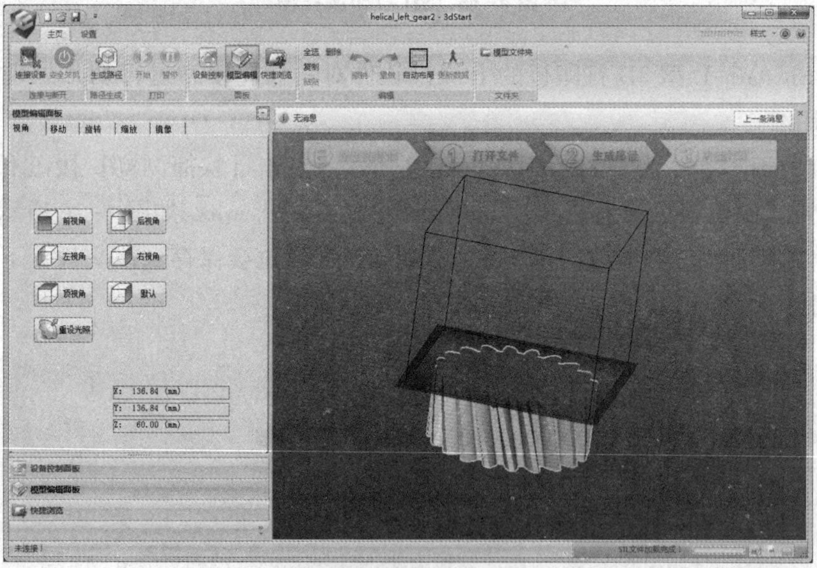

图 4-17　导入 STL 文件

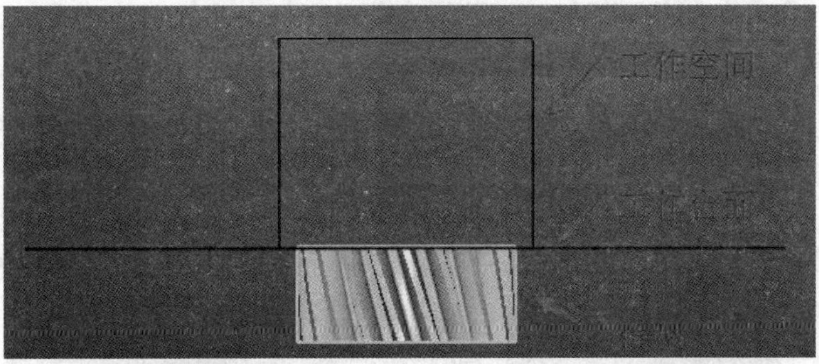

图 4-18　观察模型位置

由图 4-18 可知，模型不在工作台面上，更不在工作空间中，故需要将模型移动到工作台面上。由于工作台面是通过三个调平螺母进行调平的，故越是工作台面的中央就越平，打印效果也会越好。所以在【移动】栏下分别点击图 4-19 中的【到平台】和【到中央】的按钮，将模型移动到工作台面的上的中央处，如图 4-20 所示。

可以在【旋转】栏下通过对模型围绕 X，Y 和 Z 轴旋转一定角度，使模型处于一个比较利于打印的位置，如图 4-21 所示。由于模型所处位置已经是最好的，故不需旋转调整。X，Y 和 Z 轴的方向如图 4-22 所示。需要指出的是，图 4-22 中方框框出的尖角所指方向为工作台面面朝用户的方向。

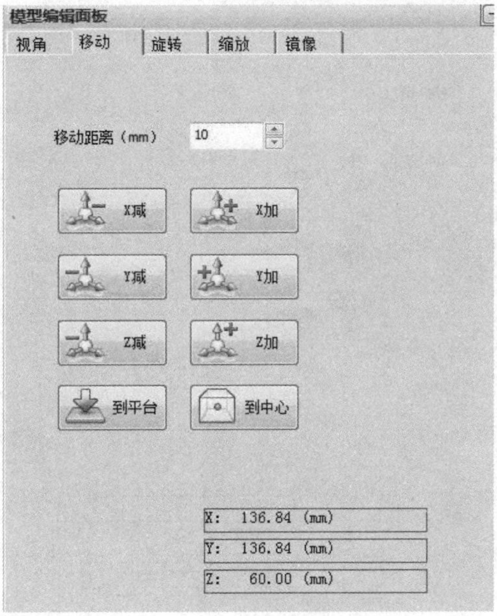

图 4-19　到平台、到中央

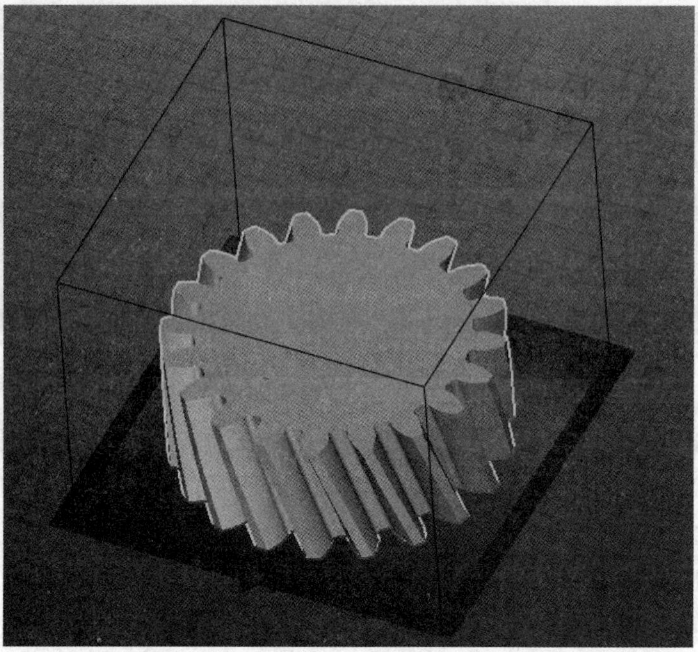

图 4-20　调整后的模型

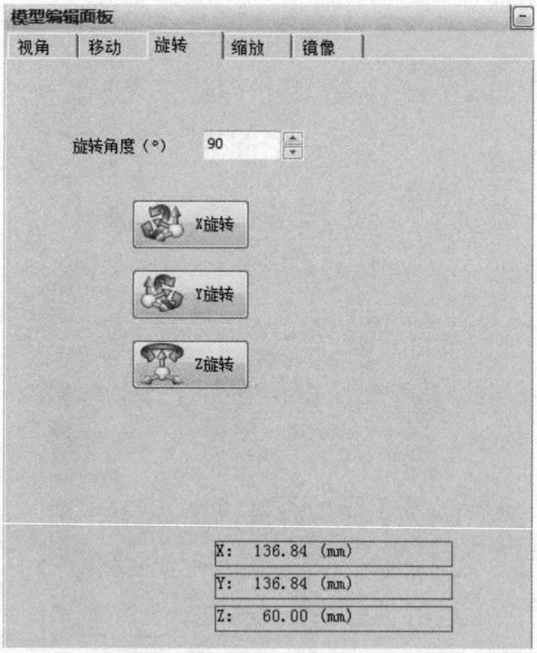

图 4-21　旋转

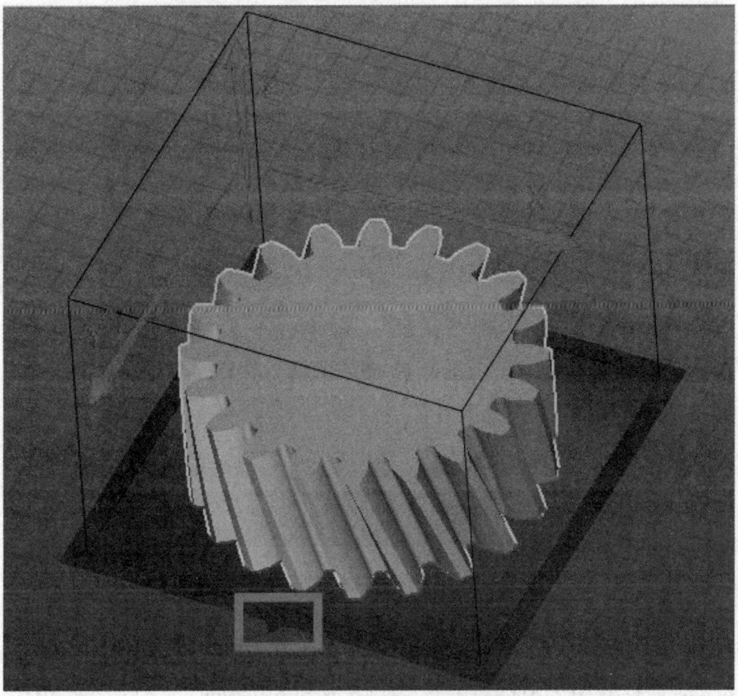

图 4-22　工作平台的位置关系

若模型过大或者过小，可以通过【缩放】栏对其进行缩放，如图 4-23 所示。先设置缩放比例，缩放比例大于 1 为放大，小于 1 为缩小。一般旋转对模型进行【三轴缩放】，即对整个模型进行等比例的缩放。也可对模型在某个轴向方向缩放，如图 4-24 所示，是对斜齿轮在 X 轴方向缩小 1 倍，即缩放比例为 0.5，并点击【缩放 X】按钮。并且，对于常见的一些模型，其打印时间与缩放比例成正比例线性化增长。

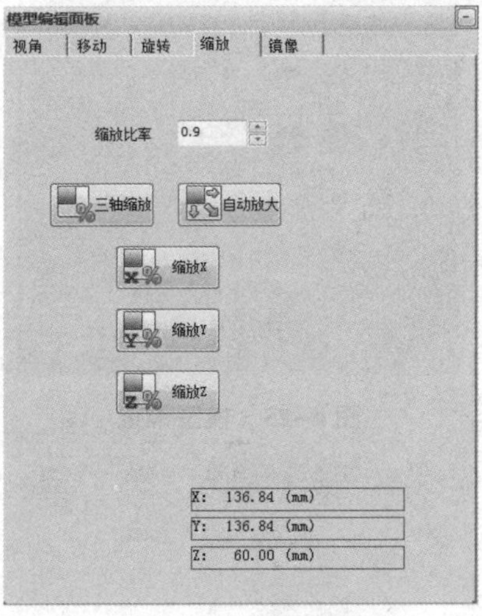

图 4-23　模型缩放

图 4-24　X 轴缩小为原尺寸一半

若想将模型的特征都按某方向反过来，或者对文字进行编辑，可以点击【镜像】按钮，如图 4-25 所示，它可以分别生成 X，Y 和 Z 轴的镜像，并且替换当前的模型。如果在软件中导入两个一样的模型（模型重合在一起，显示为 1 个），选择其中 1 个模型进行【X 镜像】，可见在初始 2 个模型的右侧又生成 1 个新的模型，此时原来重合在一起的 2 个模型中被选中的那个被右侧新模型替换，如图 4-26 所示。

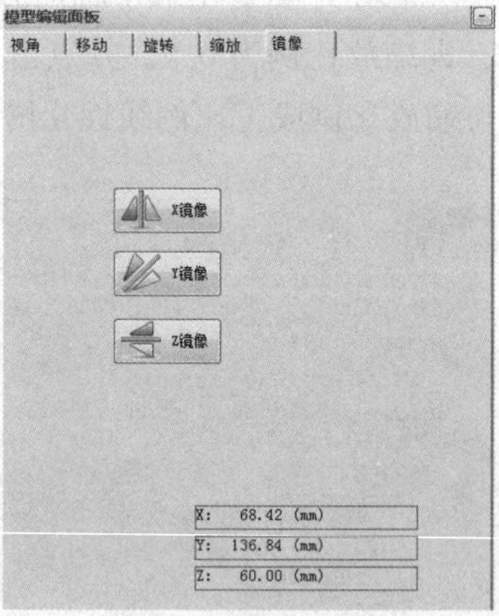

图 4-25　模型镜像

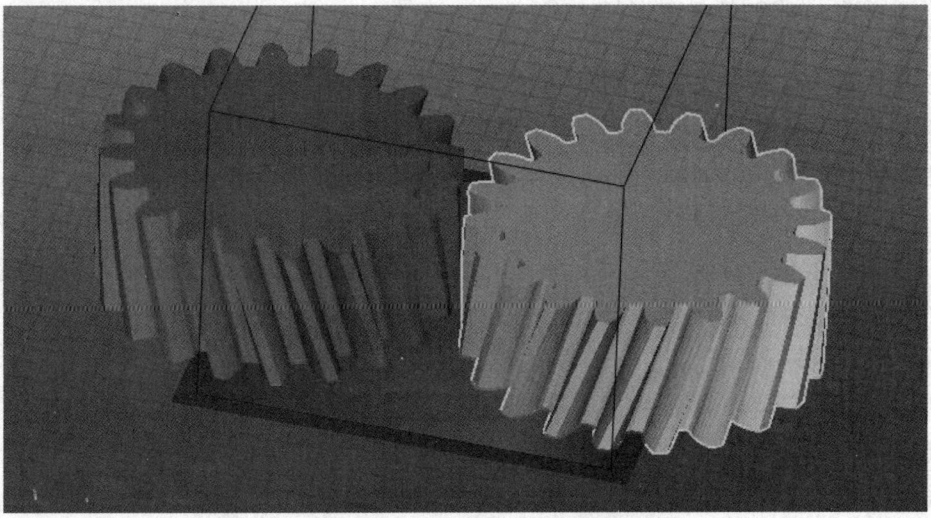

图 4-26　对模型【X 镜像】

模型摆放好后，点击图 4-7 中的【生成路径】按钮，出现图 4-27 所示的路径生成器界面。路径生成器设置由基本设置和参数设置组成。

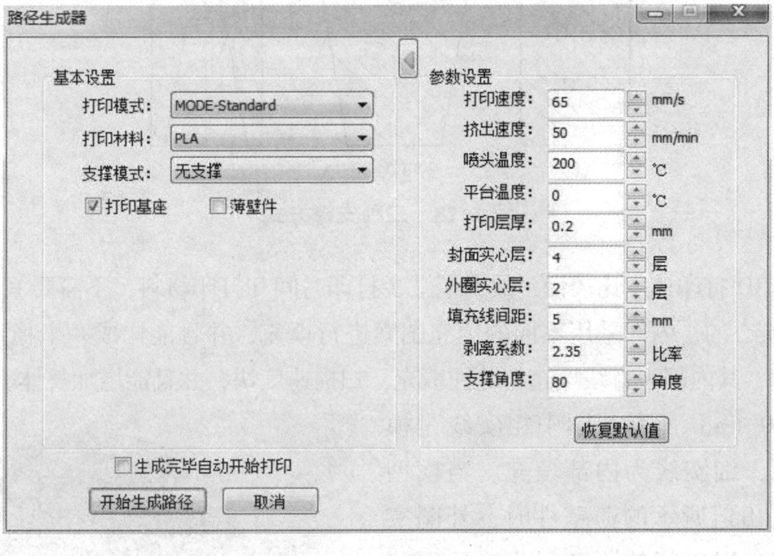

图 4-27　路径生成器

在基本设置中，可以根据成型精度要求选择合适的打印模式。软件中有四种打印模式，分别是快速（MODE-Fast）、中等（MODE-Midium）、标准（MODE-Standard）和优质（MODE-Quality），它们对应的层厚分别是 0. 35mm，0. 25mm，0. 2mm 和 0. 15mm。层厚越厚产生的打印层数就越少，生成的 gsd 文件就越小，打印时间也就越少。但是由于【阶梯效应】的存在，层厚越大，【阶梯效应】越明显，打印件表面也就越粗糙。实际打印时，根据实际需要选择合适的打印模式。

该软件提供常见的 FDM 3D 打印使用的 PLA 和 ABS 两种材料选择，但亦可使用其他材料，如 PE 等，可以根据 PE 材料的特性对【参数设置】栏中的喷头温度等参数进行设置，可将在使用 PE 材料时的喷头温度设为 205℃。

软件提供了 3 种支撑模式，分别为无支撑、内部支撑和内外支撑。图 4-28 中的（a）（b）和（c）所示都是回转体的截面。图（a）是一个圆柱体，其上、下端在横向上尺寸一致，故生成路径时，不需要支撑。图（b）是一个倒圆台，在一层层往上打印时，外部总有一部分是悬空的，即Ⅰ面总是悬空的，故需外部支撑与已经打印好的模型来共同建立一个【平台】支撑下一层。图（c）的内部是一个空心圆台，熔丝在打印到Ⅱ面时，在重力的作用下，会往下陷，故需内部支撑，选择内外支撑。

打印基座一般是默认勾选的，在生成 gsd 代码的过程中，会生成模型的基座，打印基座能固定模型，使模型很好地黏在工作台面上，能有效地抑制翘曲变形，且能有效补偿高度误差。对于那些很难将打印件从工作台面上取下的情况，在打印件从打印台面上铲下来时，基座能起到不被铲坏和不被工作台面破坏打印件底面的作用。然而打印基座是需要另外耗费热熔丝和时间的，故对成型要求不高时，可以不勾选。

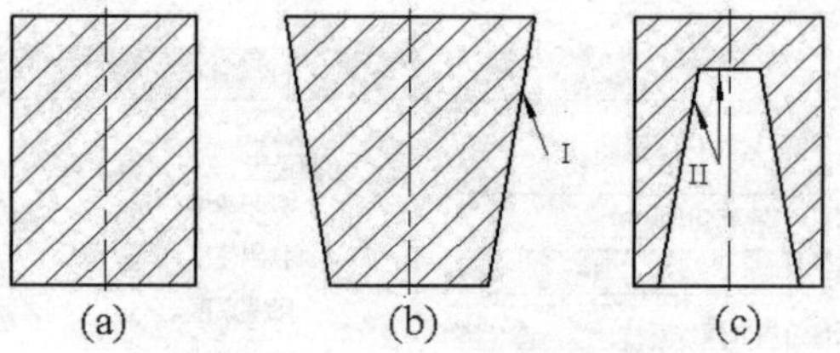

图 4-28　三种支撑方式

由于 FDM 3D 打印速度比较慢，故为了减少打印时间和打印材料，不需要 100% 打印，即只有表面几层是实心的，内部采用不同的填充图案进行填充，并且能构成一个稳定的内部构架。如图 4-29 所示，其内部为直线填充，此种填充，扫描速度快，并且能增加整体刚度。

如图 4-30（a）所示，图中粗实线是模型的边界表面，细实线为内部填充。当模型是如图 4-30（b）所示的薄壁件时，外圈实心层和内圈实心层之间的距离很小，比网状填充的宽度还小，无法填充网格，为了增加整个模型的强度，可在外圈和内圈之间增加几层实心层。勾选薄壁件，软件在切片时，将不生成内部填充，会以特定的算法增加实心层层数。对于薄壁件还可在【参数设置】

图 4-29　直线填充

栏中的【外圈实心层】中输入一个合适的值。

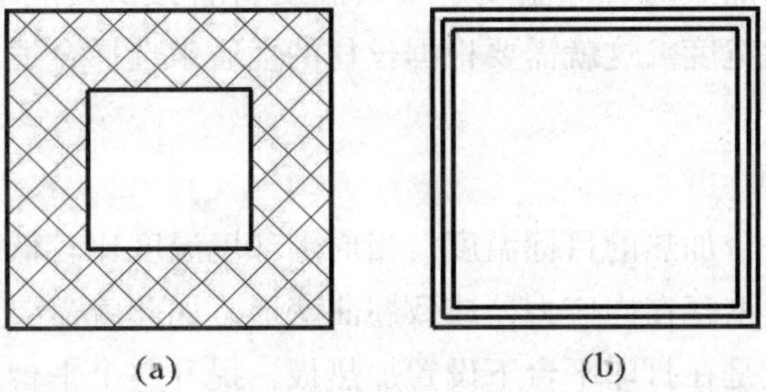

图 4-30　薄壁件

在基本参数设置完成后，点击图 4-27 中的【开始生成路径】，软件能够自动计算出模型的截面信息，若选择了支撑，软件还会根据模型的内外形状特征自动为模型添加合适的支撑。该操作生成的文件即 Gcode。

对于一般要求的成型件，直接在【基础设置】中选择合适的打印模式即可，但是若对打印件有其他特殊的成型要求，【基础设置】则不能满足了。可以在【参数设置】栏中，对特定的几个参数进行设置，以满足打印件的成型要求。3D Start L 型 3D 打印机的切片软件的【参数设置】有如下 10 个参数可以设置，见图 4-27。

1）打印速度

打印速度是指喷头在运动机构的作用下，扫描截面轮廓或填充网格时的速度。

2）挤出速度

挤出速度是指在送丝机构的作用下，喷头内熔融状态的丝束从喷嘴挤出时的速度，其大小主要取决于送丝机构的送丝速度及喷嘴的大小。

同时喷头的打印速度和挤出速度对成型精度存在着交互影响。

当打印速度一定时，挤出速度小，能提高工件的表面品质，但是会使打印的丝束非常细，材料填充不足，甚至出现断丝现象；若挤出速度增大，挤出丝束的截面宽度就会增加，当挤出速度增大到一定程度时，挤出的丝束会黏附于喷嘴外圆锥面，形成如图 4-31所示的“挤出涨大”现象，则不能进行正常的加工。当挤出速度一定时，打印速度小，所耗费的时间就会变得很长，降低了效率的同时还会出现“挤出涨大”现象。打印速度越大，成型时间越短，效率越高，但是打印速度过高，会使喷头产生机械颤动，影响零件的精度。因此，成型时的挤出速度与打印速度既不能太低也不能太高，应根据具体情况，将挤出速度和打印速度进行合理匹配。

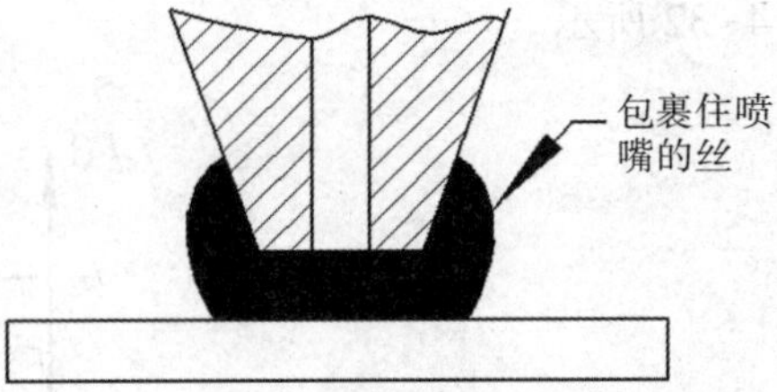

图 4-31　“挤出涨大”现象

3）喷头温度

喷头温度是将喷嘴加热的目标温度。喷头温度将直接决定材料的粘结性能、堆积性能、丝材流量和挤出丝宽度。这就需要根据丝材的性质来选择合适的喷头温度以保证挤出丝的熔融流动状态。

4）平台温度

平台温度是指将平台加热的目标温度。当周围环境温度比较低时，挤出的热熔丝冷却过快，使得刚成型的模型存在内应力，或致翘曲变形。如此就需要调节环境温度。常见的调节环境温度的方法就是在打印平台下设置加热板，提升整个平台的温度。最理想的加热温度比挤出丝的熔点温度低 1~2℃。

FDM 工艺的成型温度包括熔融丝材的温度和成型室的温度。成型机工作时，喷嘴熔融丝材的温度值要使丝材的黏性系数保证在一个适用范围内，在一定的挤出速度下可以均匀连续的挤出。成型室温度既要能使丝材顺利黏结与堆积，又要尽量使加工制件不产生收缩和翘曲变形，还要能保证制件的强度。很多打印机的成型室温度就是靠加热平台保证的。

温度变化对 FDM 制件的精度影响极其显著。喷嘴温度（T_m）太高会造成成型材料的分子破裂从而表面很粗糙，加工完的制件表面有烧焦的痕迹。若温度过低，则丝材黏结不牢固，容易开裂。成型室温度（T_e）会影响制件热应力的大小，温度高有助于减少制件热应力，但过高时零件表面会产生【坍塌】与拉丝现象，即当后一层丝材堆积在已经成型部分时，前一层的丝材由于温度过高还未完全冷却，已成型部分由于喷头挤出丝的作用力会出现向下的凹陷变形。同时由于丝材高温软化，与喷嘴接触时会被喷嘴拉着走。如果温度太低，从喷嘴挤出的丝材温度与成型室温度温差过大，丝材骤冷使成型件的热应力增加，容易引起翘曲变形，甚至使基座与工作台分离致成型无法进行。因此必须根据成型材料性能设置合理的喷头温度和成型室温度，喷头温度和成型室温度对成型制件质量的影响如图 4-32 所示。

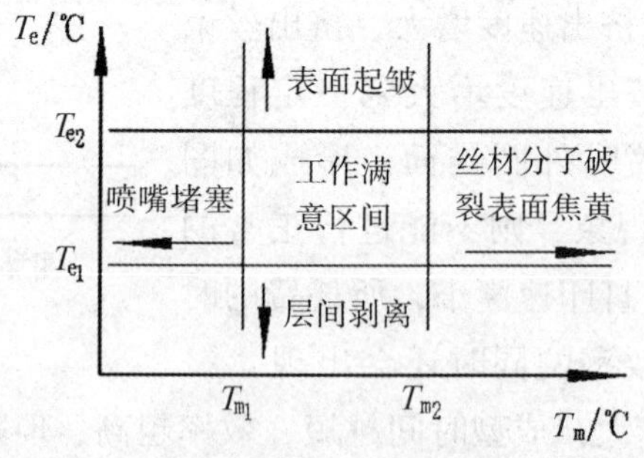

图 4-32　喷嘴和成型室合理温度范围

5）打印层厚

打印层厚是指模型加工时的切片截面的厚度。由于每层截面具有一定的厚度，在成型的高度方向上，用层厚来逼近模型的曲线轮廓会给成型件的表面造成“阶梯效应”，形成“阶梯误差”。由于每层之间存在一定的距离，不可避免地破坏了成型件表面的连续性和层片间的信息，从而产生形状和尺寸上的误差，此误差直接导致了模型精度方面的不足。

分层方向的误差由打印层厚和成型件分层方向的尺寸决定的，若打印层厚为 t，沿制件成型方向的尺寸为 H，则成型方向的尺寸误差 ΔZ 为

$$\Delta Z = \begin{cases} H - t \times \mathrm{Int}\left(\dfrac{H}{t}\right) & \text{当 } H \text{ 是 } t \text{ 的整数倍时} \\ H - t \times \left[\mathrm{Int}\left(\dfrac{H}{t}\right) + 1\right] & \text{当 } H \text{ 不是 } t \text{ 的整数倍时} \end{cases} \tag{4-1}$$

若对图 4-33 所示的 1/4 圆柱分层，当 $t=0.3$mm 时，分得 5 层，$\Delta Z=-0.15$ mm，如图 4-34 所示；当 $t=0.15$mm 时，分得 11 层，$\Delta Z=0$ mm，如图 4-35 所示。

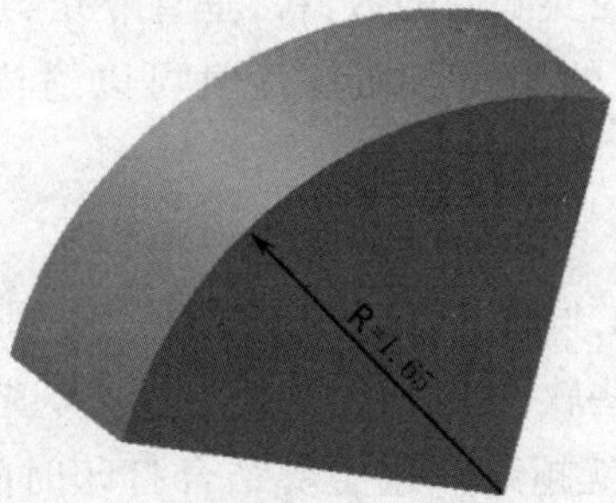

图 4-33　1/4 圆柱

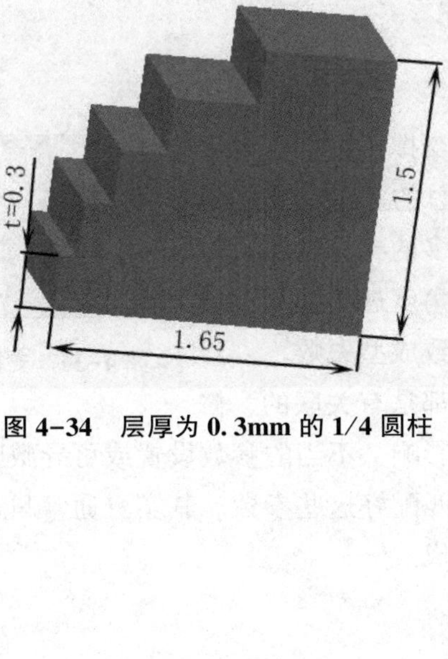

图 4-34　层厚为 0.3mm 的 1/4 圆柱

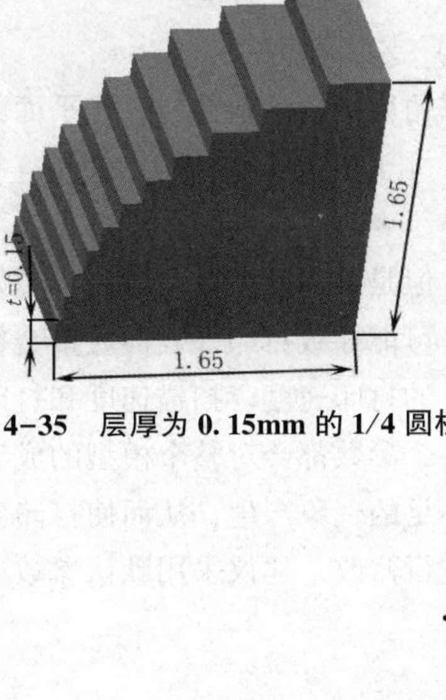

图 4-35　层厚为 0.15mm 的 1/4 圆柱

因此，合理选择分层厚度有助于减小或消除尺寸误差。由式（4-1）可知，当沿分层方向尺寸是层厚的整数倍时，因分层引起的尺寸误差理论上是可以消除的。

由于选用多边形柱面替代任意曲面，在加工过程中必然会产生“阶梯效应”，而且，层厚越大，“阶梯效应”越明显。图 4-34 所示 1/4 圆柱的层厚为 0.3mm，图 4-35 所示 1/4圆柱的层厚为 0.15mm，对比二者可知图 4-34 的“阶梯效应”更明显。

一般来说，层厚越小，“阶梯效应”就越不明显，表面质量越好，但分层处理和成型时间变长，加工效率降低；相反，层厚越大，“阶梯效应”就越明显，表面质量越差，不过加工效率则相对较高。所以，层厚越小，零件内部结构就越紧密，表面质量和刚性就越好，但加工效率就越低，因此合理选择层厚至关重要。

6）封面实心层

封面实心层数是水平外壳实心层的数目。封面实心层的数量在适当的范围里面增加可以很明显地提高封面层的表面质量，并且能提高打印件的强度。

7）外圈实心层

外圈实心层数是指垂直外壳实心层的数目，垂直外壳实心层的数量越多，打印件的强度就越高。故对于强度要求高的模型，在切片时可以适当地提高打印件的外圈实心层数量。

8）填充线间距

填充线间距即内部填充线的间距。填充线间距越小，则模型内部填充的材料就越多，打印件的整体刚性就越好。有些软件里面将之命名为“填充率”，其实二者有异曲同工之妙。但也并非填充线间距越小就越好，这需要结合打印时间和材料的用量等因素来综合选取。

9）剥离系数

剥离系数即模型与基座之间的高度，此值是相对于层厚的比率，值越大，模型越容易从基座上剥离。若层厚为 h，比例系数为 k，则模型与基座之间的距离 H 为

$$H=kh \tag{4-2}$$

（10）支撑角度

支撑角度指的是斜面与工作平面的角度，当支撑角度小于设定值 α 时，才会生成支撑结构，如图 4-36 所示。总的来说，角度越小，支撑越少。尽管支撑角度越小，可以省去越多的支撑材料及打印时间，但是支撑角度并不是越小越好，当支撑角度过小甚至不给以支撑，可能导致打印件表面质量会很差甚至导致成型失败。

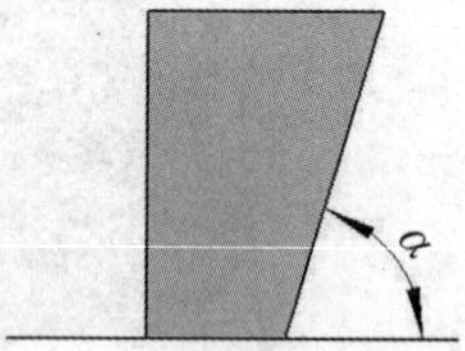

图 4-36　支撑角度

上述的打印速度、扫描速度和打印层厚之间都是有关联的，修改任何一个参数都会对整个模型的成型精度产生影响，不当的参数设置或可导致喷头堵塞或出丝不足的现象产生，从而使打印失败，故要匹配好这些参数。其实，通常只需要对基本设置进行修改，建议采用默认参数进行路径生成。

在基本参数设置完成后，点击图 4-27 中【开始生成路径】，软件能够自动计算出模型的截面信息，若选择了支撑，软件还会根据模型的特征自动为模型添加合适的支撑。该操作生成的文件即 Gcode。

4.4　FDM 3D 打印机操作过程

生成 Gcode 后，即可开始模型的打印工作。FDM 3D 打印机通常有两种打印方式，即联机打印和脱机打印。若选择联机打印，则只需要在软件的主页上选择【开始打印】，则打印机开始工作。然而此种打印方式需要打印机和电脑始终保持连接，不方便异地打印。此处主要介绍脱机打印的使用。

脱机打印，顾名思义就是打印机独立工作，不需要连接 PC 或者其他设备，只需要把特定格式的文件传到打印机内存上就可以独立打印。此处以 SD 卡为媒介传输 Gcode 文件，只需将携带了 Gcode 文件的 SD 卡插入打印机中的特定卡槽中即可实现【连接】的作用。以 L 型打印机为例，如图 4-37 所示，SD 卡需沿特定的方向插入卡槽。特别注意，插拔 SD 卡时要注意关闭打印机电源，带电插拔 SD 卡有可能对机器造成损害。

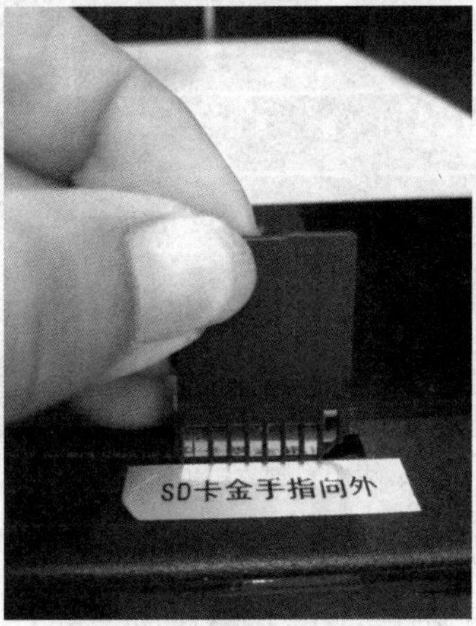

图 4-37　SD 卡插入卡槽

打开打印机的电源按钮，打印机显示屏出现如图 4-38 所示的开机界面。

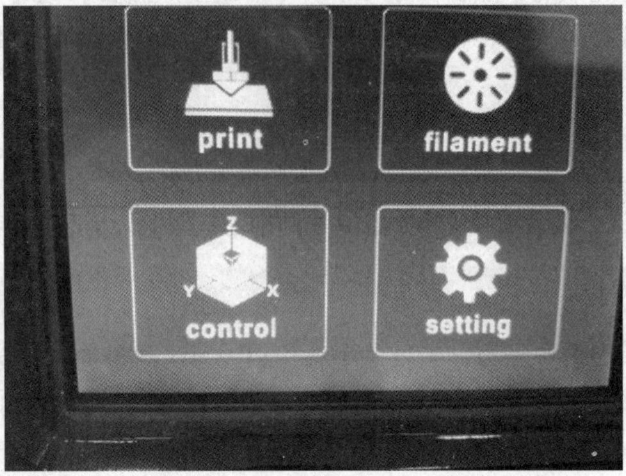

图 4-38　L 型打印机开机界面

点击图 4-38 中的【print】，所有模型的 Gcode 都存储于此，模型目录如图 4-39 所示。可以通过【向左】和【向右】按钮切换模型目录列表。

图 4-39　L 型打印机的模型目录

通过切换，找到本次需要打印的文件【helical_left_gear】，点击文件名，切换成如图 4-40所示的打印界面，即可开始打印。由于本打印机只装了一个左喷嘴，右喷嘴和加热平台都没有装，所以打印界面上只显示了左喷嘴的温度。打印界面中的【133℃/207℃】表示当前温度为 133℃，目标温度为 207℃，只有当前温度达到目标温度时，打印机才会开始打印。打印界面的上方有两个时间计数器，左侧的【20：11：48】表示整个模型的打印所需时间为 20h11min48s，右侧时间为打印的剩余时间。

图 4-40　L 型打印机的打印界面

打印完成后，打印机会自动停止。取出打印件，如图 4-41 所示。该模型转换成 STL 文件时采用的是默认参数设置，打印模式选择的是【标准】模式。

图 4-41　打印成型件

打印完成后，将打印机回零。即点击图 4-38 中的【control】按钮，出现如图 4-42 所示的打印机控制界面。点击该界面中的【home】按钮，打印机的喷头和工作平面就会回到打印机默认的零点位置，方便下次打印。

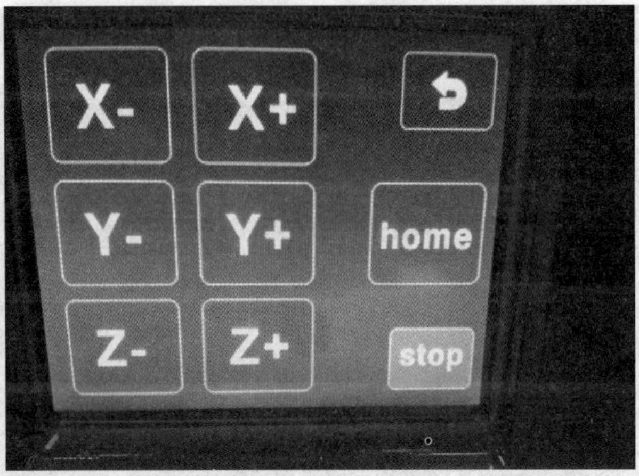

图 4-42　打印机回零

打印机回零后，即可关闭打印机电源按钮，本次打印机使用结束。

4.5　打印后处理

FDM 3D 打印后处理指对使用该工艺生产的零件毛坯进行去除支撑、打磨、喷油等多道工序，最终拼接装配成完整部件的过程。后处理的主要工艺流程如图 4-43 所示。

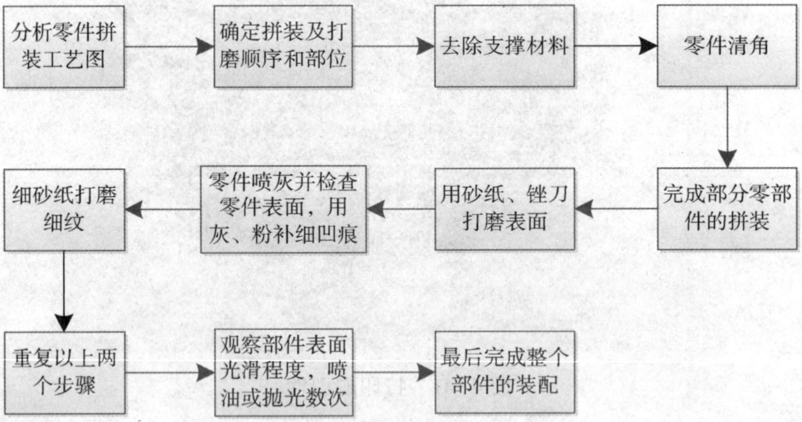

图 4-43　后处理的主要工艺流程

1. 去除基座

基座是为了增加模型和工作台面的粘接效果而设定的，一般打印机的支撑采用虚点连接，与模型连接得不是太紧密，可用小铲铲下或手工去除，但有时会在模型底面留下基座残留，基座残留如图 4-44 所示，可以看出图中的基座残留很多。

图 4-44　基座残留

2. 去除支撑

支撑是为支撑上部悬空部分而设计的，可手工或小刀去除。支撑与模型本身是连接在一起的，故去除后会在模型表面留下支撑残留。如图 4-45 所示的大白机器人模型，在其手指间，由于支撑不好去除，留下了很多支撑。

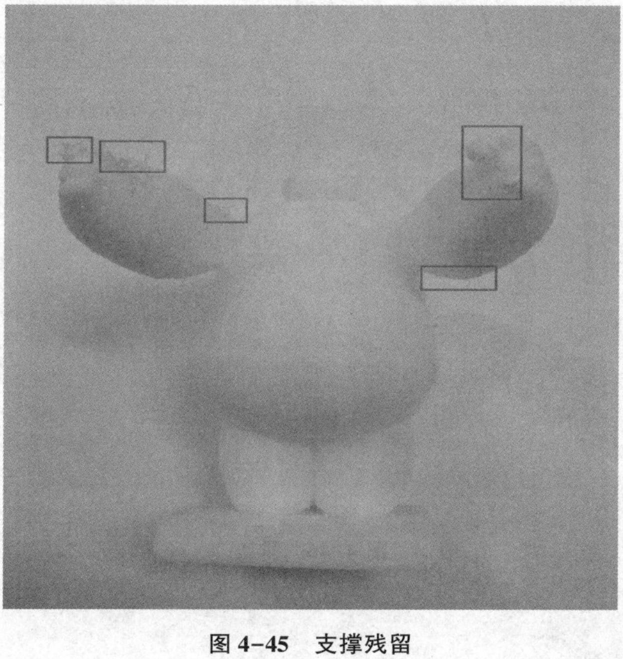

图 4-45　支撑残留

3. 去除垂丝

由于有些打印机不具备空行程回丝的功能，所以喷嘴中的熔融状的热熔丝会在重力的作用下继续往下流出，在打印模型表面形成很多细小的棉絮状的细丝线，如图 4-46 所示。对于这些影响模型外观且数量众多的垂丝，显然用手工一一去除的效率太低，可用打火机等引火工具轻轻在下方掠过一下，以去除垂丝。但是时间不能过长，因为热熔丝的熔点只有 200~240℃左右，其变形温度更只需要 60℃，故时间不能太长。

(a)

(b)

图 4-46 垂丝

4. 拼接粘接

如果模型过大而超过了打印机的打印范围，或是模型切割后打印出的效果更好，可将模型切割，分别打印，打印完再进行拼合粘接。另外，在去除支撑时，不小心将打印件损坏，亦需要进行粘接修复。

以篮球运动员模型为例，由于模型上大下小而且模型必须站立打印，故产生了很多支撑，在去除支撑时，其腿部断裂，如图 4-47 所示。

对比需要粘接的部位是否吻合，粘接面是否干净，若有异物或者不吻合，会导致粘接结构不准确。故可通过打磨使粘接面吻合，通过毛刷清理使粘接面清洁，从而使粘接面吻合。模型预对齐图如图 4-48 所示。

图 4-47　残缺的偶像

图 4-48　预对齐

因为打印件内部是用网格填充且间隙较大，黏度低的胶水会直接渗透到打印件内部，需要采用黏度高的胶水进行粘接。可以采用打印机附带的平台胶水或者是德国 UHU 木工胶水粘接。等到胶水凝固后，再使用常见的 502 胶水加固即可。

以打印机配套工具中的美工刀蘸取平台胶水均匀涂抹于断截面处，如图 4-49 所示。此处应注意，不能使胶水溢出到粘接面以外的表面，如此会影响打印件的外观。

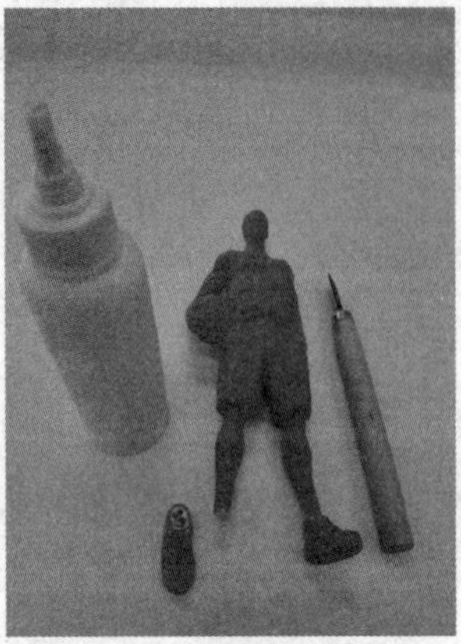

图 4-49　涂胶

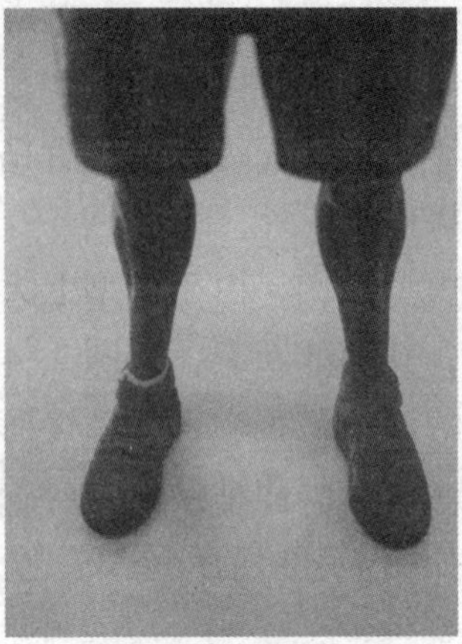

图 4-50　粘接

涂抹完胶水之后，在粘接件之间稍稍施加压力，并且逐渐调整粘接件间的位置，调整到最佳的位置后，将如图 4-50 所示的粘接处外部周围的白色胶水拭除，并将其置于通风处进行干燥。干燥完毕，可视情况对其用适量的 502 胶水进行加固。

5. 补土

模型粘接结束后，视实际要求进行补土。粘接过程中产生的缺陷，打印过程中形成的一些小的缝隙和凹坑以及去除基面和支撑时产生的凹陷等缺陷都需要进行补土。

最常见的补土方式是使用牙膏补土，顾名思义，其状如牙膏，装于软管中，可如牙膏一样挤出。常用 Tamiya Putty（宫田补土），如图 4-51 所示。补土时，用美工刀取出少许补土，填补到所需要填补的缝隙或者凹坑等缺陷处，如图 4-52 所示。需要注意的是，补土干透后会有收缩现象产生，故补土抹到打印件上不能只抹平，补土的量应该略微高出缺陷一点，等补土干透后，补土会收缩进缺陷中。若干透后还未能完全填补缺陷，再重复上述过程即可。

图 4-51　补土牙膏

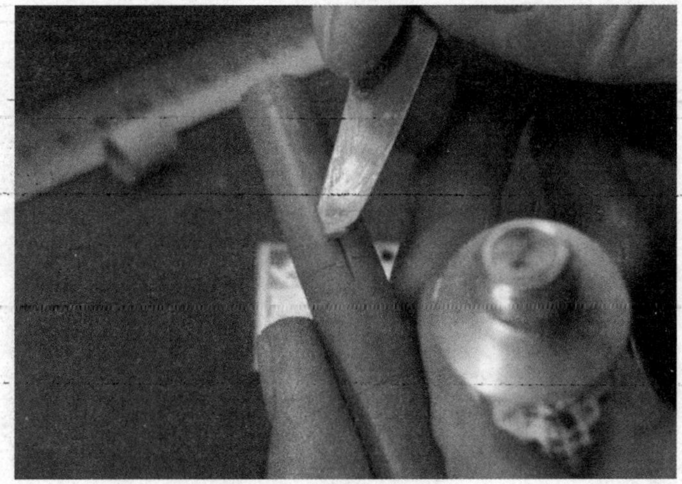

图 4-52 牙膏补土

6. 表面处理

由于 FDM 3D 打印成型时存在“阶梯效应”，并且在打印过程中以及后处理过程中产生缺陷，故对于表面要求较高的打印件，需对其进行表面处理以降低表面粗糙度。通常用砂纸和锉刀对表面进行打磨。

打磨的目的是去除零件毛坯上的各种毛刺，去除成型件“阶梯效应”形成的纹路以及补土后的凸起，以达到需要的表面粗糙度和装配尺寸精度要求，并且在必要时对打印机加工时遗漏或无法加工的细节做修改。

一开始打磨可以用锉刀或者磨料颗粒较粗的砂纸（400 目、500 目和 600 目）进行粗打磨，此时打磨以去除材料为主，注重的是效率。材料去除得差不多后，可以换水砂纸或者目数大的干砂纸进行打磨。水砂纸要和水一起使用，打磨效果比较光滑。使用砂纸目数越高，表面打磨越细腻，如 2 000 目以上的砂纸，打磨的效果也很好。

用砂纸和锉刀进行打磨时，要顺着弧度去磨，按着一个方向打磨，避免毫无规律的打磨。可以通过折叠砂纸来增加砂纸的强度，且形成一条锐利的打磨棱线，可以打磨那些边角。如图 4-53 所示（该模型转换成 STL 文件时采用的是默认参数设置，打印模式选择的是【标准】模式），这是一个圆柱打磨前后的对比，下方经过打磨的圆柱比上方未经打磨的圆柱表面更光滑圆润。在打磨时要将砂纸上脱落的砂粒及时清除，继续在脱落的砂粒上打磨对模型本身会有很大的损伤。最后还要注意的一点就是不要打磨过度，因为打印件只有最外面的几层是实心的，若将这些表面实心层打磨掉，则打印件就会报废。在打磨完成后，可用自来水冲洗打磨件，以去除打磨件表面细小的塑料粒和砂粒，晾干后的打印件比未清洗的打印件表面质量会更好一点。

图 4-53　打磨前后对比

7. 其他处理方法

消除打印件表面的“阶梯效应”产生的纹路和后处理过程中产生的缺陷，降低表面粗糙度的方法除了用上述的锉刀和砂纸还有如下几种。

1）化学溶液（抛光液）法

利用某些溶剂可以溶解 PLA 或 ABS 材料的功能，以之擦拭打磨打印件表面，直至表面变得光滑。或者以之浸泡打印件，以去除那些多余的材料，降低打印件表面粗糙度。对于大的打印件，可以使用专门的抛光机，用化学溶剂浸泡一定的时间，即可得到较光滑的表面。

2）丙酮熏蒸法

以丙酮蒸气对打印件进行一定时间的熏蒸，可以对打印件表面起到抛光的作用。但是丙酮蒸气对人体有害，且不易控制时间，若非专业人士使用简易设备进行丙酮熏蒸请慎重。不过，现在有很多专门的丙酮熏蒸仪器，比如国内有款专为 ABS/PLA 3D 打印件做磨皮的魔法盒子——MagicBox，可以在密闭的空间中用丙酮蒸气抛光 3D 打印成型件，让其表面变得光滑。用 MagicBox 处理后的小黄鸭模型如图 4-54 所示，左边的是经过丙酮熏蒸过的，相较于右边未经任何处理的打印件而言，可见非常地有光泽，表面粗糙度很低。

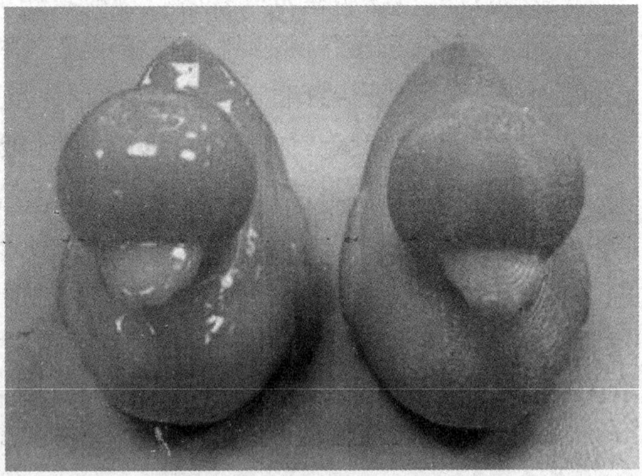

图 4-54　小黄鸭模型

3）珠光处理

珠光处理是工作人员手持喷嘴朝着抛光对象高速喷射介质小珠从而达到抛光效果的处理方法。这些介质小珠通常是经过精细研磨的热塑性颗粒。后处理后打印件表面粗糙度能明显降低，有均匀的亚光效果。但是其价格昂贵，且加工对象的尺寸有限，不适合批量生产。

4）蒸汽平滑

利用 FDM 使用的塑料的可塑性强的特点，把打印件置于蒸汽罐中，蒸汽上升可以融化打印件表面约 2μm 左右的一层，很快就能使其变得光滑。该方法对于大部分成型精度在 0.1mm 以上的 FDM 打印机成型件来说，几乎不影响成型精度。不过，其与珠光处理一样，有尺寸限制，不适合大的打印件。

8. 上色处理

由于很多 3D 打印机都是单色打印，故有时可以通过上色处理来使打印件具备颜色的多样性，同时满足对不同颜色鲜艳明亮程度的要求。

按照所需要求选用模型涂装用的模型漆，或者具有漆面保护功能的保护漆、消光漆、半消光漆、亮光漆、冷烤漆等对打印件表面进行上色处理。

一般以白颜色的漆做底漆，再根据需要选用喷面漆，根据需要形成高光或者亚光的效果，选择上光油或者亚光油，同时在打印件表面形成一层透明保护层。以砂纸打磨掉不小心流挂的漆，再以自喷漆上底漆后，等漆干后，用丙烯颜料在打印件表面描绘一些细节。图 4-55 所示为上色后的模型。

图 4-55　哆啦 A 梦模型

4.6 打印技巧

在对打印模型生成路径前，需要对模型进行一些必要的处理，使成型质量更高且减少打印时间与耗材的使用。本节从模型的摆放、模型的分割与预留容差、模型的复制与模型的简化这几个方面来对模型的处理进行叙述。

4.6.1 模型的摆放

3D 打印时，除了软件参数的设置外，模型的摆放也会对打印的质量产生影响。在相同的参数设置的情况下，模型成型质量也会由于模型在成型空间中放置形式的不同而有差异。要想打印出高质量的模型，除了设置合理的参数外，亦要将模型按照合理的形式放置在工作平台上。

在 3D 打印成型过程中，模型在工作台面上的摆放是影响模型成型质量和打印成功与否的重要因素之一，并且根据其放置形式的不同，打印时间和热熔丝的消耗也不同。本节主要从模型摆放位置、模型摆放角度、模型摆放方向、模型的底面与被支撑面和模型的形状这五个方面来阐述模型的摆放对成型质量的影响。

1. 模型摆放位置

3D 打印机将熔化的热熔丝从喷嘴中挤出，铺在打印机工作台面上，所以工作台面相对于打印机位置关系对成型会有很大影响。图 4-56 所示是一个工作台面的主视图和俯视图，在主视图中，Ⅰ为喷嘴的运动轨迹平面，假设与水平面水平；Ⅲ与水平面平行，是工作台面与喷头之间最理想的位置关系；Ⅱ和Ⅳ以及二者之间的平面是工作台面实际的位置。

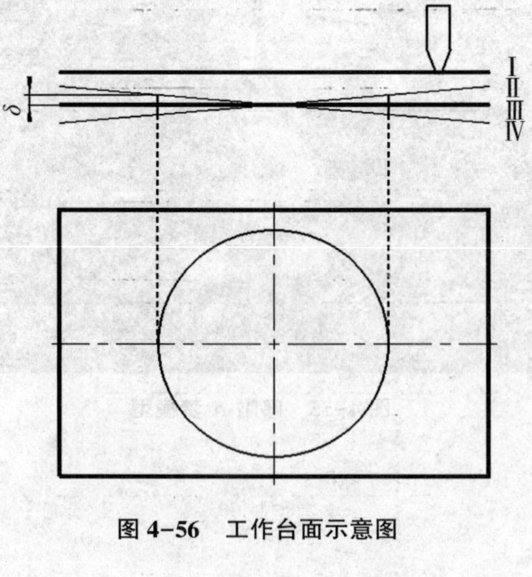

图 4-56 工作台面示意图

在喷嘴和工作台面之间距离适当的情况下，喷嘴与工作台面垂直是喷嘴和工作台面最好的相互位置关系。但是这只是一种理想状况。首先，由于摆放打印机的桌子、打印机的导轨的制造误差及定位误差等都有可能导致喷嘴与水平面不垂直。其次，工作台面是通过若干个定位螺钉定位的，这些定位螺钉确定的平面未必水平。故在此忽略各种外在因素，假定打印机的喷嘴是与水平面垂直的，在此基础上讨论模型在工作台面的位置对整个成型的影响。

当实际工作台面与理想工作台面之间的距离在某个范围 δ 以内，打印机挤出的丝可以很好地铺在工作台面上，这个范围体现到工作平面上，就是图 4-56 所示俯视图中类似圆的区域。因此，一般打印时要将打印件往工作台面中央放置，越靠近打印台面中央，打印效果越好。

2. 模型摆放角度

一个模型有多个表面可以使模型放平于工作台面，即使不平放，也可以斜着放，如此多的放置方式应该如何选择呢？

图 4-57 所示是一个长方体横截面，可以将其平放于工作台面，如图 4-57（a）所示，亦可将其与水平面成 30°，60°，90°放置，分别如图 4-57（b）（c）和（d）所示。由图可知，图（a）和图（d）的横向和纵向平面都很平整。而图（b）和图（c）的面都不平整，锯齿线很明显，并且图 b 的纵向较横向更不平整，图（c）的横向较纵向更不平整。

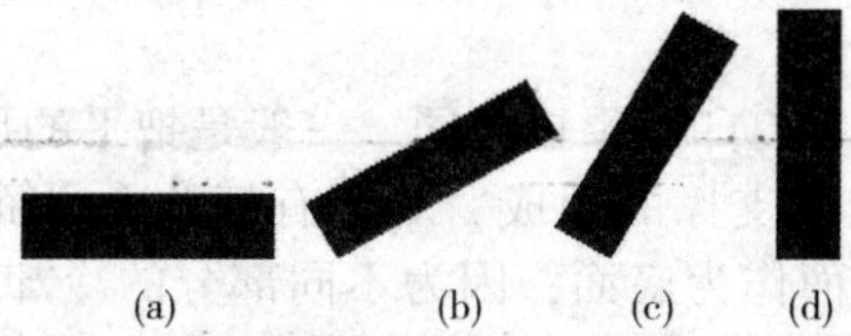

图 4-57　一个不同放置角度的长方体横截面

结合图 4-58 可知，与工作台面夹角越小，其表面锯齿状的界面就越明显。

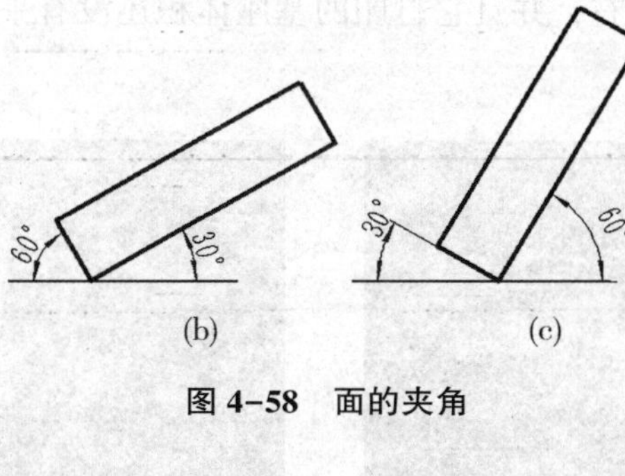

图 4-58　面的夹角

图 4-59 所示是 3D 打印模型的“阶梯效应”，其中虚线部分是原模型，粗实线部分是分层后实际打印的，t 是层厚，h 是阶梯高度，α 是模型的角度。则它们之间存在以下关系：

$$h = t\cos\alpha \tag{4-3}$$

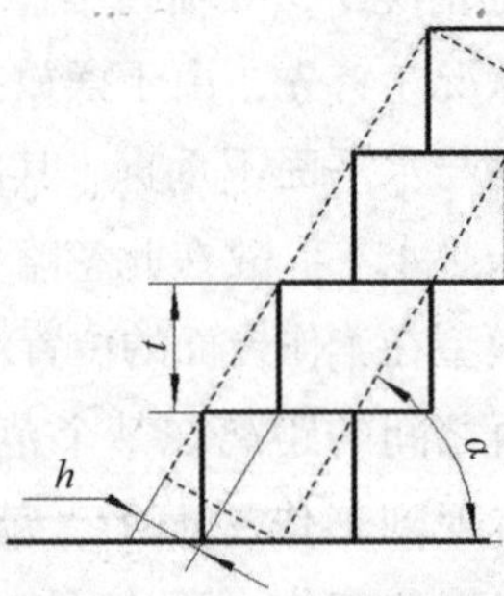

图 4-59　模型的“阶梯效应”

由式（4-3）可知，层厚越高模型的阶梯高度越大；角度越小，模型的阶梯高度也越大。阶梯高度越大则“阶梯效应”越明显。

因此，打印时平行于或者垂直于工作台面的面的表面质量会更好，并且使用的支撑也更少，能减少支撑材料的使用和打印时间的消耗。故对于简单模型，将表现模型外观特征的主要表面调整为垂直工作台面的状态。对于复杂模型，选择最能影响模型外观的特征的面垂直于工作台面。对于无法将主要表面调整为垂直工作台面的情况，则尽量不要使其与工作台面的夹角过小。对于大而复杂且不要求工程特性的模型，可以将模型分解成若干部分，分开成型，最终将所有成型件粘接成一个整体。如此不但可以变相扩大打印机的打印范围，而且可以提高复杂模型的表面质量。

3. 模型摆放方向

模型的摆放方向不同，其打印效果也不同。一般是把平的那个面作为底面，因为平面有利于模型的摆放平稳和减少支撑的生成。对于有好几个平面的模型，模型体积又很大的，可尽量选择面积小的平面作为底面，因为不同部分的冷却过程有各自不同的收缩率，面积大的平面很容易发生变形。但是所选平面亦不能太小，太小则整个模型不易黏在基座上，打印件易被喷头刮倒。

图 4-60（a）（b）所示为直径为 10mm，高度为 60mm 的圆柱，它们转换为 STL 文件采用的是默认参数设置，切片时采用的是【标准】模式。但是从打印时间来看，竖着打印要比平放着打印多 10min 左右，并且它打印的基座体积还没有平放着打印的大，为何成型时间多出如此之多呢？

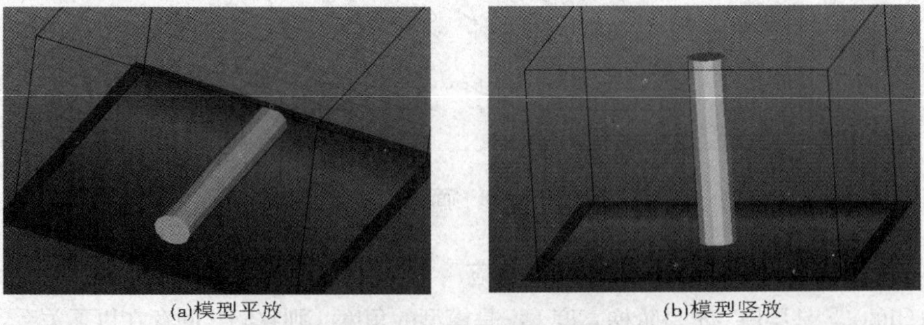

(a)模型平放　　(b)模型竖放

图 4-60　模型平放、竖放

对于 3D 打印件，从实际使用角度考虑，由于主要使用的是打印件的外观，并不需要打印件具备很大的强度，故打印件内部不是实心的。如此不但节省耗材，而且减少了打印时间，但是为了使打印件具备一定的刚度，3D 打印时，通常在模型外表面打印出几层实心层，内部全是填充网格，这些填充网格能够很好地增强整个打印件的刚度。图 4-61（a）（b）即图 4-60 所示模型的某截面的内部填充网格。由于切片选取的是【标准】模式，对比 L 型打印机切片软件可知，该模式对应的层厚为 0.2mm，则可知，平放的圆柱共切成 50 层，竖直放置的圆柱共切成 300 层。由图 4-61（a）与（b）对比可知，平放的圆柱每个截面的内部填充都比较集中，而竖直放的内部填充都比较分散，且平放的每条填充线都比竖放的长。这就表明打印机打印竖放的圆柱时，打印头换向的频率高于平放的，而每次换向，喷头都有许多空行程要走，是这些空行程占用了时间。而且，平放着打印只有 50 层，竖直放置有 300 层，Z 轴每次运动前，打印头都需要移动到一个特定的位置，然后 Z 轴才开始运动，此处又有很多空行程，是这些空行程和 Z 轴运动占用了很多时间。故对于体积一样大的模型，其 Z 轴方向高度越低，一般其打印时间反而越少。

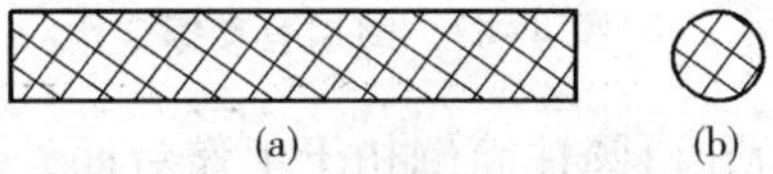

图 4-61　模型某截面的内部填充网格

同时，Z 轴是通过螺纹杆的转动来实现进给的，精度很高，如 L 型打印机，其 Z 轴定位精度能达到 0.01mm。而 X 轴和 Y 轴方向挤出的丝不仅受到热熔丝的直径的影响，还受到打印机挤出速度、打印速度和层厚的影响，其尺寸精度是很低的。所以一般打印机的 Z 轴方向的尺寸精度比其他两个方向的尺寸精度高，在设定模型的放置方向时，尺寸精度也是一个要考虑的因素。因此，放置模型时应选择一个较矮的方向作为 Z 轴的方向，以节省时间。

实际摆放模型时，不单单要选择打印时间少的，更应该结合重要表面和重要尺寸选择模型的摆放方向，必要时需要以牺牲时间来换取重要面和重要方向的成型质量。太长的模型竖过来放，高宽比过大，易失稳，也很难成型。

4. 模型的底面与被支撑面

3D 打印在绝大多数的时候都是需要加基座和支撑的。

基座能使打印件更可靠地黏在工作台面上，但是，在打印件与基座剥离时，会对打印件的底面的表面质量产生影响。

支撑可以使打印件成功成型，但是去除支撑后，会在模型表面留下痕迹，严重影响成型件的表面质量，因此，打印过程中希望模型支撑的表面积越小越好。

为了避免甚至减少支撑面积，操作者会自行对模型进行旋转，选择合适的摆放位置。

现以一开口圆柱筒为例，来讨论基座和支撑面对模型的表面质量的影响。图 4-62

（a）（b）所示分别为开口圆柱筒倒扣于工作台面打印的成型件的照片，其打印时间是 2h9min。由于该模型中空，最上层封面层需要支撑，故选择支撑来支撑最上层封面层。由图（b）可知，由于该面垂直于 Z 轴，且打印时又是最上层，所以其表面质量很好。

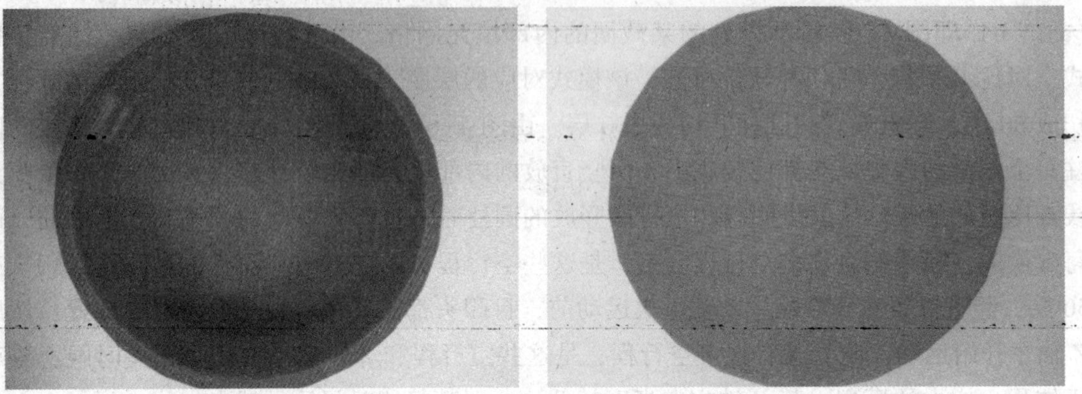

（a）　　（b）

图 4-62　倒扣有支撑

图 4-63（a）（b）所示为开口圆柱筒倒扣于工作台面，但是内部不加支撑，其打印时间是 1h30min。由图（a）可知，内部由于没有支撑，有很多丝线粘接得不是很紧密。

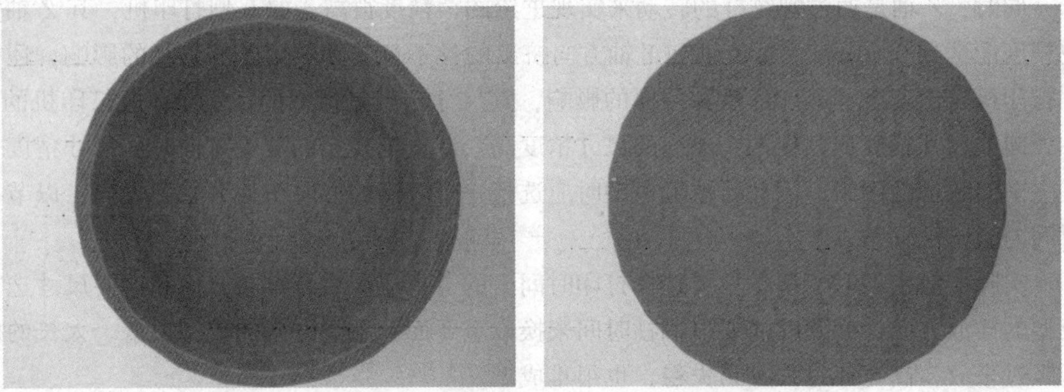

（a）　　（b）

图 4-63　倒扣无支撑

对于一些跨度距离大的结构，其上层界面比下层界面急剧放大，后打印的上层界面会有一部分悬空的情况，从而导致上层界面发生部分坍塌或者变形，严重影响打印模型的成型精度。图 4-63 所示模型没加支撑，但是上表面的表面质量还不错，主要有两个原因：其一是模型直径为 60mm，跨度较小；其二是模型最上层表面有 3mm 厚，该厚度消除了无支撑带来的一些影响。故可以通过增加模型顶层厚度或提高其封面实心层层数的方法，在打印小跨度结构时可以不使用支撑。

图 4-64 所示是直径为 120mm 的开口圆柱筒，未加支撑打印，打印时倒扣在工作台面上。由于没有支撑，其内部上表面的表面质量比图 4-63（a）中的内部上表面的表面质量还差。这说明，打印时若不加支撑，跨度越大，其应加支撑的表面的表面质量越差。

图 4-64　直径为 120mm 的圆柱筒反放无支撑内部

对比图 4-63（b）和图 4-62（b）可知，图 4-63（b）所示圆柱筒的表面质量跟有支撑的模型的表面质量相差不大，但是直径为 120mm 的大跨度模型的倒扣无支撑外部如图 4-65所示，可以看到其上表面非常地粗糙。

图 4-65　直径为 120mm 的圆柱筒倒扣无支撑外部

因此，对于本该加支撑而不加支撑的打印件，其上表面的内部的表面质量会很差，而对于上表面的外部，若跨距在一定范围以内，其表面质量与加了支撑的模型相差不大。但若是其跨距超出一定的范围，则其表面质量和加了支撑的该模型的打印件的表面质量有较明显的差异。

图 4-66（a）（b）所示为开口圆柱筒正放于工作台面，故不需要支撑，其打印时间是 1h31min。由图可知，其内表面的表面质量很好，而底面甚至有材料缺失，这是在剥离基

座的时候被基座黏走了。

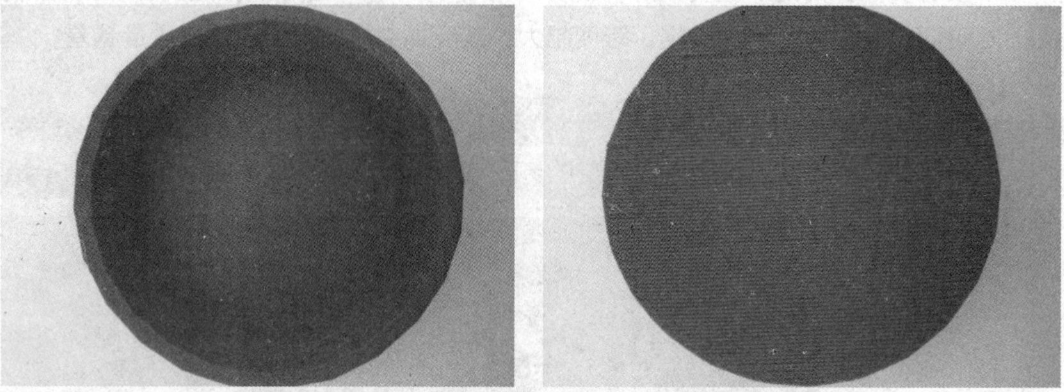

(a) (b)

图 4-66 正放

由图 4-66（b）和图 4-62（b）的对比可知，模型底面的表面质量一般都比较差；由图 4-62（a）和图 4-63（a）的对比可知，需要支撑的内表面有支撑时的表面质量优于没有支撑的表面质量，但是所需时间比没有支撑的长了不少。

将一个模型按照图 4-67 所示放置在切片软件中，最左端是直接放置在工作台面上的，中间倾斜段和右侧悬空段是通过支撑支承的。

图 4-67 模型在切片软件中的放置情况

模型成型后，打印件如图 4-68 所示。其中，Ⅰ区域对应的就是图 4-67 中直接放置在工作台面的那部分，该区域的丝线较粗，中间的间隙比较大。Ⅱ区域对应图 4-67 中倾斜段，该区域由于“阶梯效应”和支撑的双重作用，导致其表面质量很差，丝线间的间隙也比较大，并且有些丝线未能完全黏牢在模型表面。Ⅲ区域对应的是图 4-67 中悬空段，该区域的丝线较细，但是由于支撑的原因其表面质量不及侧面及顶面光滑。

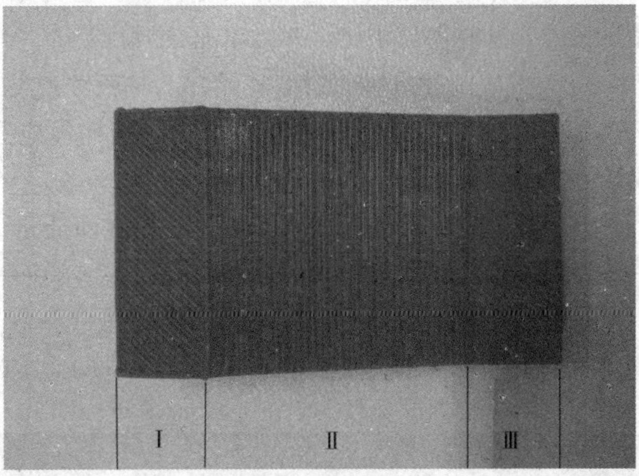

图 4-68　打印件

将这 3 个区域的表面质量进行对比，可以发现，就平面而言，平行于工作台面的悬空面的表面质量最好，其次是与基座直接接触的底面，最差的是有支撑的斜面。

因此，选择底面时，应选择表面质量要求不高的面；对于支撑的使用，则是能不选择支撑就不选择支撑，并且对于小跨度的结构，可以通过提高封面实心层的层数和顶层的厚度来避免使用支撑。

5. 模型的形状与摆放

常见的 3D 打印模型可分为规则模型和不规则模型两类。

所谓规则模型指在形状、结构或分布上合乎一定的方式，看上去较整齐的模型，如图 4-69 所示的斜齿轮即为规则模型。

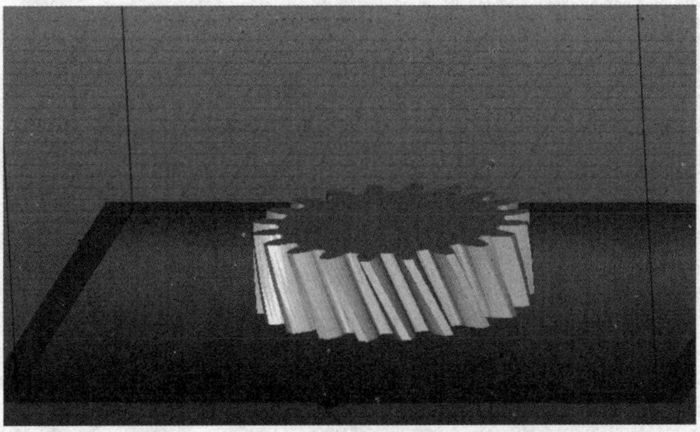

图 4-69　斜齿轮

在机械行业中，零件可以分为四大类，即轴套类零件、盘盖类零件、叉架类零件和箱体类零件，从某种程度来说，这些零件中绝大多数都是规则模型。

（1）轴套类零件。这类零件一般有轴、衬套等零件。一般轴套类零件对其纵向，即圆柱面的表面质量要求较高。按照图 4-70 所示放置模型，“阶梯效应”和支撑会严重破坏其表面质量，故此放置方式不合要求。

可将该轴按图 4-71 所示放置，如此可以保证圆柱面的表面质量。同时应将大端作为底面，因为底面面积越大（在一定的范围内），说明生成的基座的面积也就越大，如此基底和打印件受到工作台面的拉力就越大，打印件就越不易翘曲。另外，打印模型与基座的接触面积就越大，模型不易被喷头带动，不致使打印件在未打印结束就从基座脱离。

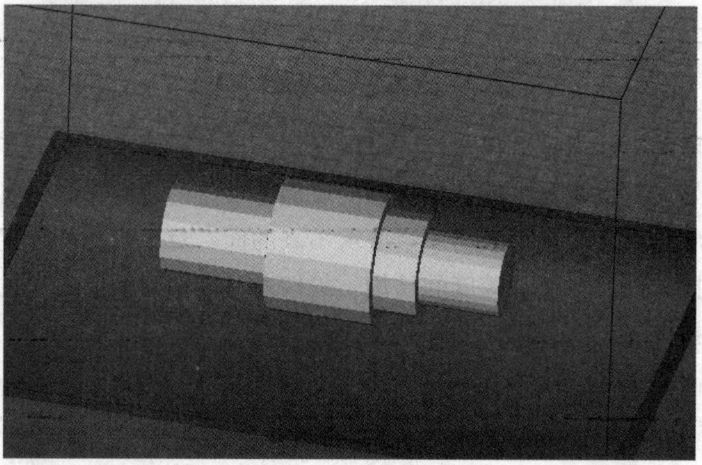

图 4-70　轴横放

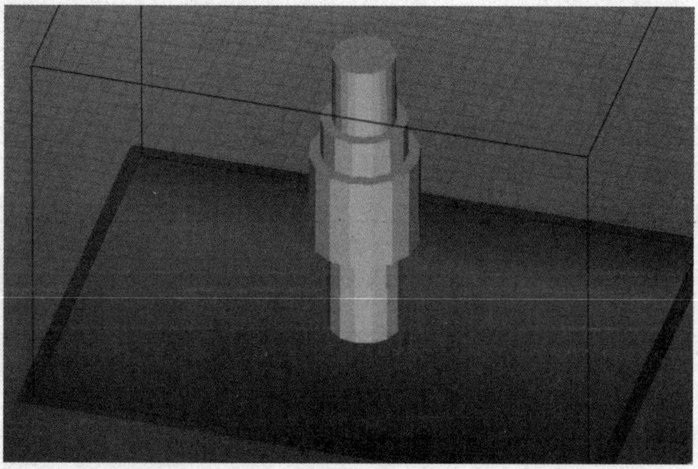

图 4-71　轴竖放

衬套可以按如图 4-72 所示放置。

图 4-72　衬套竖放

（2）盘盖类零件。这类零件基本是扁平的盘状，一般有端盖、阀盖、齿轮等零件，它们的结构主要是回转体，通常还带有各种形状的凸缘、均布的圆孔和肋等局部结构。如图 4-73所示的轴承端盖是规则模型。对于轴承端盖，如此放置可使轴承端盖的那些装配接触面均获得较好的表面质量，而且大端面做底面更有利于整个打印牢牢地黏在工作台面上，并减少了支撑的使用。

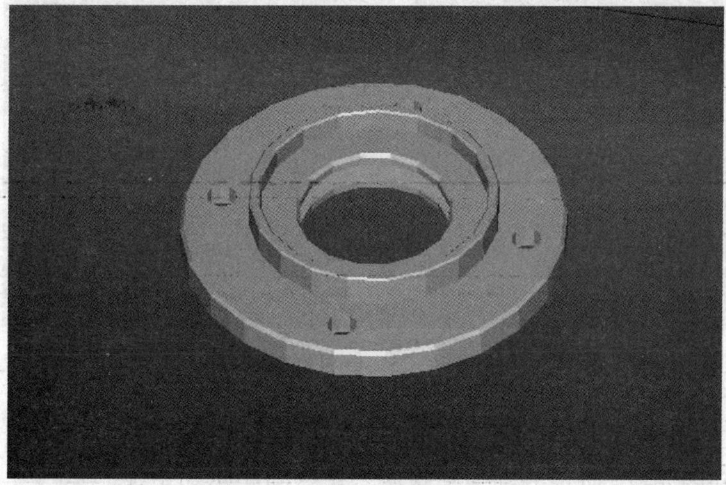

图 4-73　轴承端盖

（3）叉架类零件。这类零件一般有拨叉、连杆、支座等零件。若将一个连杆按图 4-74所示放置，在连杆左侧有一段悬空，需要支撑，打印完成后的成型件在支撑处的表面质量会非常地差，而且打印时间也较长。

图 4-74　连杆平放

故可以按照图 4-75 所示的方式进行放置，如此不仅减少了热熔丝和打印时间的消耗，而且能提高成型件的表面质量。

图 4-75　连杆竖放

（4）箱体类零件。这类零件一般有阀体 、泵体、减速器箱体等零件，其结构比较复杂，如图 4-76 和图 4-77 所示分别为某减速器箱体的底座和箱盖。

由于箱体的底座是需要与顶盖相互接触的，所以底座的最顶面的表面质量一定要好，故将底座按图示方向放置，如此不仅可以使配合表面有较好的表面质量，而且可以使其他一部分非重要表面获得较好的表面质量，同时大大减少了支撑材料的使用。

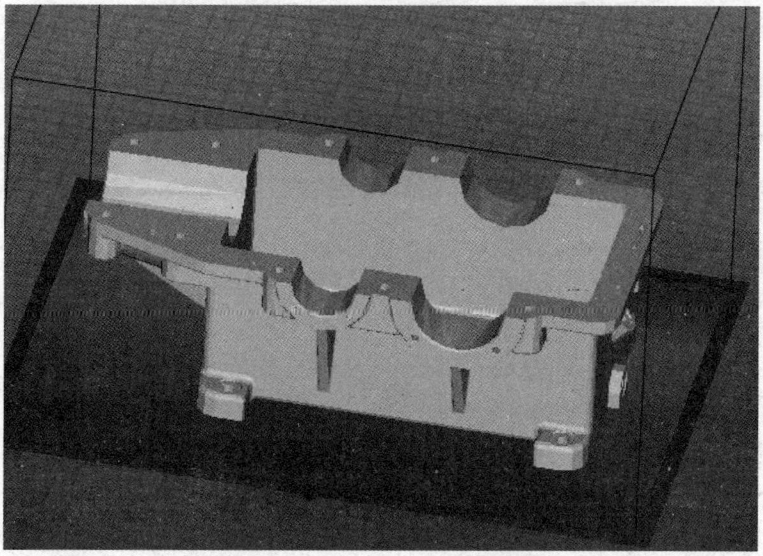

图 4-76　减速器箱体底座

至于箱盖，其下表面要和箱体底座接触，并且其上表面要美观一点，应具备一定的表面质量。但是这二者不可兼备，若按图 4-77 所示放置模型，则可以获得较好的接触面，但是箱体顶盖的上表面由于有支撑的原因表面质量必定不好。若按照图 4-78 所示放置模型，可以获得表面质量较好的上表面，但是其底面及轴承端盖处的安装面的表面质量会不太好。并且需要大量使用支撑。

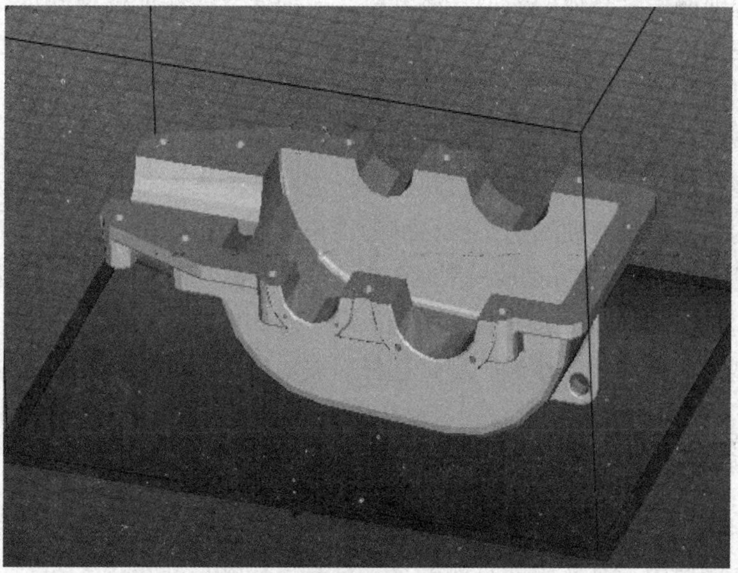

图 4-77　减速器箱体顶盖反放

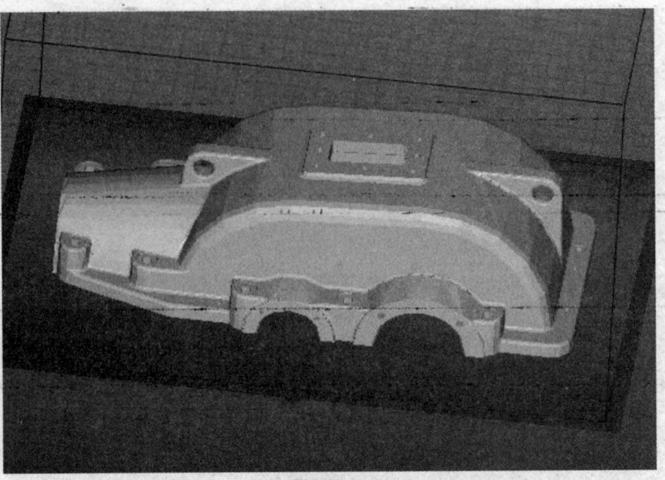

图 4-78　减速器箱体顶盖正放

因此要根据实际需求对减速器箱体的顶盖的放置方式进行选择。若对装配要求很高，对表面质量要求不高，可选择图 4-77 所示方式打印；若对装配要求不高，对表面质量要求较高，则选择图 4-78 所示方式打印。

所谓不规则模型就是该模型在形状、结构或者分布上没有规律可循，如图 4-79 所示的小狗即为不规则模型。如此放置小狗模型，符合小狗的站立姿势，4 只脚站在同一个平面，既能使模型很稳定地立于工作台面，又能保证模型垂直于 Z 方向的表面获得一个相对不错的表面质量。

在生成路径前应结合具体的模型具体分析，做到摆放能保证模型的重要表面的表面质量和尽量避免使用支撑以节约耗材、减少打印时间。因此，模型在摆放时要根据模型的具体形状，考虑以下几点：

- 确定模型摆放位置，尽量将其放置在工作台面的中央。
- 确定模型摆放角度，尽量将能反映模型外观特征的表面垂直于工作台面，对于不能垂直工作台面的面，亦不要使其与工作台面的夹角过小。
- 确定模型摆放方向，实际摆放模型时，应该结合重要表面和重要尺寸选择模型的摆放方向，在满足成型要求的情况下，应选择 Z 方向上尺寸较小的放置方式以节约打印时间。
- 确定模型的底面和被支撑面，尽量选择对表面质量要求不高的面为被支撑面。

4.6.2　模型的分割与预留容差

由于 3D 打印构件尺寸都不大，而且对于一般打印机，由于越往工作台面边缘，其定位误差越被放大的原因，其实际能打印的尺寸都是比构件尺寸小得多的。当待打印模型超出打印机的实际构件尺寸时，对于可以缩小打印的模型可以对其进行缩小，但是，对于不

图 4-79　小狗

能对其进行缩小操作的模型，则可以将模型分割成几块打印。对于一些比较奇异的模型，如图 4-80 所示的五角星，由于下方是凸出的，打印时要添加好多支撑，不仅要多费材料和时间，而且成型后会产生很多支撑残留，严重影响打印件表面质量。

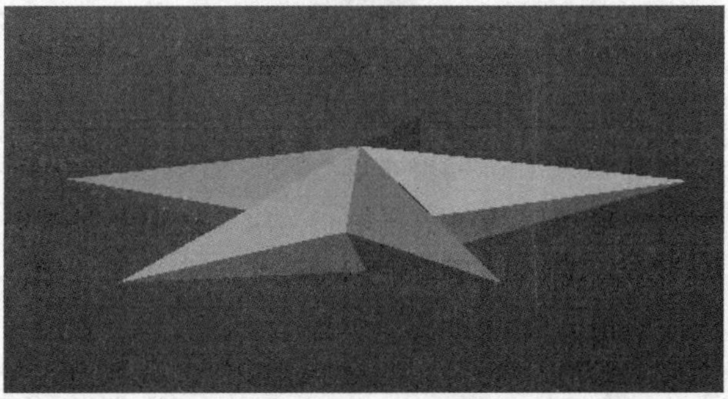

图 4-80　五角星

可以将该五角星从中间剖开，分别将最大的平面作为底面，置于工作台面上，如图 4-81所示。

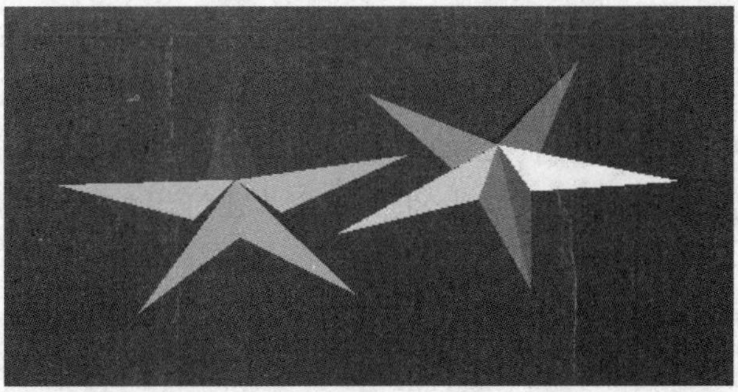

图 4-81　两个剖切过的五角星

打印完毕后，需要将这些分割件粘接成一个整体。由于 FDM 3D 打印成型件的尺寸变形相对传统的机械加工来说较大，故需要预留容差度。

对于需要装配或者粘接的模型，需要特别注意预留容差度。一般在需要紧密接合的地方预留 0. 8mm 的宽度，在较宽松的地方预留 1. 5mm 的宽度。但是这并不是绝对的，由于打印机的多样性和特异性，就算同一家厂家、同一批次生产的打印机其性能亦有差异，故实际设置预留容差度时，需要在深入了解打印机性能的基础上结合打印模型的要求进行选择。例如打印如图 4-82 所示的装配体，设计时，该机构的孔和轴的直径都是 12mm，但是，若打印时设为该尺寸，装配时必定装不进去，需要打磨孔和轴方可装配。故可以选择预留容差度的方法，打印时将孔的直径设为 12. 5mm，轴的直径设为 11. 5mm，待装配后该机构可以很好地转动。

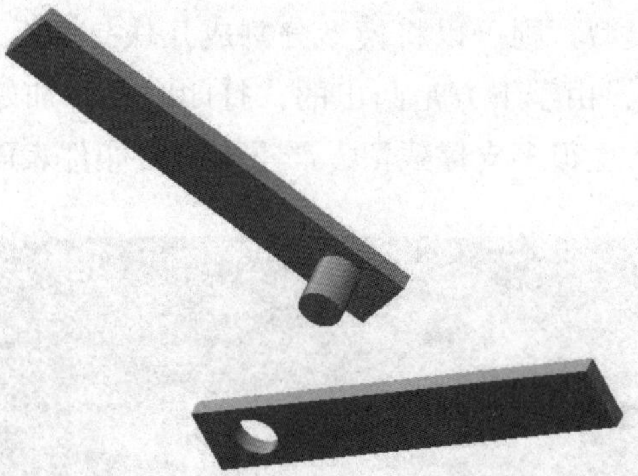

图 4-82　装配体打印示例

对于分割的模型，除了要预留容差使其能准确装配，有时也可以在相互配合的模型上设置凹凸榫结构，这样两个分割的打印件能更好地拼接。

4. 6. 3　模型的复制

众所周知，3D 打印机不适合批量生产，但是对于传统制造业很难加工的、体积较小、数量较多的零件，也是可以用 3D 打印制造的。例如，打印如图 4-83 所示的微生物培养皿，它的直径为 20mm，高度为 12mm，打印一个的时间大约为 28min。将微生物培养皿模型导入 3D Start 软件中，通过复制、粘贴和移动的操作将其排列成如图 4-84 所示的组合。该组合中有 16 个模型，打印时间大约为 8h。尽管单独打印 16 个模型与 16 个模型一起打印在材料上和打印时间上相差不大，但是，按照前者打印，需要频繁地取下模型和人为地给打印机施加打印命令，此种打印方式严重地占用了打印者的时间。若是采用后者，可以将人从打印机中解放出来，即使是晚上休息时间，打印机仍可工作，从而大大地提高了打印机的使用效率，并且在相同打印数量上，减少了整个打印机的操作次数。

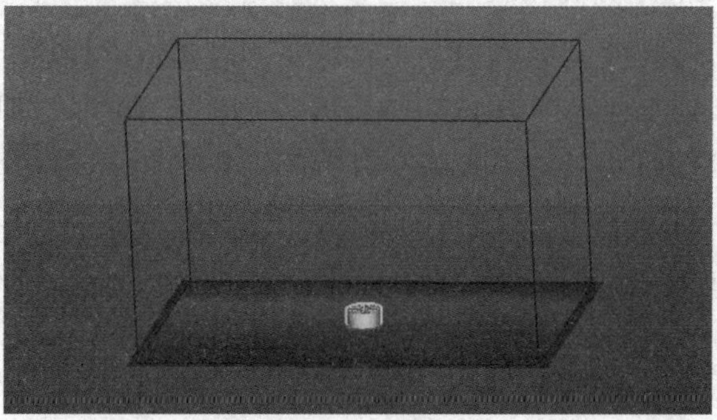

图 4-83　微生物培养皿

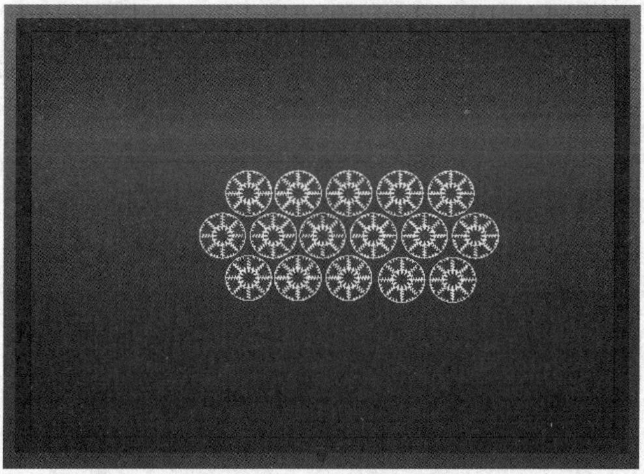

图 4-84　16 个微生物培养皿排列图

在打印多个相同模型时需要注意两点：

(1) 模型之间在空间上不能有交集，否则，打印件之间就连在一起，如图 4-85 所示形成废品。

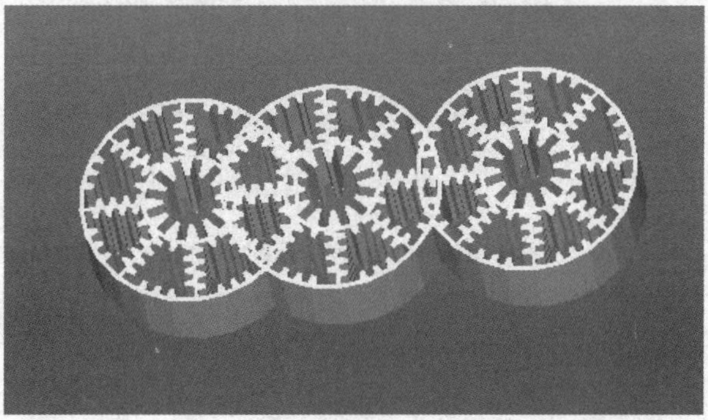

图 4-85　交叉了的微生物培养皿

（2）若是模型之间的距离离得较远，则整个打印过程会增加很多空行程，如此多的空行程步进会增加打印时间，亦会形成很多垂丝，影响打印件表面成型质量。故除了在模型间留下必要的空挡，可以尽量从工作台面的中心处向整个工作台面四周排列，如图 4-84 所示。如此不仅可以节约打印时间，更能在有限的工作台面上打印更多的打印件。需要注意的是，不能为了一次打印更多的打印件而将整个工作台面排满了模型，因为越往工作台面的边缘去，工作台面的定位误差就会被越来越放大，从而增加了打印失败的概率。

4.6.4 模型的简化

目前，桌面级 FDM 3D 打印机已经推广到建筑设计、工业设计、机械设计、模具设计、玩具设计和艺术设计等领域，打印件可以用于设计评审、机能测试和装配试验等领域。

3D 打印所用的 STL 文件是通过三角形面片逼近曲面的，故对于那些比三角形面片还小的细节特征，在划分三角形面片的时候，这些细节特征就会被忽略。另外，打印机的打印分辨率也是决定细小特征能否打印的一个重要因素，若生成的 STL 文件的某些特征比打印机的打印分辨率还小，亦不能打印。对于模型上的倒圆角和小圆角，这些起到美观作用的特征会增加成型时间，并且因为“阶梯误差”，打印件的表面质量亦不会太好。

故对于那些将打印件用于设计评审、装配设计等的打印件，可以适当简化模型，将很小的特征和那些影响成型效率而又可有可无的特征删除。如图 4-86 所示，可以看出右侧的打印件（无圆角）比左侧的有圆角的模型在圆角处的表面质量更好一些。

图 4-86　打印件有无圆角对比

4.7　常见问题与解决方法

在打印机使用过程中会出现很多问题，现将常见的问题进行罗列总结，并给出合理的解决方法。

1. 进丝或换丝

热熔丝意外断裂或热熔丝用完，此时需要重新进丝。若热熔丝用完，需要重新换一卷新的热熔丝，再进丝。若热熔丝断裂，则需要先将断裂的丝去除，然后进丝。一般操作步骤如下：

打开电源，出现如图 4-87 所示的开机界面。

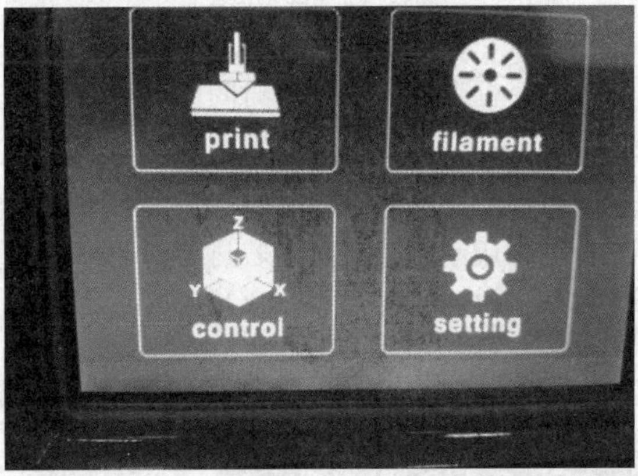

图 4-87　开机界面

点击上图中的【filament（丝材）】，出现如图 4-88 所示的进丝和出丝界面。

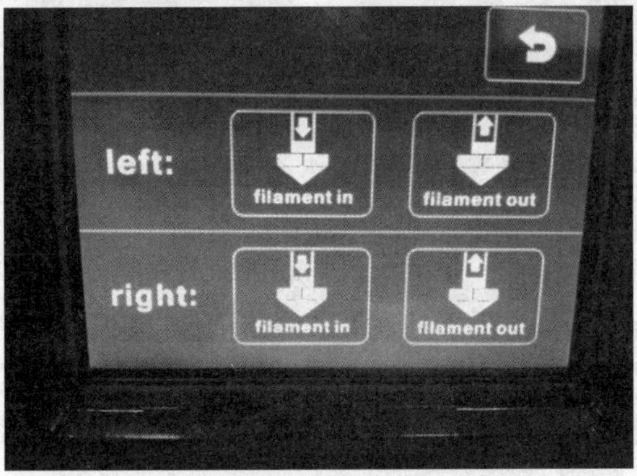

图 4-88　进丝和出丝界面

由于 L 型打印机只有一个喷头，默认为左喷头。在 left 后点击【filament in（进丝）】，出现如图 4-89 所示的进丝界面。进丝界面显示当前温度为 22℃，目标温度为 200℃，当前温度达到目标温度时，打印机即可进丝。

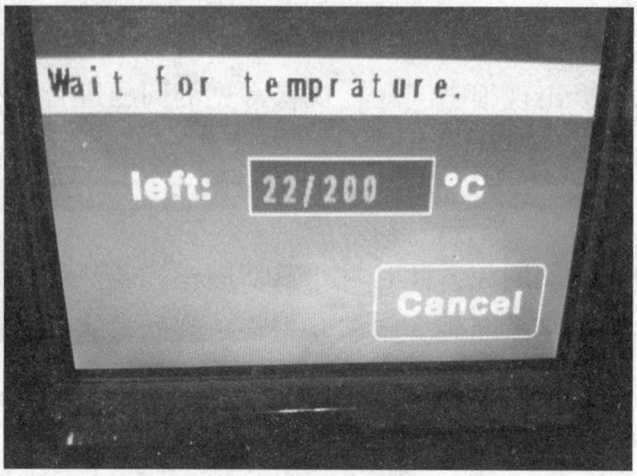

图 4-89　进丝界面

此时喷头在加热，加热至目标温度需要一段时间。故可趁此加热间隙，将热熔丝送进进丝管，如图 4-90 所示。

将热熔丝穿出进丝管，再插入喷头进丝口，如图 4-91 所示。此时应检查热熔丝的头部是否笔直、规则。若不直，则用手轻轻掰直。若热熔丝头部不平整，可以用剪刀或者钳子剪去一截，剪的时候斜着剪，以便于下部齿轮将热熔丝咬合进去。

图 4-90　热熔丝进入进丝管

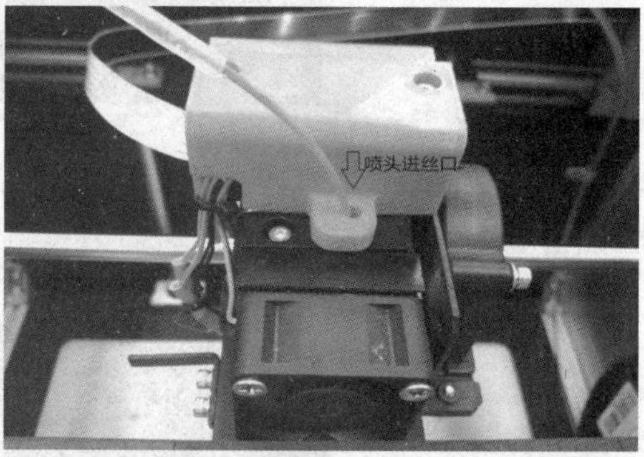

图 4-91　热熔丝插入喷头进丝口

在当前温度达到目标温度后，步进电机带动进丝齿轮转动，进丝齿轮的轮齿嵌入到热熔丝的表层，给热熔丝一个均匀向下的速度，将热熔丝送入下方的喷头喉管中。此时用手捏着热熔丝，能很明显感觉到下方有一个微弱但很均匀的拉力作用于热熔丝上，此时就可以松手了。FDM 打印机喷头的一般机械结构如图 4-92 所示，图中黄铜色的齿轮即为进丝齿轮。

当有熔丝从喷嘴挤出时，则进丝完成，如图 4-93 所示。同时，还可以通过丝材能否从喷嘴中挤出来判断喷头和喷嘴是否被堵住。

图 4-92　打印机喷头的机械结构

图 4-93　进丝成功

若喷头中存在断裂的热熔丝，有两种方法可以将喷头中残存的热熔丝去除。其一是，用斜口钳将残存的热熔丝剪断，可在喷头进丝口外留下一小段（10mm 左右即可，太长则需要很长的挤出时间），再用进丝的方法将喷头中残存的热熔丝挤出去。其二是，在图 4-88 中的 left 后点击【filament out（出丝）】，等喷头温度加热到目标温度，喷头中的齿轮会反转，从而将残存的热熔丝从喷头进丝口退出来。待残存的热熔丝清除后，可用上述进丝的方法重新进丝。

2. 工作台面调平

图 4-94 所示为一模型基座的一部分，其中①区域基本没有材料，②区域出丝情况也不好，这是因为工作台面不平造成的，故需调整工作台面，使其尽量与水平面平行。

工作台面调平有两种设置方式，一种是通过软件中的【设置控制面板】进行调平，另一种是手动调平。由于手动调平比较方便，不需要联机，简单易行，故以手动调平为例进行调平。

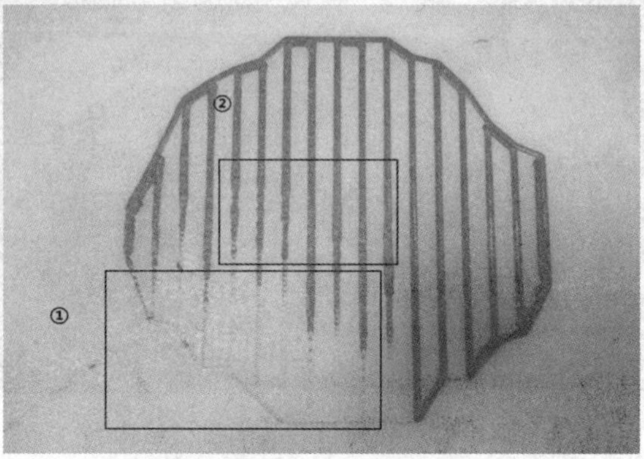

图 4-94　打印失败的基座

打印机打印时，喷头和工作台相互垂直是打印时最理想的相互位置。因为很难对喷头的位置进行调节，故默认喷头是垂直于水平面的，再通过调平工作台面使工作台面尽量平行于水平面，从而达到二者相互垂直的效果。

工作台面是通过如图 4-95 所示的不在同一直线的 3 个螺钉来定位的，工作台面底部与定位螺钉接触处是如图 4-96 所示的 3 个定位圆孔。当工作平台上的 3 个定位圆孔与定位螺钉相互契合时，工作平台即被定位。最后由工作平台上 3 个带磁性的金属圆台对下方金属产生的磁力吸附固定工作台面。

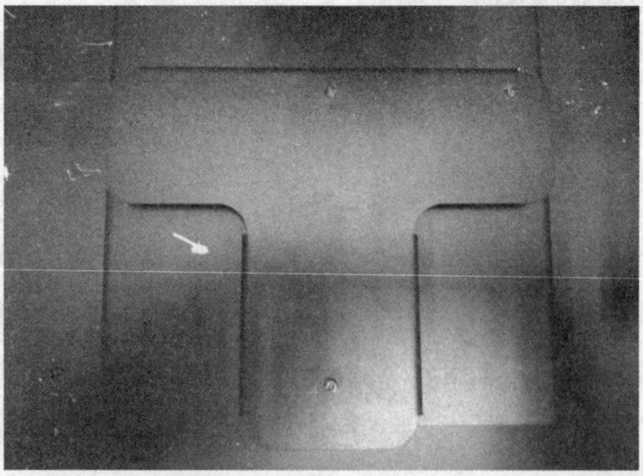

图 4-95　定位螺钉 1

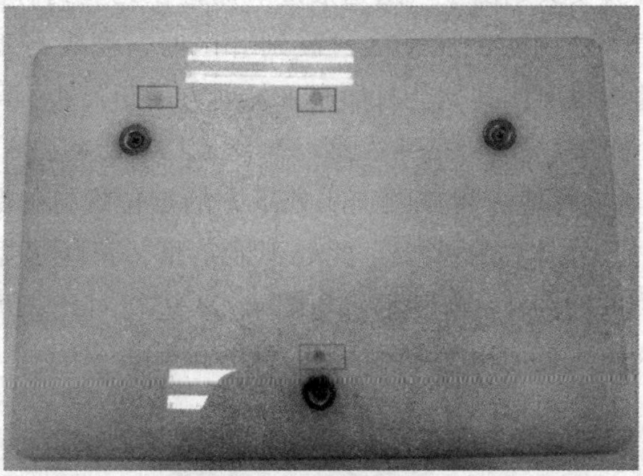

图 4-96　工作台面的反面

通过旋转定位螺钉的方式来调节工作台面高度，从而使工作台面水平。调平时，可用小的水平仪测量工作台面的高低趋势。测量时，将水平仪放置在工作台面的中心和 4 个角，观察水平仪是否水平。结合水平仪测得的数据，据此调节定位螺钉，将定位螺钉沿如图 4-97 所示的①方向旋转时，拧紧螺钉，工作台面会下移，反之，工作台面会上移。

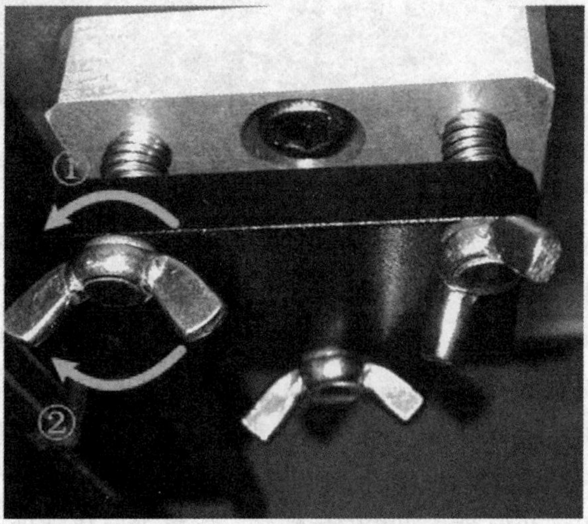

图 4-97　定位螺钉 2

3. 工作台面与喷嘴之间的距离

工作台面调平以后，若仍出现如图 4-94 所示的情况，则需要调节喷头和工作台面的距离。出现该现象的原因是有部分工作台面与喷头的距离太近，甚至是负的距离，堵住喷嘴，致使喷嘴中的丝挤不出来。

由于喷嘴被工作台面堵住，致使图 4-94 中①处没有出丝，仔细观察可知，工作平面上原来应该有丝的地方被喷头划出了一道道痕迹。而且在无丝到有丝之间过渡的地方，挤出的丝的宽度由宽到窄，这说明，从①区过渡到②区时，喷头与工作台面的距离由小到大。故可知①处与喷嘴的距离比其他能打印出来的地方的距离小，可以通过降低①处工作平面的高度来加大这个距离。

打印图 4-94 所示的支撑时，将该图上①处下方的定位螺钉拧紧一点，从而该处工作台面的高度稍稍降下来。具体拧紧多少，此处不能定量，只能根据实际出丝效果进行调节。调节好后，打印效果如图 4-98 所示，与图 4-94 进行对比，可知经过调节定位螺钉后，铺在工作台面上的丝线更加均匀完整。

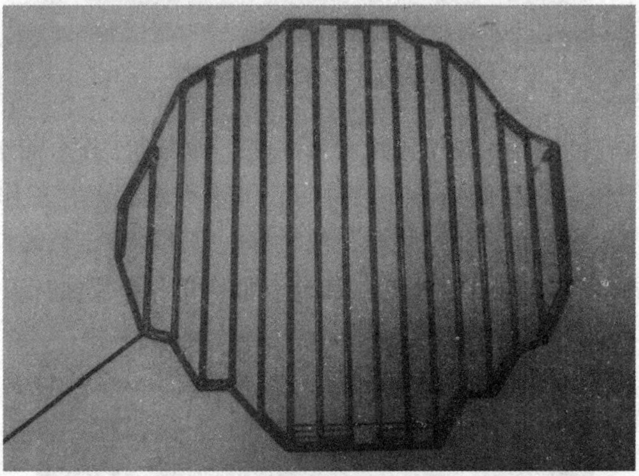

图 4-98　打印效果较好的底座

若是打印出来的底座实在太糟糕，上述的简单调节方式无法成功解决问题，可以通过下面的方法来调节工作台面的水平及喷嘴到工作台面之间的距离。

手动控制工作台面至喷嘴下，分别在工作台面的 4 个顶角处对比调节，工作台面的四个顶角位置如图 4-99 所示。先将喷嘴移动到工作台面Ⅰ的位置，用一张纸片（扑克牌或者普通 A4 纸均可，约 0.1mm 厚度）插入喷头和工作台面之间的间隙中，调节定位螺钉，轻轻来回移动硬纸片，当感觉到硬纸片和喷嘴之间有一定的摩擦时，记住这个摩擦的力道。再将喷嘴移动到图示Ⅱ位置，调节定位螺钉，轻轻来回移动硬纸片，当感觉到硬纸片和喷嘴之间摩擦的力道和刚才Ⅰ位置的力道相近时，再将喷头移动到Ⅰ位置，验证下，此时的摩擦力道是否与刚才接近，若有差异，进行微调。将喷嘴移动到图示Ⅲ位置，进行同样的操作，再将喷嘴移动到图示Ⅱ位置，验证，并微调。最后将喷嘴移动到图示Ⅳ位置，其操作与位置Ⅲ处同，不再赘述。如此反复，则打印台面基本上就调平了。其后，再试打印，观察效果。

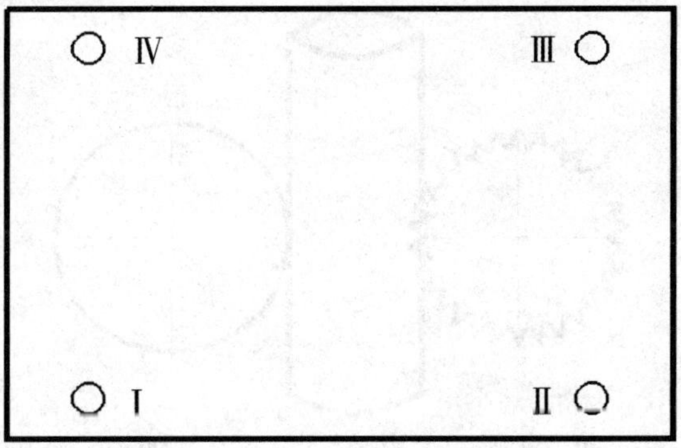

图 4-99　工作台面的定位点

4. 耗材无挤出

在开始打印后，发现耗材无挤出，这其实是一个很常见的问题。打印机耗材无挤出有四种常见原因。

（1）喷头无法进丝。可能是因为材料太脆，热熔丝断裂在导丝管中，亦或者是热熔丝已经进入喷头进丝口，但是没有进入到进丝齿轮的工作范围。对于前者，需要将喷嘴中的热熔丝清理干净，然后再进丝。对于后者，需要用手给热熔丝一个向下的力，当感觉到手上的热熔丝慢慢向下移动时，进丝成功，再将进丝管插进喷头进丝管中。

（2）喷嘴离工作台面太近，甚至是嵌进工作台面，从而导致没有足够的空间使融化的热熔丝从喷嘴中挤出。对于此类问题，只需要调节定位螺钉，将整个工作台面适当往下降一些，使工作台面和喷嘴间有足够的空间，让融化的热熔丝从喷嘴挤出。

（3）挤出齿轮刨料。大多数桌面级 FDM 3D 打印机均是通过一个进丝齿轮和从动滚轮夹紧丝材的，进丝滚轮的工作原理如图 4-100 所示。进丝齿轮有锋利的齿，可以咬进热熔丝中，然后通过控制进丝齿轮的转动方向来控制进丝出丝。如果丝材不移动，但是进丝齿轮转动，这时进丝齿轮可能已经将热熔丝上的部分材料刨除了。进丝齿轮将齿咬进热熔丝中，热熔丝上被进丝齿轮咬合过的面如图 4-101 中正常的齿痕所示。此时热熔丝与挤出齿轮打滑，从而导致热熔丝无法持续供给到喷头中。进丝齿轮转动，通过齿面和齿痕的啮合面传递动力。若是刨料，如图 4-101 中刨料所示，进丝齿轮与热熔丝的接触面全被齿轮刨除，此时，齿轮无法再通过咬合热熔丝来将其往喷嘴中输送了。常见的产生刨料的原因有如下 3 种：①喷头温度较低，材料不易被挤出，此时需要适当提高喷头温度；②进丝速度相对于挤出速度更快，而喷头中空间有限，当喷头中的空间占满熔融的丝材时，后面的热熔丝将无法进入喷嘴，产生刨料，故需要适当降低进丝速度；③喷头堵塞，故只能对热熔丝进行退丝操作，退丝后，将被刨除那段的热熔丝剪掉，并清理喷嘴，重新进丝。

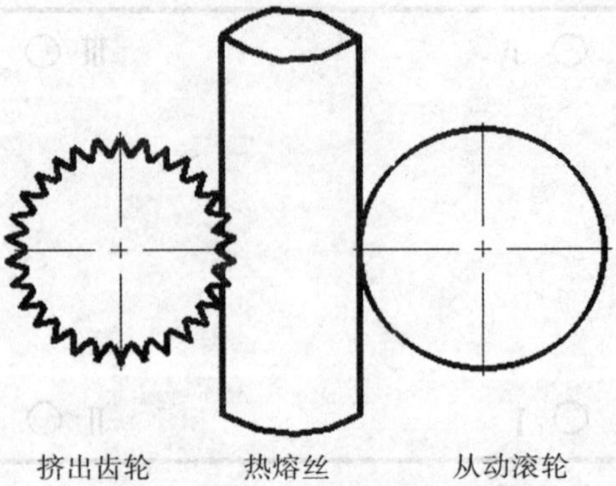

图 4-100 进丝齿轮工作原理

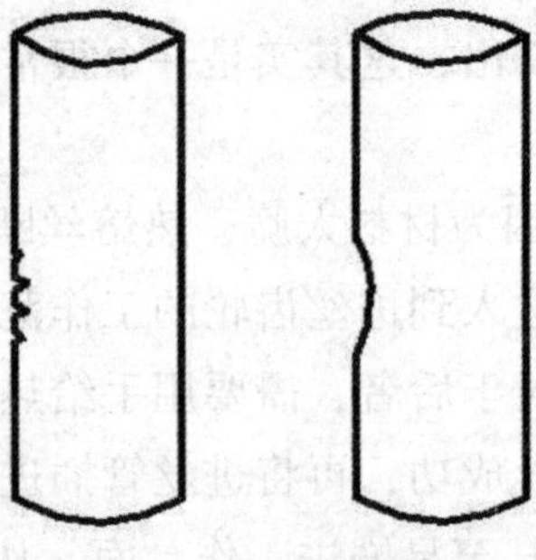

图 4-101 正常的丝与刨料的丝

（4）如果不是上述3种，则很有可能是打印机喷头堵塞。堵塞的原因有多种，最常见的是塑料在挤出机中积淤太多，单靠进丝齿轮的推力已经不足以将丝材从喷嘴中挤出，故需手动挤出。手动挤出需要将喷头拆开，喷头拆开后如图4-102所示。将加热温度设定到240℃（如此能熔化大部分杂质更方便挤出），在当前温度达到目标温度后，用能伸得进喷头喉管的棍状物慢慢往下推动喷嘴中淤积的热熔丝，待推至喷嘴底部，再重新推动几回，以期排清淤积物。清理完成后，重新将喷头组装成原状，再进丝。

图 4-102 喷头拆开图

上述总结的4种现象是喷头不出丝的最常见的原因，当耗材无法从喷嘴中挤出时，可以按照上述的先后顺序，由易到难，一步一步进行排查。

5. 出料不足

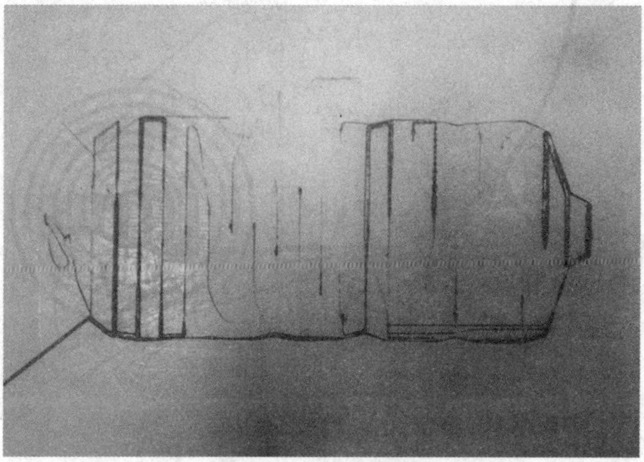

图 4-103　出料不足

在打印过程中，有时会出现挤出的丝线比正常丝线细的情况，如图 4-103 所示。出料不足有多种情形，主要有以下 7 种情形。

(1) 送丝管的伸出距离不合理。此种现象，打印机会发出“吭吭吭”的声音。假设进丝齿轮赋予热熔丝的拉力是一定的，那么设送丝管进丝口处的拉力为定值 T_1，其作用方向与热熔丝进丝方向的夹角为 α，如图 4-104 和图 4-105 所示。热熔丝以卷轴状存在，而进丝管和热熔丝卷轴的相对位置是固定不变的。热熔丝是越用越少的，当热熔丝变少时，作用于热熔丝的拉力也就越小，并且角度 α 越大，其拉力 T_2 就越大，即

$$T_2 = T_1 \cos\alpha \tag{4-4}$$

图 4-104　进丝管进丝

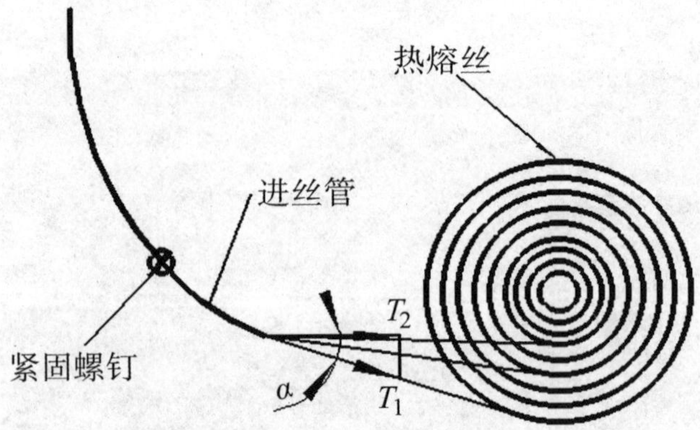

图 4-105　进丝管进丝简图

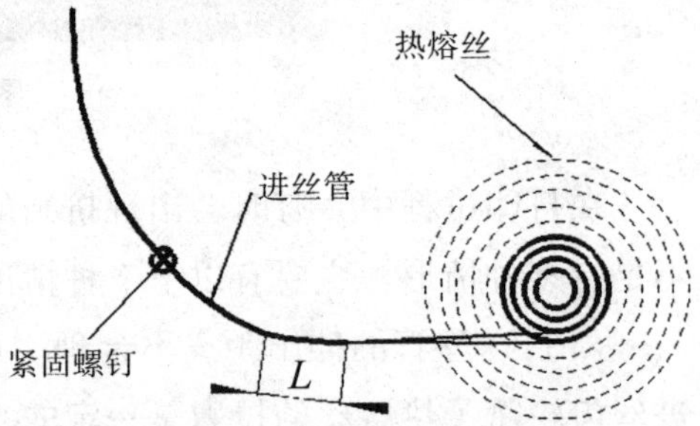

图 4-106　降低角度值 α

因此，当热熔丝变少时，可以将进丝管从紧固螺钉处往外拉出一定的长度 L，如图 4-106 所示。进丝管往外拉就相当于降低了角度值 α，从而提高了拉力 T_2。

因此，在打印时，若有必要，这需要根据热熔丝的使用进度调节进丝管伸出的长度。并且，打印时，需要预紧紧固螺钉将进丝管固定，使其不晃动。

（2）进丝齿轮作用在热熔丝上的拉力不足以拉动足够的热熔丝进料，这会导致出的丝特别细，或者出现粒状的出丝。当进丝齿轮作用在热熔丝上的力较小时，体现在出丝上就是丝很细。这是因为进丝齿轮作用在热熔丝上的压力不足，从而导致拉力不足，故应该调整调节螺钉。图 4-107 所示为喷头拆开后的内部结构图。

图 4-107　进丝齿轮内部结构图

图 4-108 所示为进丝齿轮内部结构简图，由简图可知，可以通过调整调节螺钉的高度，来调节从动滚轮的左右位置，从而调节进丝齿轮与热熔丝之间的压力。从动滚轮往左可以增加进丝齿轮与热熔丝之间的压力，往右可以减轻进丝齿轮与热熔丝之间的压力。故可以通过调整调节螺钉的高度来获得一个较合适的压力，从而使进料充足。

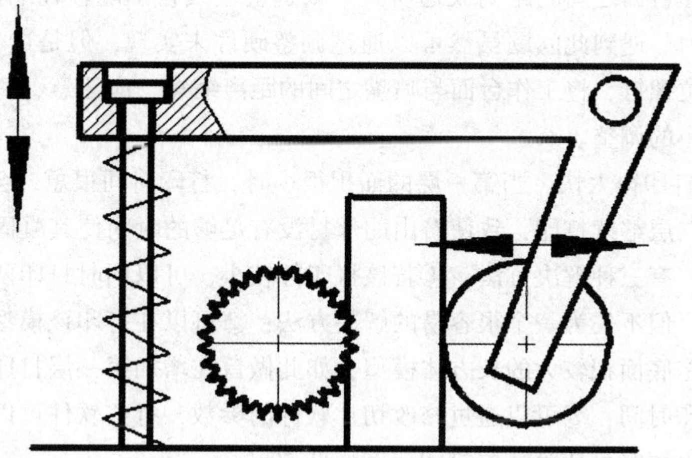

图 4-108　进丝齿轮内部结构简图

（3）材料含有大的杂质。需要取出材料观察，若是材料的问题，则更换材料。

（4）喷嘴与工作台面距离太近。当喷嘴与工作台面距离太近，熔融的热熔丝不易从喷嘴中挤出。对于此现象，可以适当增加工作台面与喷嘴之间的距离，使出丝顺畅。

（5）喷嘴不完全堵塞。当喷嘴中混有异物时，这些异物会阻碍出丝，故需要清理喷嘴，疏通出丝通道。解决方法见耗材无挤出中的第四种解决方法。

（6）挤出速度与打印速度不匹配，打印速度过快，而挤出速度偏慢，则会导致挤出的材料偏细。可以适当地降低打印速度，或者适当地提高挤出速度，亦或者是二者兼有。

（7）风扇故障，挤出机的温度过高，导致热熔丝应该受力的地方受热软化甚至是熔化，下方熔化了的材料不受力，故材料挤出偏少或者无法挤出。应修复风扇。

以上 7 种情况是通常遇到的出料不足的情况，在打印过程中，可以按照上面 7 种方法排除处理。同时，不能忽略其他可能导致出丝不足的方法，例如固件出问题，导致丝材的挤出速度和扫描速度不匹配的问题。

6. 材料无法黏在工作台面上

3D 打印时，打印第一层（基座）时很重要，只有这第一层牢牢地黏在工作台面上，才能保证以后的打印继续进行，这是打印成功的前题条件之一。如果第一层没能牢牢地黏在工作台面上，将会导致后续打印的模型无法始终站在工作台面上。若是第一层不能黏在工作台面上，可以通过排查以下几种常见情况来进行处理。

（1）工作台面不水平。若是遇到材料无法粘在工作台面上的情况，首先应该考虑是否是因为工作台面不水平。若是不水平，会导致工作台面一边会更接近喷嘴，另一边会离得太远。若确定了是不水平的原因，则需要将工作台面调平。

（2）喷嘴离工作台面太远。工作台面已经调平后，仍然不能黏在工作台面上，则可能是因为喷嘴与工作台面之间的距离太远所致。太远会使线材不能轻轻地黏在工作台面上，没有足够的附着力。遇到此问题虽然可以通过调整硬件来实现，但是这个方法比较复杂。可以通过调节定位螺钉，将工作台面与喷嘴之间的距离缩短，应注意，每次调节各定位螺钉时，都只做较小的调整。

（3）第一层打印得太快。当第一层的面积很小时，打印时间很短，会导致第一层很快就打印完成，第二层继续打印，致使挤出的丝材没有足够的时间使其凝固并牢牢地黏在工作台面上。对此，有三种解决方法：①若该打印件较小，可以同时打印两个或多个，尽管打印时间会增加，但不失为一个很容易的解决方法；②可以在打印该模型时，同时打印一个高度很小，但是底面积较大的长方体模型，如此做旨在增加第一层打印的时间，并且不会增加太多的打印时间；③可以通过修改切片软件的参数，有些软件可以设置打印时的第一层打印速度，设置时可使第一层打印速度降低 50%。

（4）温度或冷却设置有问题。由于将 200℃以上的熔融的丝材挤出到室温的工作台面上，二者温差巨大，挤出的塑料会收缩。此类情况，一般是打印后，挤出的丝材能够很好地铺在工作台面上的，但是很快，在材料冷却后，那些已挤出的材料就会收缩、翘起。对此，可以对工作台面加热，或者在打印前几层的时候将冷却风扇关闭。当然，若是打印机没有平台加热功能且不方便将冷却风扇关闭，则可以使用平台胶水或毛面不干胶纸。打印时，两者会将欲要脱离工作台面的打印层牢牢黏在工作台面上。

（5）工作台面的表面处理。若打印机频繁使用，工作台面上可能会积累很多灰尘、塑料微粒、油脂等物质，这些物质会妨碍丝材黏在工作台面上。同时，用小铲铲工作台面，尽管工作台面很耐磨，但是仍会被小铲带走一些工作台面的材料，使工作台面变得凹凸不平。对于前者，可对工作台面进行清洁。对于后者，可以使用条形胶带黏在工作台面上，既可以保护工作台面又能增加与第一层接触面的平整光滑程度。

7. 基座粘不牢模型

打印过程中，模型会发生从基座上脱落或者有翘边的现象。这是因为模型与基座之间粘得不牢。可以通过下列 3 种方法使模型与基座黏得牢一些：①可以在生成路径过程中设置“剥离系数”，通常“剥离系数”默认为 2. 35，可以将“剥离系数”设置的小一些，如此可使模型和基座粘得牢固一点，“剥离系数”的取值在 1. 8~2. 6 之间；②可以在基座打印完成后，开始打印模型的第一层时，通过调节定位螺钉，使工作台面与喷嘴之间的距离更接近一点，在打印完了前几层后，在将工作台面调回原来的位置；③可以在生成路径过程中设置“喷头温度”，将“喷头温度”调高 5~10℃。

8. 翘曲变形

打印过程中，若模型收缩不均匀，就会导致成型件翘曲变形。模型中那些有棱角的模型易翘边，因为这些尖角、棱角与空气接触面积大，热传导和对流的散热效果较显著，最易冷却凝固。而模型的主体部分，体积大，散热慢，凝固时间较长。故模型内部就会产生拉应力，导致那些棱角、尖角发生翘曲变形，并且有时还会连带基座也会翘起来。面对翘曲变形，有以下 4 种方法可以解决。

（1）使用平台胶水，平台胶水能使打印件的底座牢牢黏在工作台面上，能起到一定的抑制翘曲变形的效果。

（2）降低打印层厚。层厚变薄，可以减少打印新增层的冷却时间，则新增层上的温差就会降低，减少了内应力，减少了其收缩的幅度。

（3）加快成型速度。如此，同一层上的温差就不会太大，减少了内应力。

（4）降低填充率。翘曲变形与填充率有关系，填充率越高，材料之间的作用力就越大，越容易产生翘曲变形现象，故可以通过降低填充率的方法来减少翘曲变形现象的产生。

9. 打印时回丝

打印时，喷嘴挤出的热熔丝不黏在工作台面或者已打印出的模型上，在喷嘴附近结成一块，这些丝会越积越多，最终会导致喷嘴堵塞。其原因是由喷嘴挤出的丝回绕积累所致。其解决方法主要是手工去除，在去除前，需将喷头温度加热至 200℃左右（该温度视所采用材料的挤出温度而定），当喷头加热至目标温度时，即可用镊子或者尖嘴钳将丝材清理掉，并用棉布擦净喷嘴外表面。最后，需要试着进丝观察喷头是否被堵住，若是被堵住，还需要疏通清理喷头。

10. 层开裂或断裂

3D 打印是通过一次打印一层来构建模型的，每个后续的层，都是建立在前一层的基础上的，最后形成所需的模型。如果层与层之间不能很好地黏合，最后的打印件很可能开裂或者断开。打印件断裂或开裂有以下两个常见的原因。

（1）当在前一层上打印下一层，需要确保下一层被压到前一层上，从而使两层可以黏合到一起。通常需要保证选择的层高大小不能超过喷嘴直径的 80%，否则后一层的材料无法与前一层黏合。因此，遇到层与层之间没能黏合到一起的情况，首先应该检查层厚与喷嘴直径是否匹配。若不匹配，可以适当降低层厚。一般来说，选择打印机切片推荐的打印模式的层厚是没有问题的。

（2）喷头温度设置得太低。一般相较于冷的材料，热的材料更能很好地黏合在一起。一般要是不是层高设定的问题，那一定是加热温度不够，可以试着适当地增加喷头温度。

11. 打印时，喷头停止挤出

打印机打印时，开始时能正常打印，但是后来打印突然停止。通常有以下 5 个原因会导致这种现象：①最有可能是丝材耗尽，这需要重新进丝；②热熔丝断丝，这亦需要重新进丝；③刨料，如果进丝齿轮仍能正常工作，也不是上述原因，则可能是刨料，需要根据上述解决刨料的措施来解决；④打印机喷嘴堵塞，需要疏通清理喷嘴并重新进丝；⑤挤出机步进电机故障，由于电路过热导致的过热保护使进丝齿轮的步进电机停止工作，这种情况下有个明显的特征，就是喷头照常在 X，Y 方向运动，但就是不出丝，这需要将打印机冷却，可以是停止冷却或者是增加冷却风扇。

12. 模型侧面线性纹理

3D 打印由于分层切片，打印件表面会有阶梯效应产生的一层一层的纹理，但是在打印时还会出现另外一种有规律的，比阶梯效应产生的纹理还明显的线性纹理，如图 4-109 所示。造成这种有规律的线性纹理通常有 3 种原因：①热熔丝的直径公差较大引起挤出丝的宽度不断变化，此时需要选择直径公差较小的热熔丝为打印材料。②打印机喷头温度的温差较大，当温度较高时，喷头挤出更顺畅，温度偏低时，喷头挤出不太顺畅，在如此温差大的环境下，挤出材料的形状也不一样，从而模型侧面出现线性纹理。如此，需要校准温度控制器，确保温度降至一定范围（2~5℃）即开始加热。③一些机械问题，打印机晃动得厉害或者 Z 轴螺纹杆出了问题，这会造成规律性地有些层较厚、有些层较薄。对此，可以试着将关键性的螺母预紧，或者送回厂家维修。

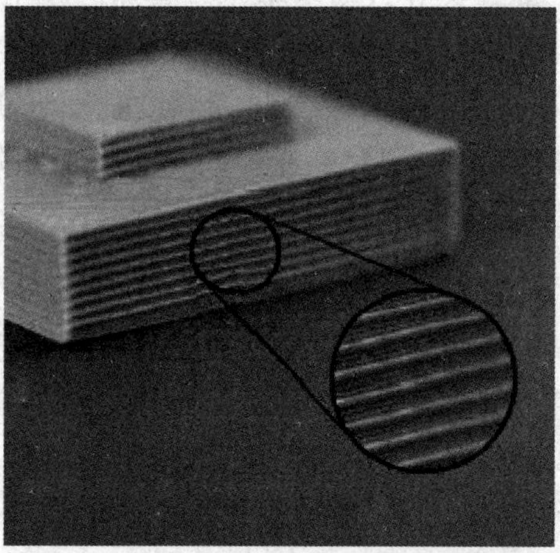

图 4-109　模型侧面线性纹理

以上即是对常见打印问题的总结与解决，但是，打印过程中遇到的问题远远不止这些，真正遇到了，还需要具体问题具体分析。

13. 其他经验与技巧

在准备 3D 打印前，通常需要了解打印机的具体参数及其性能。了解打印机的构建尺寸，由于实际工作台面的调平等原因，确定的打印机的实际有效构建尺寸会比这个理论构建尺寸小；了解打印机能使用材料的种类；了解打印机的打印分辨率，要确保打印模型的最小特征比打印机的打印分辨率大。线宽是由打印机喷头的直径来决定的，打印机所能创造的最小物件不会小于线宽的两倍。

打印时，优质的打印材料是不可缺少的。应根据所需模型选择合适颜色的热熔丝，并且要确保所选的热熔丝的直径公差和圆度在一定的范围内，以保证挤出丝材的均匀性。了解所选热熔丝的属性，每种热熔丝都有它自己的特性，即使是同一种热熔丝，不同的厂家生产出来的热熔丝也是有差异的。确保所设置的打印机各项数据能支持所选择的热熔丝。

了解待打印模型的细节和成型要求。确定模型的一些微小特征在打印机能识别的范围之内。了解模型的形状特征，以此来为模型后续操作做准备。了解其成型要求，根据成型件的表面质量要求和尺寸要求选择对应的打印机。

确定合理的放置方式。可以从模型摆放位置、模型摆放角度、模型摆放方向、模型的底面与被支撑面和模型的形状这五个方面来对模型进行摆放，以期在达到模型的成型要求的基础上，尽量减少打印时间和热熔丝的使用。

选择打印模式或者进行参数设置。根据成型要求，选择合适的打印模式和相对的参数，以及是否要支撑和基座等。由于支撑的去除会严重影响成型件的表面质量，故在生成路径过程中，应尽量减少支撑的使用，但是任何超出 45°的突出物都需要额外的支撑，否则会严重影响该面的表面质量。打印时，一般都会选择底座来使整个打印过程顺利进行。在设置填充时，一般将填充率设为 20%左右即可，若需要增加打印件的强度，可以适当增加填充率，但是填充率增加后会相应地会增加打印时间和耗材的使用。

打印前的准备。若是第一次用该打印机或者是中途移动过打印机，则需要进行试打印观察出丝情况，若打印机出丝有问题，则需要进行下列工作。工作台面校准调平，工作台面要尽可能地水平，即使是轻微的倾斜都会导致 3D 打印机喷嘴和打印床之间的距离发生很大的变化。这意味着在某些地方喷嘴由于离打印床太远造成粘结不牢，而在另外一些地方喷嘴离床太近造成打印头堵塞。另外，要确定喷嘴和工作台面的距离保持在 0.1mm 的高度。

3D 打印。任何 3D 打印最重要的部分都是第一层。它必须成功地黏到打印床上，否则 3D 打印机在打印的过程中将有很多麻烦。因此，最好的做法是仔细观察前几层的打印状况，看它们是否成功沉积、黏结到打印床上，如果成功，则在打印的剩余时间也就很可能会正常工作。若是打印中途出现问题，则需要按照本节中所述的方法进行排查处理。

课后习题

1. 选择合适打印参数并在打印中进行观察与调整，打印出第二章节中所建模型。
2. 从网络上下载 3D 打印模型，按本章中模型修正内容进行模型修正并打印。

附录 FDM 3D打印模型

参考文献

[1] 李昕 .3D 打印技术及其应用综述 [J] . 凿岩机械气动工具，2014（4）：36-41.

[2] 杨永强，吴伟辉 . 制造改变设计——3D 打印直接制造技术 [M] . 北京：中国科学技术出版社，2014.

[3] 陈康，彭成允 . 浅谈 SLA 及其光敏材料 [J] . 材料导报，2004，18（8A）：68-69.

[4] Hanemann T，Bauer W，Knitterand R，et al. Rapid Prototyping and Rapid Tooling Techniques for the Manufacturing of Silicon，Polymer，Metal and Ceramic Micro devices [M] //Leondes C T. MEMS/NEMS Handbook Techniques and Applications. New York：Springer US，2006：187-255.

[5] Nasr EA，Ali K，Kamrani. Computer-Based Design and Manufacturing [M] //Leondes C T. MEMS/NEMS Handbook Techniques and Applications. New Youk：Springer US，2006：299-301.

[6] 杨伟东，颜永年，张人佶 . 基于 RP 直接制造金属型方法 [J] . 新技术新工艺，2002（12）：29-31.

[7] 黄健，姜山 .3D 打印技术将掀起“第三次工业革命” [J] . 新材料产业，2013（1）：62-67.

[8] 赛迪网 .3D 打印在航空航天领域将大有可为 [EB/OL] .（2015-01-26）[2015-50-20] . http：//news. ccidnet. com/art/1032/20150126/5748007_ 1. html.

[9] 中国有色网 . 欧洲空间局将实现 3D 打印金属部件 [EB/OL] .（2013-10-17）[2016-02-18] . http：//xianhuo. hexun. com/2013-10-17/158821410. html.

[10] 新华 . 我国首台航天 3D 打印机研制成功 [J] . 军民两用技术与产品，2015（1）：32-32.

[11] 薛芳，韩潇，孙东华 .3D 打印技术在航天复合材料制造中的应用 [J] . 航天返回与遥感，2015（2）：77-82.

[12] 胡捷利 . 飞机维修技术概况及其发展趋势研究 [J] . 中国机械，2014（20）：17.

[13] Fuente. 3D printers help mould makers create prototype tooling [EB/OL] .（2013-11-13）[2016-02-18] . http：//www. observatorioplastico. com/detalle_ noticia. php? no_ id=298964&seccion=mercado.

[14] 孙忠良，洪军，卢秉恒，等 . 基于 SLA 的快速精铸技术研究现状 [J] . 铸造技术，

2008, 29 (6): 814-817.

[15] 俞芳, 罗闻. 湘雅医院应用3D打印技术完成足踝矫形手术 [J]. 中华医学信息导报, 2014 (18): 7.

[16] 陈大智. 基于3D打印模具设计制备镍钛合金及钴铬钼合金医学植入材料的工艺和材料学研究术 [D]. 长沙: 中南大学, 2014.

[17] 石静, 钟玉敏. 组织工程中3D生物打印技术的应用 [J]. 中国组织工程研究, 2014 (2): 271-276.

[18] Zein N N, Hanouneh I A, Bishop P D, et al. Three-dimensional print of a liver for preoperative planning in living donor liver transplantation [J]. Liver Transplantation, 2013, 19 (12): 1304-1310.

[19] Dutton G. 3D Printing May Revolutionize Drug R & D [J]. Genetic Engineering & Biotechnology News Gen, 2013, 33 (20): 10, 12.

[20] Ozbolat I T, Yin Y. Bioprinting toward organ fabrication: challenges and future trends [J]. IEEE Transactions on Biomedical Engineering, 2013, 60 (3): 691-699.

[21] 王康. 小型水泥3D打印喷头及其实验装置设计研究 [D]. 南京: 南京工业大学, 2016.

[22] 江本赤, 吴婷. 一种检验STL文件正确性的新方法 [J]. 新技术新工艺, 2008 (11): 81-82.

[23] 江本赤, 熊良平. RP技术中模型转换误差的评价方案研究 [J]. 新技术新工艺, 2009 (10): 48-50.

[24] 肖苏华. 三维CAD实体文件转化STL文件格式精度研究 [J]. 模具工业, 2014 (9): 12-14.

[25] 赵萍, 蒋华, 周芝庭. 熔融沉积快速成型工艺的原理及过程 [J]. 机械制造与自动化, 2003 (5): 17-18.

[26] 彭安华, 张剑峰, 张江林. FDM工艺参数对制件精度影响的实验研究 [J]. 淮海工学院学报: 自然科学版, 2008 (1): 21-24.

[27] 陈葆娟. 熔融沉积快速成型精度及工艺实验研究 [D]. 大连: 大连理工大学, 2012.

[28] 郭磊, 陆长德, 初建杰. 提高FDM模型表面质量的方法 [J]. 现代制造工程, 2006 (3): 69-70.

[29] 何新英, 陶明元, 叶春生. FDM工艺成型过程中影响成型件精度的因素分析 [J]. 机械与电子, 2004 (9): 77-78.

[30] 曹东伟, 李艺. 基于Aurora软件的熔融沉积快速成型的研究与实践 [J]. 苏州大学学报: 工科版, 2012 (5): 51-55.

[31] 曾锋, 阎汉生, 王平. 基于FDM的产品原型制作及后处理技术 [J]. 机电工程技

术，2012（8）：99-102.

[32] 甘庆军．基于 FDM 的现代产品设计方法［J］．机械设计，2013（10）：97-101.

[33] 朱静，伍冯洁，韩晓英，等．浅谈 FDM 打印机的误差分析与 3D 模型质量优化［J］．东莞理工学院学报，2015（5）：99-103.

[34] 郭磊，薛艳敏，王伟．FDM 快速成型技术对产品模型表面质量的影响［J］．机电产品开发与创新，2005（5）：57-59.

[35] 黄丹，张效迅，刁武，等．基于 FDM 工艺的打印件成型时间与力学性能的研究［J］．塑料工业，2016（3）：89-93.

[36] 张媛．熔融沉积快速成型精度及工艺研究［D］．大连：大连理工大学，2009.

[37] 张霞，张艳伟，姚鹏飞．FDM 成型系统中模型摆放方向的优化方法［J］．微处理机，2016（1）：54-56.